Peter Hagedorn

Technische Mechanik

Band 1: Statik

Peter Hagedorn

Technische Mechanik

Band 1

Statik

Verlag Harri Deutsch

Die Deutsche Bibliothek - CIP-Einheitsaufnahme

Hagedorn, Peter:
Technische Mechanik / Peter Hagedorn. - Thun ; Frankfurt am Main : Deutsch.
Bd. 1. Statik. - 2. Aufl. - 1993
ISBN 3-8171-1339-0

ISBN 3-8171-1339-0

2. Auflage 1993

Druck: Frotscher Druck, Darmstadt
Printed in Germany

Vorwort

Dieser Band entspricht dem ersten Teil einer dreisemestrigen Vorlesung, die ich seit ca. 18 Jahren für Hörer verschiedener Fachrichtungen an der Technischen Hochschule Darmstadt halte, zwei weitere Bände behandeln die *Festigkeitslehre* und die *Dynamik*. Niveau und Aufbau der drei Bücher orientieren sich an den Lehrveranstaltungen, wie sie besonders für Ingenieur-Studenten an praktisch allen Hochschulen angeboten werden.

Die unterschiedliche Vorbildung, die unsere Studenten von der Schule mitbringen, hat zur Folge, daß in den Vorlesungen für die Erstsemester Grundbegriffe und mathematische Hilfsmittel sehr elementar eingeführt werden müssen. Ich war in dem vorliegenden Buch bemüht, das Gebäude der Mechanik auf dem soliden Fundament dieser Grundlagen systematisch aufzubauen. Die freundliche Aufnahme des Buches, die sehr schnell eine Neuauflage notwendig gemacht hat, zeigt mir, daß dies zumindest teilweise gelungen ist.

Bei der Überarbeitung der ersten Auflage ergab sich die Gelegenheit, durch zahlreiche, kleinere Änderungen den didaktischen Aufbau zu verbessern, wobei viele Hinweise von Studenten und Kollegen soweit möglich berücksichtigt wurden. Besonders Herr Dr.-Ing. W. Seemann hat mit seinen kritischen Bemerkungen einen wertvollen Beitrag geleistet. Für alle Verbesserungsvorschläge bedanke ich mich an dieser Stelle herzlich.

Für die zweite Auflage wurden alle Zeichnungen auf einem CAD-System neu erstellt. Dank gebührt den Herren cand.-ing. T. Philipps, T. Sattel und M. Dennhardt für das Anfertigen der neuen Zeichnungen, Frau cand.-ing. Sylvia Hörzer und meiner Tochter Monica Hagedorn für die Schreibarbeiten und die Erstellung des reproduktionsfähigen Manuskriptes, sowie den Herren Dipl.-Ing. M. Kraus und Dipl.-Ing. H. Sander für die technische Hilfe. Dem Harri Deutsch Verlag danke ich für die bewährt gute Zusammenarbeit.

Darmstadt, im Mai 1993

Peter Hagedorn
Institut für Mechanik, TH Darmstadt
Hochschulstr.1, 6100 Darmstadt
Tel.: 06151 - 16 2185
Fax.: 06151 - 16 4125

Inhaltsverzeichnis

Kapitel 1

Einführung

1.1 Was ist Technische Mechanik?

Nach KIRCHHOFF[1] ist die Mechanik die *Lehre von den Bewegungen und den Kräften*, sie ist daher ein Teilgebiet der Physik. Die wichtigsten Grundbegriffe der Mechanik sind die physikalischen Begriffe wie *Kraft, Zeit* und *Masse*, von denen andere Begriffe wie z.B. *Impuls, Energie, Leistung, Drall,* usw. abgeleitet werden. Mit diesen Begriffen werden wir uns noch ausführlich auseinandersetzen.

Die KIRCHHOFFsche Definition (Mechanik als Lehre der Bewegungen und der Kräfte) legt eine erste Unterteilung der Mechanik nahe. Ein trivialer Sonderfall der Bewegung ist nämlich einer der Ruhe und des Gleichgewichts. Der Teil der Mechanik, der sich mit diesem Sonderfall befaßt, ist die *Statik.* Die Statik ist also eine *Lehre des Gleichgewichts von Kräften*; man kann sie auch als eine *Geometrie der Kräfte* bezeichnen.

Will man den Einfluß von Kräften auf die Bewegung von Körpern untersuchen, so setzt das voraus, daß man die Bewegungen beschreiben kann. Dies ist die Aufgabe der *Kinematik*: Die Kinematik beinhaltet die *Geometrie der Bewegung.* Der Teil der Mechanik schließlich, in dem man den Zusammenhang zwischen Kräften und Bewegungen behandelt, wird als *Kinetik* oder *Dynamik* bezeichnet. Obwohl Dynamik eigentlich "Lehre von den Kräften" bedeutet, verwenden wir im folgenden diesen Ausdruck als Synonym für Kinetik, wobei wir uns dem internationalen Sprachgebrauch anschließen (engl.: "dynamics"). Damit liegt eine erste Gliederung der Mechanik in Statik, Kinematik und Dynamik vor.

In der Mechanik werden Körper untersucht, die fest, flüssig oder gasförmig sein können, und dies legt eine Gliederung der Mechanik nach dem Aggregatzustand der Körper nahe. Unter den festen Körpern unterscheiden wir zwischen den ideal unverformbaren, d.h. den starren, und den verformbaren Körpern (das vorliegende Buch behandelt mit wenigen Ausnahmen die *Statik starrer Körper*). Kräfte können feste Körper auf verschiedene Arten verformen, z.B. elastisch oder plastisch und eine entsprechende Gliederung der Mechanik bietet sich an. Eine Verformung wird als *elastisch* bezeichnet, wenn sie bei Zurücknahme der Kräfte wieder vollständig verschwindet, als *plastisch*, wenn sie auch nach Entfernung dieser Kräfte bestehen bleibt.

[1]Gustav Robert KIRCHHOFF, deutscher Physiker, * 1824 in Königsberg, † 1887 in Berlin.

Ein mathematischer Aufbau der Mechanik, wie er in der *Theoretischen Mechanik* und in der *Analytischen Mechanik* angestrebt wird, wobei das ganze Gebäude der Mechanik mit mathematischer Strenge auf den durch die Grundgesetze oder Axiome gebildeten Fundamenten aufbaut, ist für den Ingenieur nicht unbedingt notwendig. Die *Technische Mechanik* hat zum Ziel, geeignete Verfahren für die Berechnung technischer Konstruktionen aufzuzeigen. Sie unterscheidet sich von der *Theoretischen Mechanik* in der Zielrichtung und auch in den Methoden, auf den streng mathematischen Aufbau wird dabei weniger Wert gelegt. So werden wir auch in diesem Buch Beweise gelegentlich nur skizzieren, wobei wir allerdings immer die logischen Zusammenhänge klären.

Betrachten wir z.B. die *Elastizitätstheorie*, d.h. die Mechanik elastischer Körper; sie kann als mathematische Disziplin angesehen werden. Zur Lösung technischer Probleme genügt aber oft eine stark vereinfachte *Elastomechanik*, die zwar nicht mehr in allen Punkten mathematisch widerspruchsfrei ist, jedoch bei sinnvoller Anwendung vernünftige Lösungen für technische Probleme liefert. Man bezeichnet diese vereinfachte, für Ingenieurprobleme geeignete Theorie auch oft als *Festigkeitslehre* (obwohl diese Bezeichnung wenig glücklich gewählt ist). Die Festigkeitslehre ist Gegenstand des zweiten Bandes (TM 2) des vorliegenden Buches. Der dritte Band (TM 3) behandelt die Dynamik.

Zu erwähnen ist noch die Abgrenzung der sogenannten *Klassischen Mechanik*, die in der Regel für die Behandlung ingenieurmäßiger Probleme ausreicht, von der EINSTEINschen *relativistischen Mechanik*[2] , die für den Fall großer Geschwindigkeiten gilt (d.h. für Geschwindigkeiten, die nicht mehr klein gegenüber der Lichtgeschwindigkeit sind), und von der *Quantenmechanik*, die den Fall sehr kleiner Abmessungen und Teilchen behandelt (z.B. Unschärferelation).

Die Mechanik als Wissenschaft ist kaum älter als 300 Jahre: Erste wissenschaftliche Untersuchungen im modernen Sinn gehen auf GALILEI[3] zurück, der sich u.a. mit den Fallgesetzen und mit der Bewegung der Himmelskörper befaßte. KEPLER[4] führte umfassende systematische Beobachtungen der Planetenbewegungen durch, die sich in den bekannten KEPLER*schen Gesetzen* niederschlugen. NEWTON[5] gelang es u.a. diese von KEPLER gefundenen Gesetzmäßigkeiten auf einfache, allgemeingültige Naturgesetze zurückzuführen: Wir verdanken ihm nicht nur das *Gravitationsgesetz*, sondern er ist auch einer der Väter der modernen Differential- und Integralrechnung. Sein 1687 erschienenes Werk "*Philosophiae naturalis principia mathematica*" ist ein Markstein in der Entwicklung der modernen Wissenschaften. Die Brüder Jacob und

[2]Nach dem Physiker Albert EINSTEIN, * 1879 in Ulm, † 1955 in Princeton.

[3]Galileo GALILEI, italienischer Mathematiker, Philosoph und Physiker, * 1564 in Pisa, † 1642 in Arceti bei Florenz.

[4]Johan KEPLER, Astronom, * 1571 in Weil (heute Weil der Stadt), † 1630 in Regensburg.

[5]Sir Isaac NEWTON, Physiker und Astronom, * 1643 in Woolsthorpe, † 1727 in Kensington (heute zu London gehörend).

Johann BERNOULLI[6] lösten eine Reihe wichtiger Grundprobleme der Mechanik, und mit EULER[7] waren wesentliche Teile der klassischen Mechanik starrer und auch verformbarer Körper abgeschlossen. Daniel BERNOULLI[8] ist einer der Begründer der Hydromechanik, er löste das Problem der Stabknickung sowie Eigenwertprobleme der Schwingungslehre und der Elastizitätstheorie. D'ALEMBERT[9] formulierte das nach ihm benannte Prinzip der Dynamik, das sich dann in voller Allgemeinheit in der "*Mécanique Analytique*" LAGRANGEs[10] wiederfindet. In diesem 1788 erschienen Werk gelang es LAGRANGE, die Mechanik der Punktmassen und der starren Körper in umfassender Weise mit mathematischer Strenge und Abstraktion darzustellen: LAGRANGE war stolz darauf, daß sein Buch keine einzige Abbildung enthielt!

In den Naturwissenschaften ist man bemüht, möglichst viele Phänomene auf einige wenige *Naturgesetze* zurückzuführen, und in der Mechanik gelang es relativ früh, solche Gesetze als mathematische Beziehungen zwischen den relevanten physikalischen Größen anzugeben. Damit war dann die Herleitung spezieller Ergebnisse oder die Berechnung bestimmter Bewegungen im wesentlichen ein mathematisches Problem, und deshalb haben sich viele Teilgebiete der Mathematik, wie z.B. die Differential- und Integralrechung parallel zur Mechanik entwickelt: Man benötigte sie zur Lösung mechanischer Aufgaben.

Einige der für den Ingenieur wichtigen Teilgebiete der Mechanik sind klassische und seit langem abgeschlossene Teilbereiche der Physik. Andere sind heute hochaktuelle Forschungsgebiete, dies gilt z.B. für das Turbulenzproblem der Strömungsmechanik, die Rißausbreitung und damit zusammenhängende Materialeigenschaften (in der Bruchmechanik), die Stabilität periodischer Bewegungen, oder allgemeiner, die geometrischen Eigenschaften der Lösungen gewöhnlicher Differentialgleichungen (in der Dynamik) usw. Diese Liste ließe sich beliebig erweitern. Man erkennt unschwer, daß es sich bei diesen Themen um wichtige Probleme handelt.

Die besondere Bedeutung der Technischen Mechanik für den Maschinenbau- und den Bauingenieur ist offensichtlich: Maschinen, Fahrzeuge und Gebäude sind so zu konstruieren, daß sie den zu erwartenden Belastungen standhalten und bestimmte Bewegungsabläufe ausführen können. Darüber hinaus nimmt die Technische Mechanik in der Ingenieurausbildung eine *Mittlerrolle zwischen Mathematik und Technik* ein: In der Mechanik kann sowohl die Anwendung mathematischer Methoden als auch das für den Ingenieur so wichtige Erstellen von Rechenmodellen auf einsichtige und

---

[6]Jakob BERNOULLI, Mathematiker, * 1655 in Basel, † 1705 ebenda; Johann BERNOULLI, Mathematiker, * 1667 in Basel, † 1748 ebenda.

[7]Leonhard EULER, Mathemtiker, * 1707 in Basel, † 1783 in Petersburg.

[8]Daniel BERNOULLI, Mathematiker, Physiker und Mediziner, Sohn von Johann B., * 1700 in Groningen, † 1782 in Basel.

[9]Jean Le Rond D'ALEMBERT, französischer Mathematiker, Philosoph und Literat, * 1717 in Paris, † 1783 ebenda.

[10]Joseph Louis de LAGRANGE, Mathematiker, * 1736 in Turin, † 1813 in Paris.

anschauliche Weise geübt werden.

Das typische Vorgehen bei der Lösung physikalisch-technischer Probleme läßt sich nach MAGNUS[11] in folgende Schritte gliedern (s. K.MAGNUS & H.H.MÜLLER, Grundlagen der Technischen Mechanik, Teubner, Stuttgart 1974):

1. Abgrenzung und Formulierung der Aufgabe.
2. Vereinfachung des Problems durch Fortlassen alles Unwesentlichen, d.h. "idealisieren". Gemeint ist hier das von Lord BACON[12] beschriebene "dissecare naturam", in dem *Ersatzmodelle* erstellt und Bedingungen formuliert werden, unter denen die Modelle gültig sind.
3. Anwendung physikalischer Gesetze; dies führt auf ein *mathematisches Modell.*
4. Lösung des mathematischen Problems (mit analytischen und/oder numerischen Verfahren).
5. Rückübertragung der mathematischen Lösung in den physikalischen Bereich.
6. Diskussion und Deutung der Ergebnisse.

Dieser Prozeß wird normalerweise bei der Lösung eines technischen Problems mehrfach durchlaufen, wobei jeweils nach der Diskussion und Deutung der Ergebnisse überprüft wird, ob die zuvor für die Gültigkeit des Modells gemachten Annahmen erfüllt sind oder das Modell zu ändern ist.

Je nach Fragestellung führt dabei ein und dasselbe technische System zu unterschiedlichen Ersatzmodellen und auf verschiedene mathematische Probleme. Betrachten wir z.B. einen Eisenbahnwaggon: Fragen wir nach der Bewegung des Waggons oder des Zuges bei der Fahrt von Stuttgart nach München (Fahrplan), so liegt ein Problem der Kinematik vor. Es interessieren Ort und Geschwindigkeit als Funktionen der Zeit, der gesamte Zug kann durch das Ersatzmodell "Punkt" beschrieben werden. Fragt man dagegen nach den Radlasten des stehenden Waggons, so ist dies ein Problem der Statik, genauer: der Elastostatik; ein geeignetes Ersatzmodell ist ein elastisch gelagerter, starrer Körper. Betrachtet man hingegen die Radlasten bei Kurvenfahrt, so ist eine Dynamikaufgabe zu lösen, das Ersatzmodell kann das gleiche wie zuvor sein. Ist man weiterhin nicht nur an den Radlasten, sondern vielleicht an Fahrverhalten und Laufruhe des Waggons interessiert, so ist ein komplizierteres Ersatzmodell zu erstellen, das zumindest aus einem starren Körper (dem Waggon), der Federung und den Radsätzen besteht. Fragt man nach dem Abrieb zwischen Rad und Schiene, so ist ein komplexes mechanisches Problem der Festkörpermechanik zu lösen usw.

[11]Kurt MAGNUS, Professor für Mechanik in Stuttgart und München, * 1912 in Magdeburg.
[12]Lord Francis BACON, Philosoph, * 1561 in London, † 1626 in Highgate.

Zusammenfassend stellen wir fest, daß die Technische Mechanik eine zentrale Stellung in der Grundausbildung der Ingenieure einnimmt. Ihre Bedeutung im Hinblick auf direkte Anwendungen in der Technik und in anderen Gebieten nimmt auch im Rahmen der Computerrevolution zu, da nicht nur laufend verfeinerte Modellbildungen verlangt werden, sondern außer den klassischen Anwendungsbereichen auch ständig neue in Medizin, Meteorologie usw. hinzukommen.

1.2 Grundbegriffe

Neben den Begriffen der Geometrie spielt die physikalische Größe *Kraft* in der Statik die zentrale Rolle. Es handelt sich dabei um einen *Grundbegriff*, den wir nicht definieren. Wir geben jedoch im folgenden die wichtigsten Eigenschaften der Kräfte an, um so den Kraftbegriff zu verdeutlichen.

Aus der alltäglichen Erfahrung ist uns die Schwerkraft, d.h. das Gewicht der Körper vertraut. GALILEI bezeichnete als Kraft jede physikalische Größe, die sich mit einer Gewichtskraft ins Gleichgewicht setzen bzw. sich mit ihr vergleichen läßt. Wir betrachten hierzu zunächst den kleinen (punktförmigen) Körper mit Gewicht G der Abb.1.1a, der mittels eines dünnen Fadens lotrecht aufgehängt ist und sich in Ruhe befindet. Denken wir uns den Körper gemäß Abb.1.1b losgelöst vom Faden ("freigeschnitten"), wobei wir anstelle des Fadens die Fadenkraft $\vec{S}$ einzeichnen, d.h. die Wirkung, die der Faden auf den Körper ausübt, so erkennen wir: Gewichtskraft $\vec{G}$ und Fadenkraft $\vec{S}$ sind gleich groß aber entgegengerichtet.

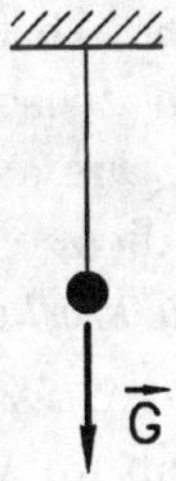

Abbildung 1.1a: Am Ende eines Fadens hängendes Gewicht

Abbildung 1.1b: Gleichgewicht zwischen Gewichts- und Fadenkraft

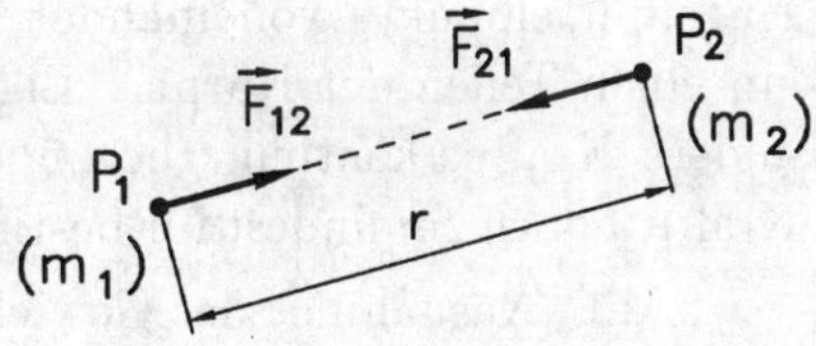

Abbildung 1.2: Gravitationskraft zwischen zwei Massenpunkten

Offensichtlich ist die Kraft eine physikalische Größe, deren Wirkung von ihrem *Betrag*, ihrer *Richtung* und von ihrem *Richtungssinn* abhängt. Wir stellen sie zeichnerisch durch Pfeile dar: Die Länge des Pfeiles entspricht dem Betrag, die Gerade, auf der der Pfeil liegt, entspricht der Richtung der Kraft, und die Pfeilspitze gibt deren

Richtungssinn an. Es wird sich noch zeigen, daß Kräfte *vektorielle Größen* sind. Vektoren werden in diesem Buch durch mit einem Pfeil versehene lateinische Buchstaben gekennzeichnet.

Körper, deren Abmessungen sehr klein gegenüber den anderen interessierenden Längen sind, stellt man idealisiert als *Massenpunkte* dar. Einen solchen Massenpunkt denkt man sich mit einer endlichen Masse behaftet, die in einem geometrischen Punkt konzentriert ist. Untersucht man z.B. die Bewegung eines Planeten um die Sonne, so kann man in recht guter Näherung beide Himmelskörper als Massenpunkte darstellen, da die Durchmesser der Sonne und des Planeten sehr viel kleiner sind als der Abstand dieser Körper voneinander. Zwischen den Himmelskörpern wirken – wie zwischen allen massebehafteten Körpern – *Gravitationskräfte*. Das NEWTONsche *Gravitationsgesetz* besagt, daß zwischen zwei Massenpunkten längs ihrer Verbindungslinie Anziehungskräfte wirken, deren Betrag durch

$$| \vec{F}_{12} |=| \vec{F}_{21} |= \gamma \frac{m_1 m_2}{r^2} \tag{1.1}$$

gegeben ist (s.Abb.1.2). In (1.1) sind m_1, m_2 die Massen der punktförmigen Körper P_1, P_2, r ist ihr Abstand und γ die *Gravitationskonstante*. Dabei ist $\vec{F}_{12}$ die Kraft, die der Massenpunkt P_2 auf den Massenpunkt P_1 ausübt, $\vec{F}_{21}$ die Kraft, die P_1 auf P_2 ausübt. Der Begriff der *Masse* wird in der Statik eigentlich nicht benötigt. In der Dynamik (TM 3) kennzeichnet die Masse die *Trägheit* eines Körpers. Wir haben die Masse jedoch schon hier eingeführt, da wir mit ihrer Hilfe den Kraftbegriff von verschiedenen Seiten beleuchten können.

Das Gravitationsgesetz (1.1) gilt nicht nur für punktförmige, sondern auch für Körper mit kugelsymmetrischer Massenverteilung, wobei dann r der Abstand der Kugelmittelpunkte voneinander ist. Gravitationskräfte wirken auch zwischen den einzelnen Teilen der Körper: Eigentlich sind also Gravitationskräfte, wie auch viele andere Kräfte, kontinuierlich über die Körper verteilt. Man kann diese verteilten Kräfte jedoch zumindest für bestimmte Betrachtungen durch eine *Einzelkraft* ersetzen.

Mit Ausnahme der Gewichtskraft (oder Schwerkraft) sind uns Gravitationskräfte aus dem täglichen Leben wenig vertraut, da sie meist sehr klein im Vergleich zu den anderen Kräften unserer Erfahrungswelt sind. Die Gewichtskraft, die lotrecht "nach unten" wirkt, ist ein Sonderfall der NEWTONschen Gravitationskraft. Setzt man in (1.1) die Erdmasse M für m_1 und den mittleren Erdradius R für r, so ist die auf einen punktförmigen Körper der Masse m infolge der Erdmasse M wirkende Gravitationskraft in der Nähe der Erdoberfläche dem Betrage nach durch

$$G = m \frac{\gamma M}{R^2} \tag{1.2}$$

gegeben, was man auch als

$$G = m g , \quad g := \gamma M / R^2 \tag{1.3}$$

schreiben kann. Das Formelzeichen " := " bedeutet hier und im folgenden "ist definiert als". Dabei ist die mittlere Fallbeschleunigung g durch die Parameter $\gamma = 6,673 \cdot 10^{-11} \mathrm{m}^3 s^{-2} \mathrm{kg}^{-1}, M = 5,976 \cdot 10^{24} \mathrm{kg}, R = 6,371 \cdot 10^6 \mathrm{m}$ bestimmt. Eine einfache Rechnung ergibt $g = 9,825 \mathrm{m/s}^2$, wobei allerdings andere Effekte, wie z.B. die Erddrehung vernachlässigt wurden. In Wirklichkeit hängt die Fallbeschleunigung auf der Erdoberfläche noch vom Ort ab. In der Technik rechnet man aber üblicherweise mit dem konstanten Wert $g = 9,81 \mathrm{m/s}^2$, was in etwa der Fallbeschleunigung auf dem 45. Breitengrad in Meereshöhe entspricht.

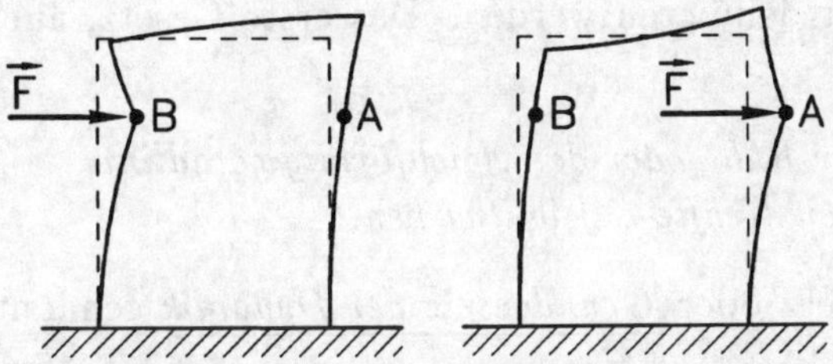

Abbildung 1.3: Zur Abhängigkeit der Wirkung einer Kraft von ihrem Angriffspunkt

In Abb.1.3 ist ein auf eine waagerechte Fläche aufgeklebter Quader dargestellt, auf den jeweils im Punkt A, bzw. im Punkt B eine Kraft $\vec{F}$ wirkt. Die Erfahrung sagt uns, daß der Quader, den wir uns aus einem verformbaren Material (z.B. Gummi) gefertigt denken, sich in beiden Fällen auf unterschiedliche Art verformt. Die Wirkung einer Kraft hängt also nicht nur von Betrag, Richtung und Richtungssinn, sondern auch von ihrem *Angriffspunkt* ab. Vektorielle Größen mit dieser Eigenschaft bezeichnet man gelegentlich als *gebundene Vektoren.*

Oft wirken an ein und demselben Punkt gleichzeitig mehrere Kräfte. Das auf STEVIN[13] zurückgehende *Axiom vom Kräfteparallelogramm* sagt, wie diese Kräfte zu addieren sind:

> *Zwei Kräfte $\vec{F}_1, \vec{F}_2$ mit gleichem Angriffspunkt können nach der Parallelogrammregel zu $\vec{R}$ addiert werden (s.Abb.1.4).*

Dies entspricht der später in Abschnitt 1.3 erklärten Vektoraddition. Durch wiederholte Anwendung dieser Konstruktion kann man nicht nur zwei, sondern sogar beliebig viele Kräfte (mit gemeinsamem Angriffspunkt) addieren.

Um unser Verständnis des Kraftbegriffes abzurunden, geben wir noch die sogenannten NEWTON*schen Gesetze* an. Auch hierbei treten Begriffe auf, die wir

[13] Simon STEVIN, genannt Simon von Brügge, niederländischer Mathematiker und Ingenieur, * 1548 in Brügge, † 1620 in Leiden oder Den Haag.

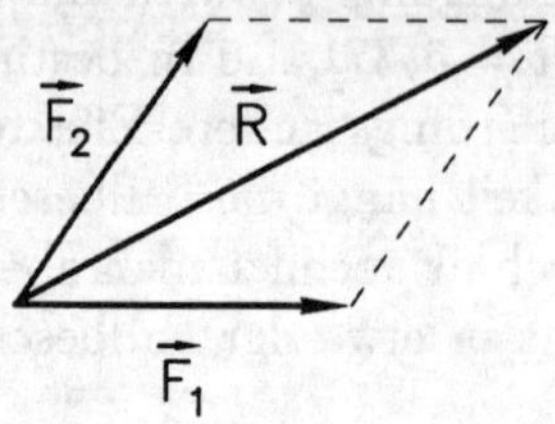

Abbildung 1.4: Die Addition zweier Kräfte mit der Parallelogrammregel

erst später benötigen und dann genauer definieren werden. Das erste Gesetz, auch Trägheitsgesetz genannt, besagt:

Jeder Körper bleibt im Zustand der Ruhe oder der gleichförmig geradlinigen Bewegung, sofern keine äußeren Kräfte auf ihn wirken.

Das zweite Gesetz, auch Bewegungsgesetz oder Grundgesetz der Dynamik genannt, lautet:

Die auf einen Körper wirkende Kraft ist gleich dem Produkt aus Masse und Beschleunigung des Körpers:

$$\vec{F} = m\,\vec{a}\,. \tag{1.4}$$

Dabei ist $\vec{a}$ der Vektor der *Beschleunigung.* Dieser Begriff gehört nicht in die Statik, dürfte aber jedem zumindest teilweise geläufig sein.

Das dritte Gesetz, auch Gegenwirkungsgesetz oder Gesetz von actio & reactio genannt, ist das folgende:

Die von einem Körper 1 auf einen Körper 2 ausgeübte Kraft $\vec{F}_{21}$ ist gleich groß und entgegengesetzt der Kraft $\vec{F}_{12}$, die der Körper 2 auf den Körper 1 ausübt:

$$\vec{F}_{12} = -\vec{F}_{21}\,. \tag{1.5}$$

Da *actio* und *reactio* stets auf *verschiedene* Körper wirken, können sie nie an einem Körper im Gleichgewicht stehen. Offensichtlich sind die Gravitationskräfte aus Abb.1.2 gerade ein solches Paar von Kraft und Gegenkraft. Es ist wichtig zu wissen, daß Kräfte grundsätzlich in diesem Sinne immer paarweise auftreten; dies gilt nicht nur in der Statik, sondern auch in der Dynamik. Man beachte, daß in dem Beispiel der Abb.1.1 die Kräfte $\vec{G}$ und $\vec{S}$ *nicht* ein solches Paar bilden (Warum nicht? Welche ist die Gegenkraft zu $\vec{G}$, welche die zu $\vec{S}$?).[14]

[14]Die *reactio* zu $\vec{G}$ ist die Kraft, mit der der am Faden hängende Körper die Erde anzieht, die *reactio* zu $\vec{S}$ die Kraft, die er auf den Faden ausübt.

In den drei Grundgesetzen wurden die geometrischen Abmessungen der Körper vernachlässigt: Die Gesetze wurden hier für Massenpunkte formuliert. Auch ist bei der hier gewählten Formulierung das erste Gesetz im zweiten enthalten, da der Fall "Beschleunigung gleich Null" genau der einer geradlinigen, gleichförmigen Bewegung ist. Die Beschleunigung $\vec{a}$ ist eine kinematische Größe, die von der Bewegung des Beobachters, d.h. vom *Bezugssystem* abhängt. Eine präzise Formulierung des zweiten Gesetzes ist daher: "Es gibt (mindestens) ein Bezugssystem, in dem (1.4) gilt". Ein solches Bezugssystem, das "absolut ruht" und dessen Existenz in der klassischen Mechanik postuliert wird, bezeichnet man als *Inertialsystem.* Für die meisten technischen Anwendungen bildet die Erde ein Bezugssystem, das einem Inertialsystem hinreichend nahe kommt, d.h. in dem (1.4) gilt.

Erklärt man einen physikalischen Begriff – wie im vorliegenden Fall den Begriff "Kraft" – so muß man immer auch eine *Meßvorschrift* angeben. Wir müssen also überlegen, wie Kräfte zu messen sind. Dazu gibt es verschiedene Möglichkeiten, von denen wir hier drei nennen. Die einfachste Möglichkeit Kräfte zu messen, wurde schon erwähnt: Sie besteht darin, eine beliebige Kraft $\vec{F}$ mit einer bekannten Gewichtskraft $\vec{G}$ zu vergleichen. Dies kann z.B. gemäß Abb.1.5 mit einer Balkenwaage geschehen. Wie wir noch zeigen werden, gilt bei Gleichgewicht $|\vec{F}| = \frac{b}{a} |\vec{G}|$.

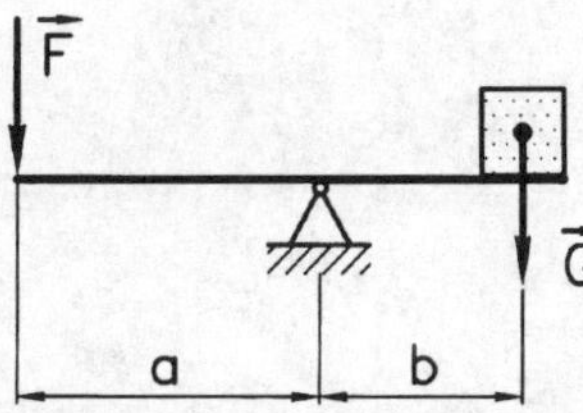

Abbildung 1.5: Balkenwaage

Das Grundgesetz der Dynamik (1.4) liefert eine zweite Möglichkeit, Kräfte zu messen, die allerdings in der Statik nicht zu verwenden ist. Nach (1.4) braucht man ja lediglich die kinematische Größe $\vec{a}$ zu bestimmen und kann dann bei bekannter Masse m auf die Kraft $\vec{F}$ schließen. Damit ist auch klar, daß die Krafteinheit das Produkt aus der Beschleunigungseinheit (1 m/s^2) und der Masseneinheit (1 kg) ist; man definiert die *Krafteinheit* Newton als 1 N = 1 kg m/s^2. Das Gewicht einer Masse von 1 kg ist unter Normalbedingungen gleich 9,8 N $\approx$ 10 N.

Schließlich bietet es sich auch noch an, Kräfte durch die Verformungen zu messen, die sie z.B. an einer Schraubenfeder hervorrufen (s.Abb.1.6a). Ist x die Verlängerung der Feder gegenüber ihrer "natürlichen Länge" infolge der Kraft $\vec{F}$, so gilt bei einer idealen ("linearen") Feder $F = cx$, d.h. die Kraft ist proportional zur Verlängerung x. Den Proportionalitätsfaktor c bezeichnet man als *Steifigkeit* der Feder. In Abb.1.6b ist außer der linearen Kennlinie auch noch eine nichtlineare Federkennlinie angegeben. Federverformungen sind in Wirklichkeit natürlich höchstens innerhalb gewisser Grenzen linear elastisch. Die Kennlinien sind immer begrenzt und können nicht beliebig fortgesetzt werden, da jede Feder bei hinreichend großer Belastung bricht. Schraubenfedern aus Stahl zeigen aber für nicht zu große Verformung ein in sehr guter Näherung lineares Verhalten.

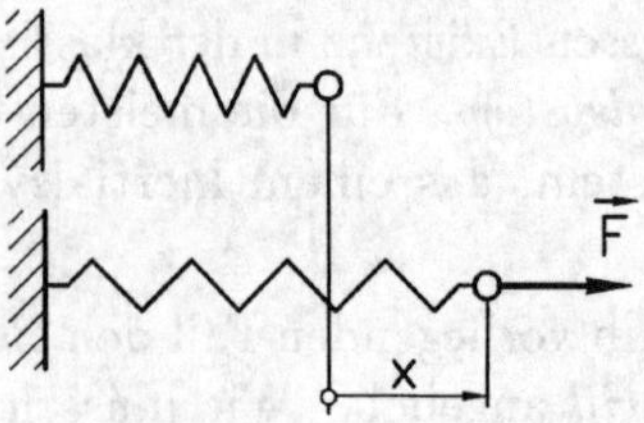

Abbildung 1.6a: Verformung einer Schraubenfeder infolge einer Zugkraft

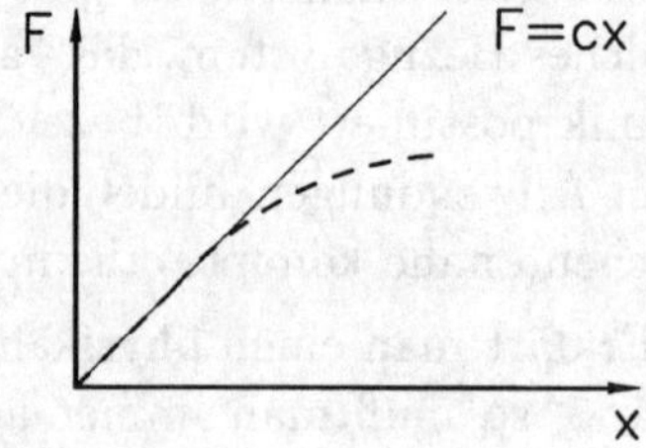

Abbildung 1.6b: Lineare und nichtlineare Federkennlinien

1.3 Elemente der Vektorrechnung

Wir beschränken uns im folgenden auf den dreidimensionalen EUKLIDschen Vektorraum[15]. In diesem dreidimensionalen Raum unserer Anschauung kann man sich einen Vektor $\vec{a}$ durch einen Pfeil repräsentiert denken, der durch drei Kennzeichen beschrieben wird (s.Abb.1.7):

- Länge (Betrag), Bezeichnung $|\,\vec{a}\,|$ oder a,
- Richtung,
- Richtungssinn (gegeben durch die Pfeilspitze).

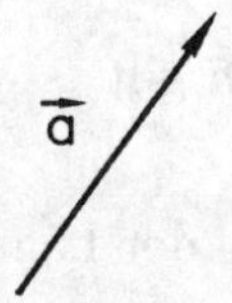

Abbildung 1.7: Geometrisches Bild eines Vektors

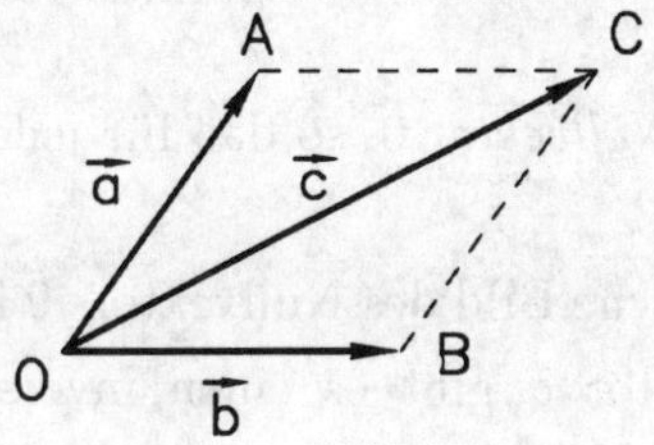

Abbildung 1.8: Zur Parallelogrammregel

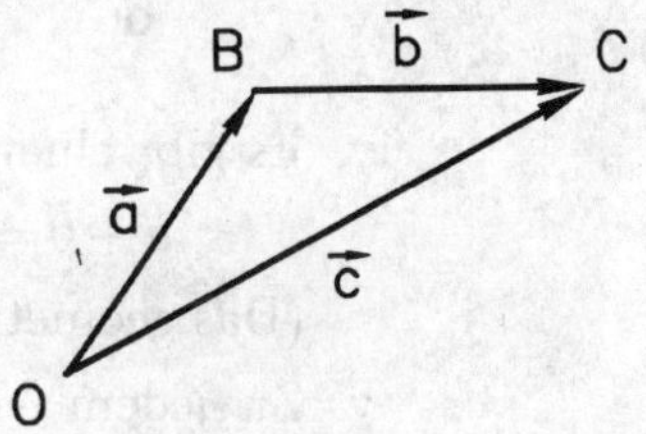

Abbildung 1.9: Summe zweier Vektoren mittels des "Vektordreiecks"

Im folgenden betrachten wir Operationen zwischen Vektoren untereinander und zwischen Vektoren und skalaren Zahlen, die wir später benötigen.

1. **Grundoperationen in einem linearen Vektorraum**

   (a) Addition von Vektoren
   Wir definieren die Addition von Vektoren

   $$\vec{c} := \vec{a} + \vec{b} \tag{1.6}$$

   durch die *Parallelogrammregel* gemäß Abb.1.8. Bei der zeichnerischen Vektoraddition genügt es natürlich, ein Dreieck (Abb.1.9) anstelle des Parallelogramms zu zeichnen. Dann gilt:

   i. Für zwei beliebige Vektoren $\vec{a}$ und $\vec{b}$ ist die Summe $\vec{a} + \vec{b}$ ebenfalls ein Vektor,

[15] Nach dem griechischen Mathematiker EUKLID, ca. 300 v. Chr. (nicht zu verwechseln mit Euklid von Megara).

ii. $\vec{a} + \vec{b} = \vec{b} + \vec{a}$ (Kommutativität), (1.7)

iii. $(\vec{a} + \vec{b}) + \vec{c} = \vec{a} + (\vec{b} + \vec{c})$ (Assoziativität), (1.8)
(folgt unmittelbar aus der Parallelogrammregel, s.Abb.1.10),

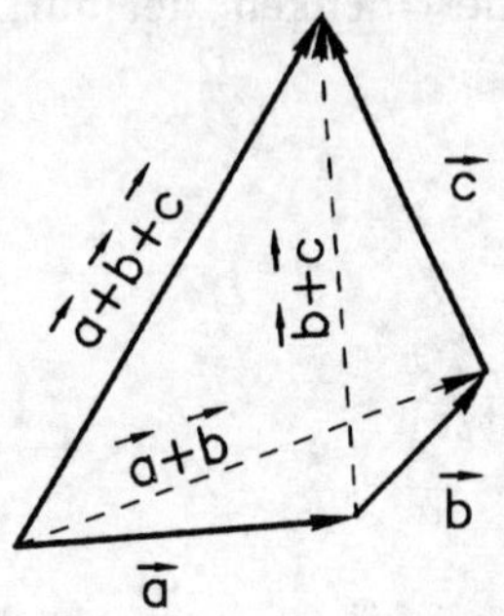

Abbildung 1.10: Zur Assoziativität der Summe von drei Vektoren

iv. Es gibt einen *Nullvektor* $\vec{0}$, so daß für jeden Vektor $\vec{a}$ gilt

$$\vec{a} + \vec{0} = \vec{a}\,. \tag{1.9}$$

(Das geometrische Bild des Nullvektors $\vec{0}$ ist ein Pfeil der Länge Null!)

v. Zu jedem Vektor $\vec{a}$ gibt es einen inversen Vektor $-\vec{a}$, so daß gilt (s.Abb.1.11)

$$\vec{a} + (-\vec{a}) = \vec{0}\,. \tag{1.10}$$

Die Summe der Vektoren $\vec{a}, \vec{b}$ und $\vec{c}$ der Abb.1.12 ist offensichtlich gleich dem Nullvektor.

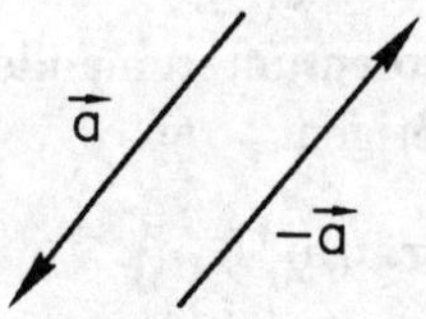

Abbildung 1.11: Zum Begriff des "inversen Vektors"

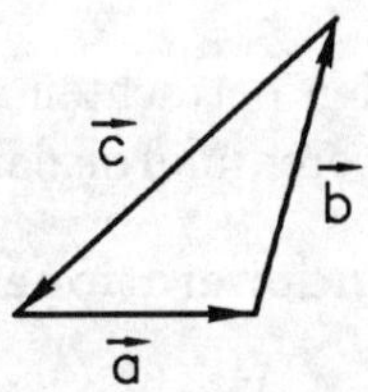

Abbildung 1.12: Der Nullvektor als Summe dreier Vektoren

(b) Multiplikation eines Vektors mit einem Skalar
Wir definieren die Multiplikation eines Vektors mit einem Skalar (reelle Zahl) folgendermaßen (s.Abb.1.13):

$$\vec{b} := \lambda\,\vec{a}\,, \tag{1.11}$$

dabei ist $\vec{b}$ definiert als Vektor mit

Betrag : $b = |\lambda| \, a$, (1.12)

Richtung: Richtung von $\vec{a}$ und $\vec{b}$ stimmen überein,

Richtungssinn:

wenn $\lambda > 0$, dann stimmen Richtungssinn von $\vec{a}$ und $\vec{b}$ überein,
wenn $\lambda < 0$, dann ist Richtungssinn von $\vec{b}$ entgegengesetzt zu Richtungssinn von $\vec{a}$,
wenn $\lambda = 0$, dann ist $\vec{b} = \vec{0}$.

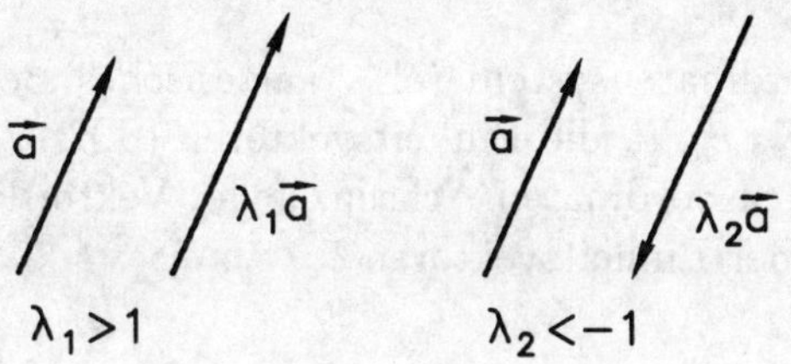

Abbildung 1.13: Zur Multiplikation eines Vektors mit einem Skalar

Damit gilt:

i. Für einen beliebigen Vektor $\vec{a}$ und einen beliebigen Skalar λ ist das Produkt $\lambda\vec{a}$ ebenfalls ein Vektor.

ii. $(\lambda\,\mu)\,\vec{a} = \lambda\,(\mu\,\vec{a})$, (Assoziativität), (1.13)

iii. $(\lambda + \mu)\,\vec{a} = \lambda\,\vec{a} + \mu\,\vec{a}$, (Distributivität), (1.14)

iv. $\lambda\,(\vec{a} + \vec{b}) = \lambda\,\vec{a} + \lambda\,\vec{b}$, (Distributivität), (1.15)

v. $1\,\vec{a} = \vec{a}$. (1.16)

Ganz allgemein nennt man jede Menge von Elementen, für welche die Operationen a) und b) mit den genannten Eigenschaften gelten, einen *linearen Vektorraum.* Die Elemente eines solchen Raumes nennt man Vektoren. Der dreidimensionale EUKLIDsche Raum ist lediglich ein Beispiel eines linearen Vektorraumes. Neben diesen Grundoperationen benötigen wir noch andere, im folgenden aufgezählte Definitionen und Eigenschaften.

2. **Komponentendarstellung von Vektoren**

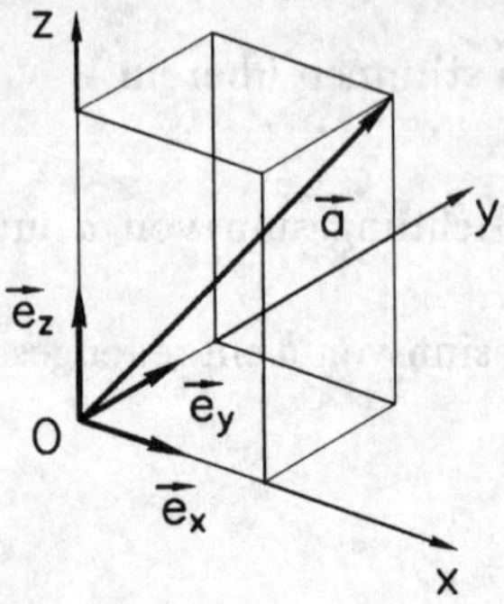

Abbildung 1.14: Zur Darstellung eines Vektors in einem kartesischen Bezugssystem

Sei *Oxyz* ein rechtwinkliges Koordinatensystem (ein "kartesisches Bezugssystem" [16]) gemäß Abb.1.14 und $\vec{e}_x$, $\vec{e}_y$, $\vec{e}_z$ die Einheitsvektoren (d.h. Vektoren vom Betrage Eins) in Richtung der Koordinaten-Achsen. Jeder Vektor läßt sich darstellen als *Linearkombination* der Einheitsvektoren $\vec{e}_x$, $\vec{e}_y$, $\vec{e}_z$:

$$\vec{a} = a_x\vec{e}_x + a_y\vec{e}_y + a_z\vec{e}_z. \tag{1.17a}$$

Die Skalare a_x, a_y, a_z heißen *Koordinaten* von $\vec{a}$ bezüglich $\vec{e}_x, \vec{e}_y, \vec{e}_z$, die Größen $a_x\vec{e}_x, a_y\vec{e}_y, a_z\vec{e}_z$ nennt man *Komponenten* von $\vec{a}$. Oft schreiben wir dies auch in der Form

$$\vec{a}|_{xyz} = \begin{pmatrix} a_x \\ a_y \\ a_z \end{pmatrix} \tag{1.17b}$$

oder um Platz zu sparen als:

$$\vec{a} = (a_x,\, a_y,\, a_z)^T\,. \tag{1.17c}$$

Das hochgestellte T bedeutet dabei "Transposition", d.h. Vertauschen von Zeilen und Spalten.

Zweimalige Anwendung des Satzes von PYTHAGORAS[17] in Abb.1.14 ergibt:

$$a^2 = a_x^2 + a_y^2 + a_z^2\,. \tag{1.18}$$

[16]Nach dem französischen Philosophen, Mathematiker und Naturwissenschaftler René DESCARTES (lat.:Renatus CARTESIUS), * 1596 in La Haye-Descartes (Touraine), † 1650 in Stockholm.

[17]Nach dem griechischen Philosophen PYTHAGORAS von Samos, * in Samos um 570 v.Chr., † in Metapont (?) um 480 v.Chr..

Bezeichnet man die Winkel zwischen $\vec{a}$ und $\vec{e}_x$, $\vec{e}_y$, $\vec{e}_z$ mit α_x, α_y, α_z, so gilt

$$a_x = a \cos\alpha_x\,, \qquad a_y = a \cos\alpha_y\,, \qquad a_z = a \cos\alpha_z\,, \tag{1.19}$$

$$\cos^2\alpha_x + \cos^2\alpha_y + \cos^2\alpha_z = 1\,. \tag{1.20}$$

In Koordinatenschreibweise gilt:

$$\vec{a} = \vec{b} \iff a_x = b_x\,, \quad a_y = b_y\,, \quad a_z = b_z\,, \tag{1.21}$$

$$\vec{a} = \vec{0} \iff a_x = 0\,, \quad a_y = 0\,, \quad a_z = 0\,, \tag{1.22}$$

$$\vec{c} = \vec{a} + \vec{b} \iff c_x = a_x + b_x\,, \quad c_y = a_y + b_y\,, \quad c_z = a_z + b_z\,, \tag{1.23}$$

$$\vec{b} = \lambda\,\vec{a} \iff b_x = \lambda\,a_x\,, \quad b_y = \lambda\,a_y\,, \quad b_z = \lambda\,a_z\,. \tag{1.24}$$

Der Doppelpfeil bedeutet z.B. in "A $\iff$ B", daß A aus B folgt und umgekehrt auch B aus A.

3. **Das innere Produkt**

Das *innere Produkt (Skalarprodukt)* zweier Vektoren ordnet zwei gegebenen Vektoren $\vec{a}$ und $\vec{b}$ eine reelle Zahl $\vec{a}\cdot\vec{b}$ zu. Es ist definiert durch

$$\vec{a}\cdot\vec{b} := a\,b\cos\alpha\,, \tag{1.25}$$

wobei α gemäß Abb.1.15 der Winkel zwischen $\vec{a}$ und $\vec{b}$ ist. Aus der Definition ergibt sich:

$$\vec{a}\cdot\vec{b} = \vec{b}\cdot\vec{a}\,, \qquad \text{(Kommutativität)}\,, \tag{1.26}$$

$$(\vec{a}+\vec{b})\cdot\vec{c} = \vec{a}\cdot\vec{c} + \vec{b}\cdot\vec{c}\,, \qquad \text{(Distributivität)}\,, \tag{1.27}$$

$$\vec{a}\cdot\vec{a} = a^2 > 0 \quad \text{für} \quad \vec{a} \neq \vec{0}\,, \qquad \text{(positive Definitheit)}\,. \tag{1.28}$$

Zwei Vektoren $\vec{a}$ und $\vec{b}$ heißen zueinander *orthogonal*, wenn $\vec{a}\cdot\vec{b} = 0$ ist. Bei einem kartesischen Koordinatensystem gilt:

$$\vec{e}_x\cdot\vec{e}_x = \vec{e}_y\cdot\vec{e}_y = \vec{e}_z\cdot\vec{e}_z = 1\,, \tag{1.29a}$$

$$\vec{e}_x\cdot\vec{e}_y = \vec{e}_y\cdot\vec{e}_z = \vec{e}_z\cdot\vec{e}_x = 0\,, \tag{1.29b}$$

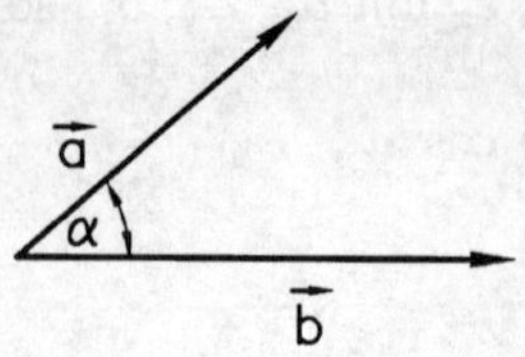

Abbildung 1.15: Zum Begriff des Skalarproduktes zweier Vektoren

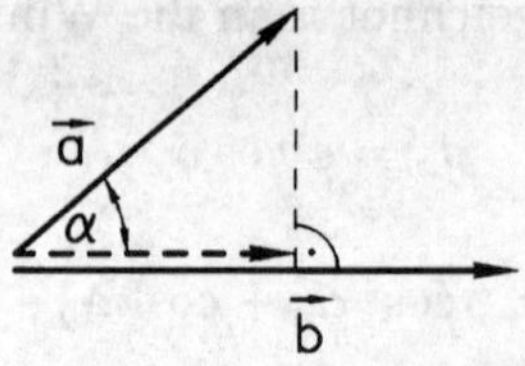

Abbildung 1.16: Zum Begriff der Orthogonalprojektion eines Vektors

und damit schreibt sich das Skalarprodukt in den Koordinaten als:

$$\vec{a} \cdot \vec{b} = (a_x\vec{e}_x + a_y\vec{e}_y + a_z\vec{e}_z) \cdot (b_x\vec{e}_x + b_y\vec{e}_y + b_z\vec{e}_z) = a_xb_x + a_yb_y + a_zb_z\,. \quad (1.30)$$

Mit Hilfe des Skalarproduktes kann man die Projektion eines Vektors $\vec{a}$ in Richtung eines anderen Vektors $\vec{b}$ berechnen. Dazu bildet man zu dem gegebenen Vektor $\vec{b}$ zunächst den Einheitsvektor $\vec{e}_b := (1/b)\,\vec{b}$ in Richtung von $\vec{b}$, berechnet das Skalarprodukt mit $\vec{e}_b \cdot \vec{a}$ und multipliziert noch mit $\vec{e}_b$. Damit erhält man

$$\mathrm{Proj}_{\vec{b}}\vec{a} = (1/b^2)\,(\vec{a} \cdot \vec{b})\,\vec{b}\,; \quad (1.31)$$

dieser Vektor ist in Abb.1.16 gestrichelt dargestellt.

4. **Das Vektorprodukt**
Das *Vektorprodukt (Kreuzprodukt, äußeres Produkt)* ordnet zwei gegebenen Vektoren $\vec{a}$ und $\vec{b}$ einen dritten Vektor $\vec{c}$ zu. Wir schreiben

$$\vec{c} = \vec{a} \times \vec{b}\,, \quad (1.32)$$

wobei der Vektor $\vec{c}$ folgendermaßen erklärt ist:

$$\text{Betrag} : c = ab\,\sin\alpha\,; \quad (1.33)$$

anschaulich ist der Betrag von $\vec{c}$ gegeben durch den Flächeninhalt ah des von a und b aufgespannten Parallelogramms der Abb.1.17a.
Richtung: $\vec{c}$ steht senkrecht auf der von $\vec{a}$ und $\vec{b}$ aufgespannten Ebene,

Richtungssinn:

$\vec{a}, \vec{b}, \vec{c}$ bilden (in dieser Reihenfolge) ein Rechtssystem. Der Richtungssinn von $\vec{c}$ kann dabei anschaulich aus $\vec{a}$ und $\vec{b}$ mit der *Regel der rechten Hand* bestimmt werden, wobei der Drehsinn der Hand von $\vec{a}$ nach $\vec{b}$ (auf dem kürzeren Weg) geht (Abb.1.17b).

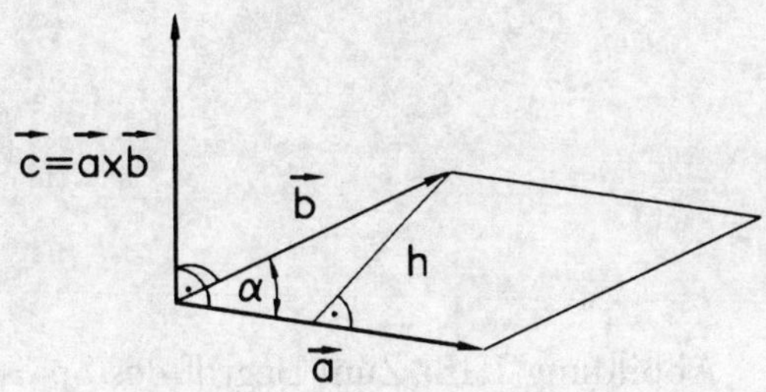

Abbildung 1.17a: Zum Begriff des Kreuzproduktes zweier Vektoren

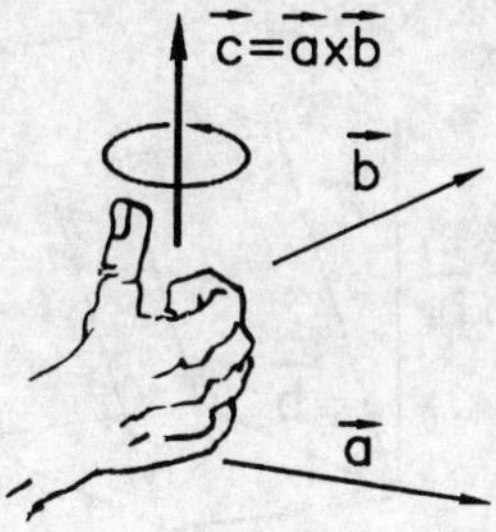

Abbildung 1.17b: Regel der rechten Hand

Aus dieser Definition des Kreuzproduktes folgen die Eigenschaften:

$$\vec{b} \times \vec{a} = -(\vec{a} \times \vec{b}), \qquad \text{(keine Kommutativität!)} \tag{1.34a}$$

$$\lambda\,(\vec{a} \times \vec{b}) = \lambda\,\vec{a} \times \vec{b} = \vec{a} \times \lambda\,\vec{b}, \tag{1.34b}$$

$$\vec{a} \times (\vec{b} + \vec{c}) = \vec{a} \times \vec{b} + \vec{a} \times \vec{c}\,. \tag{1.34c}$$

In einem kartesischen Koordinatensystem gilt:

$$\vec{e}_x \times \vec{e}_x = \vec{e}_y \times \vec{e}_y = \vec{e}_z \times \vec{e}_z = \vec{0}, \tag{1.35a}$$

$$\vec{e}_x \times \vec{e}_y = \vec{e}_z\,, \qquad \vec{e}_y \times \vec{e}_z = \vec{e}_x\,, \qquad \vec{e}_z \times \vec{e}_x = \vec{e}_y \tag{1.35b}$$

und damit gilt für die Koordinaten (*Determinantenregel*):

$$\vec{a} \times \vec{b} = \begin{vmatrix} \vec{e}_x & \vec{e}_y & \vec{e}_z \\ a_x & a_y & a_z \\ b_x & b_y & b_z \end{vmatrix} =$$

$$= (a_y b_z - a_z b_y)\,\vec{e}_x - (a_x b_z - a_z b_x)\,\vec{e}_y + (a_x b_y - a_y b_x)\,\vec{e}_z\,. \tag{1.36}$$

5. **Mehrfache Produkte**

Das gemischte Produkt

$$\vec{a} \cdot (\vec{b} \times \vec{c})\,, \tag{1.37}$$

das drei gegebenen Vektoren $\vec{a}, \vec{b}$ und $\vec{c}$ eine reelle Zahl zuordnet, nennt man *Spatprodukt*, weil sein Betrag anschaulich durch das Volumen des von $\vec{a}, \vec{b}, \vec{c}$ aufgespannten Parallelepipeds (*Spat*) der Abb.1.18 gegeben ist.

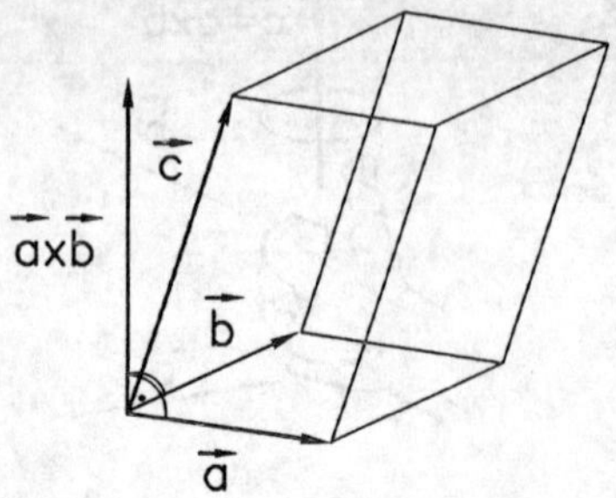

Abbildung 1.18: Zum Begriff des Spatproduktes dreier Vektoren

Zyklisches Vertauschen der drei Vektoren ändert den Wert des Spatproduktes nicht, es ist

$$\vec{a} \cdot (\vec{b} \times \vec{c}) = \vec{b} \cdot (\vec{c} \times \vec{a}) = \vec{c} \cdot (\vec{a} \times \vec{b}), \tag{1.38}$$

Ändert man allerdings die Reihung, d.h. vertauscht man z.B. lediglich $\vec{a}$ und $\vec{b}$, so kehrt sich das Vorzeichen um. In einem kartesischen Bezugssystem gilt in Komponenten die Determinantenregel:

$$\vec{a} \cdot (\vec{b} \times \vec{c}) = \begin{vmatrix} a_x & a_y & a_z \\ b_x & b_y & b_z \\ c_x & c_y & c_z \end{vmatrix} =$$

$$= a_x (b_y c_z - b_z c_y) - a_y (b_x c_z - b_z c_x) + a_z (b_x c_y - b_y c_x). \tag{1.39}$$

Mit Hilfe des Spatproduktes kann man z.B. die Darstellung eines Vektors $\vec{v}$ durch die Koordinaten c_1, c_2, c_3 in Richtung von drei beliebigen linear unabhängigen (d.h. nicht in einer Ebene liegenden) Vektoren $\vec{v}_1$, $\vec{v}_2$, $\vec{v}_3$ gemäß

$$\vec{v} = c_1 \vec{v}_1 + c_2 \vec{v}_2 + c_3 \vec{v}_3 \tag{1.40}$$

finden, wobei $\vec{v}_1$, $\vec{v}_2$, $\vec{v}_3$ i.a. nicht zueinander orthogonal sind. Durch Skalarmultiplikation von (1.40) jeweils mit $\vec{v}_2 \times \vec{v}_3$, $\vec{v}_3 \times \vec{v}_1$, $\vec{v}_1 \times \vec{v}_2$ kann man c_1, c_2, c_3 bestimmen, und es ist

$$\vec{v} = \frac{\vec{v} \cdot (\vec{v}_2 \times \vec{v}_3)}{\vec{v}_1 \cdot (\vec{v}_2 \times \vec{v}_3)} \vec{v}_1 + \frac{\vec{v} \cdot (\vec{v}_3 \times \vec{v}_1)}{\vec{v}_2 \cdot (\vec{v}_3 \times \vec{v}_1)} \vec{v}_2 + \frac{\vec{v} \cdot (\vec{v}_1 \times \vec{v}_2)}{\vec{v}_3 \cdot (\vec{v}_1 \times \vec{v}_2)} \vec{v}_3 . \tag{1.41}$$

Man sagt auch, daß (1.40) die Darstellung von $\vec{v}$ in der *Basis* $\vec{v}_1$, $\vec{v}_2$, $\vec{v}_3$ ist.

Das *doppelte Vektorprodukt*

$$\vec{a} \times (\vec{b} \times \vec{c}) \tag{1.42}$$

ergibt einen Vektor, der sowohl orthogonal zu $\vec{a}$ als auch zu $\vec{b} \times \vec{c}$ ist; dieser Vektor liegt demnach in der durch $\vec{b}$ und $\vec{c}$ aufgespannten Ebene. Man kann ihn gemäß

$$\vec{a} \times (\vec{b} \times \vec{c}) = (\vec{a} \cdot \vec{c})\,\vec{b} - (\vec{a} \cdot \vec{b})\,\vec{c} \tag{1.43}$$

darstellen. Diese Identität werden wir öfters benötigen. Sie kann überprüft werden, indem man z.B. $\vec{a}$, $\vec{b}$ und $\vec{c}$ in einem kartesischen Bezugssystem schreibt und die Produkte komponentenweise ausführt. Zur Übung geben wir einen anderen Beweis. Dabei nehmen wir an, daß $\vec{b}$, $\vec{c}$ nicht parallel sind. In diesem Fall bilden die Vektoren $\vec{b}$, $\vec{c}$, $\vec{b} \times \vec{c}$ eine Basis und (1.42) kann als

$$\vec{a} \times (\vec{b} \times \vec{c}) = \lambda\vec{b} + \mu\vec{c} + \nu\vec{b} \times \vec{c} \tag{1.44}$$

dargestellt werden. Skalare Multiplikation mit $\vec{b} \times \vec{c}$ ergibt $\nu = 0$, so daß skalare Multiplikation mit $\vec{a}$ auf

$$\lambda\vec{a} \cdot \vec{b} + \mu\vec{a} \cdot \vec{c} = 0\,, \tag{1.45}$$

führt, bzw.

$$\lambda = k(\vec{a} \cdot \vec{c})\,, \qquad \mu = -\,k(\vec{a} \cdot \vec{b}) \tag{1.46}$$

mit der noch unbestimmten Konstanten k.

Damit schreibt sich (1.44) als

$$\vec{a} \times (\vec{b} \times \vec{c}) = k\,\left[(\vec{a} \cdot \vec{c})\,\vec{b} - (\vec{a} \cdot \vec{b})\,\vec{c}\right]. \tag{1.47}$$

Da die linke Seite von (1.47) linear von $\vec{a}$, $\vec{b}$ und $\vec{c}$ abhängt, muß k eine von diesen Vektoren unabhängige Konstante sein, denn der Inhalt der eckigen Klammer ist ja selbst linear in $\vec{a}$, $\vec{b}$, $\vec{c}$. Wir können also k mit speziell gewählten Vektoren $\vec{a}$, $\vec{b}$, $\vec{c}$ ein für alle mal bestimmen. Die Wahl $\vec{a} = \vec{e}_x$, $\vec{b} = \vec{e}_x$, $\vec{c} = \vec{e}_y$ führt in der linken Seite von (1.47) auf

$$\vec{e}_x \times (\vec{e}_x \times \vec{e}_y) = \vec{e}_x \times \vec{e}_z = -\vec{e}_y, \tag{1.48}$$

die rechte Seite ergibt

$$k\,[(\vec{e}_x \cdot \vec{e}_y)\vec{e}_x - (\vec{e}_x \cdot \vec{e}_x)\vec{e}_y] = -k\vec{e}_y, \tag{1.49}$$

so daß $k = 1$ ist. Damit ist (1.43) bewiesen. In den zwei Sonderfällen $\vec{b} \parallel \vec{c}$ und $\vec{a} \cdot \vec{b} = 0$ kann die Gültigkeit von (1.43) leicht nachgewiesen werden.

Im Spatprodukt (1.37) läßt man gelegentlich auch die Klammern weg; es ist klar, daß das Kreuzprodukt vor dem Skalarprodukt auszuführen ist, da die Operatoren in der anderen Reihenfolge keinen Sinn ergeben. Anders ist es beim doppelten Vektorprodukt (1.42): Hier sind die Klammern notwendig, um die Reihenfolge der Operationen zu kennzeichnen.

Kapitel 2

Statik des starren Körpers

2.1 Äquivalenz von Kräftegruppen am starren Körper

In diesem Kapitel beschäftigen wir uns mit der Statik einzelner starrer Körper. Das Standardproblem ist dabei die Berechnung der Auflagerkräfte, d.h. der Kräfte, die in den "Lagerungen" der Körper auftreten. Wir lösen es mit Hilfe der Gleichgewichtsbedingungen, die wir aus dem schon angegebenen Axiom von STEVIN (Parallelogrammregel) und dem *Axiom der Linienflüchtigkeit* der Kraft (siehe 2.3) herleiten. Dazu untersuchen wir zunächst, wie ein beliebiges System von Kräften (Kräftegruppe) in ein möglichst einfaches äquivalentes Kraftsystem überführt werden kann (*Reduktion*).

Vorab erklären wir nochmals den Begriff des *starren Körpers*: Wir verstehen darunter einen Körper, dessen materielle Punkte konstante Entfernungen zueinander besitzen. Auch unter der Wirkung beliebiger Kräfte sollen diese Körper ihre Eigenschaft der Starrheit behalten, d.h. wir vernachlässigen die Verformungen, die sich unter der Wirkung von Kräften einstellen. Dies ist eine Idealisierung, die für viele Probleme der Technik zweckmäßig ist und zu guten Ergebnissen führt, man muß sich aber der Gültigkeitsgrenzen dieser Voraussetzung stets bewußt sein. In Wirklichkeit ist die Annahme der Starrheit spätestens dann verletzt, wenn die Kräfte so groß werden, daß sie den Körper zerstören. Davon sehen wir im folgenden ab: Der starre Körper ist für uns ein mechanisch-mathematisches Modell, das die Wirklichkeit in mehr oder weniger guter Näherung beschreibt.

Als nächstes definieren wir die *Äquivalenz von Kräftegruppen*: Kräftegruppen nennen wir äquivalent, wenn sie am starren Körper die gleichen Wirkungen hervorrufen. Mit Wirkungen meinen wir hier die Lagerkräfte (in der Dynamik auch: die Beschleunigungen), die wir später noch erklären. Als *Gleichgewichtssystem* (*Gleichgewichtsgruppe*) bezeichnen wir eine Kräftegruppe, die äquivalent zur Kraft Null ist.

2.2 Kräfte mit gemeinsamem Angriffspunkt

In Abschnitt 1.2 hatten wir schon festgestellt, daß Kräfte mit gemeinsamem Angriffspunkt wie Vektoren addiert werden:

$$\boxed{\vec{R} := \vec{F}_1 + \vec{F}_2 + ... + \vec{F}_n = \sum_{i=1}^{n} \vec{F}_i\,.} \tag{2.1}$$

Für die Koordinaten der *Resultierenden* $\vec{R}$ gilt dann

$$R_x = \sum_{i=1}^{n} F_{ix}\,, \tag{2.2a}$$

$$R_y = \sum_{i=1}^{n} F_{iy}\,, \tag{2.2b}$$

$$R_z = \sum_{i=1}^{n} F_{iz}\,. \tag{2.2c}$$

Bei Kräften *mit gemeinsamem Angriffspunkt* ist die Resultierende $\vec{R}$ äquivalent zur Vektorsumme von $\vec{F}_1, \vec{F}_2, ..., \vec{F}_n$.

Damit ist es nun möglich, erste Statikaufgaben zu lösen. Als erstes Beispiel betrachten wir das System der Abb.2.1a, in dem ein Körper vom Gewicht G auf einer glatten, schiefen Ebene aufliegt und durch einen Stab (oder Faden) im Gleichgewicht gehalten wird. Die Winkel α und β sowie das Gewicht G sind gegeben, gesucht sind alle auf den Körper wirkenden Kräfte.

Da sich der Körper nicht bewegt, befindet er sich im Gleichgewicht, und die auf ihn wirkenden Kräfte, die hier alle durch einen Punkt gehen, bilden ein Gleichgewichtssystem. Die Vektorsumme dieser Kräfte muß also gleich Null sein. Um diese Bedingung mathematisch zu erfassen, ist es zweckmäßig, ein *Freikörperbild* zu erstellen, d.h. den Körper *freizuschneiden.* Dabei wird der betrachtete Körper losgelöst von den anderen Körpern gezeichnet – hier also losgelöst von Stab und schiefer Ebene – und es werden statt dessen die Kräfte eingetragen, die diese auf ihn ausüben. Im Freikörperbild der Abb.2.1b sind alle auf den Körper wirkenden Kräfte eingetragen. Es handelt sich dabei um die lotrecht nach unten wirkende Gewichtskraft $\vec{G}$, die um den Winkel β gegen die Waagrechte geneigte Stabkraft $\vec{S}$ und die Berührkraft $\vec{N}$. Die Angabe "glatt" in der Systemskizze der Abb.2.1a bedeutet, daß die Berührkraft längs der gemeinsamen Normalen zwischen schiefer Ebene und Körper wirkt. Sie ist also um den Winkel α gegen die Lotrechte geneigt.

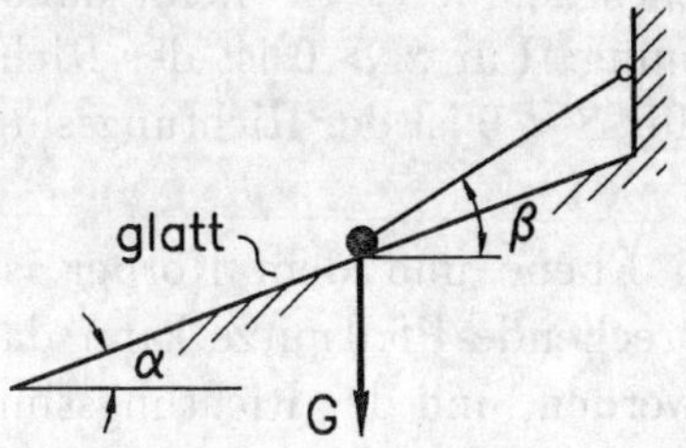

Abbildung 2.1a: Körper auf schiefer Ebene

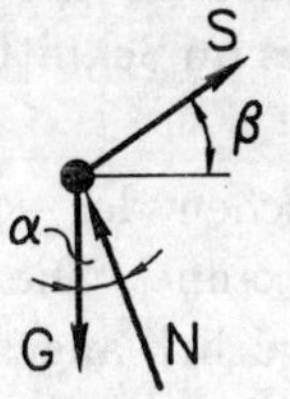

Abbildung 2.1b: Freikörperbild

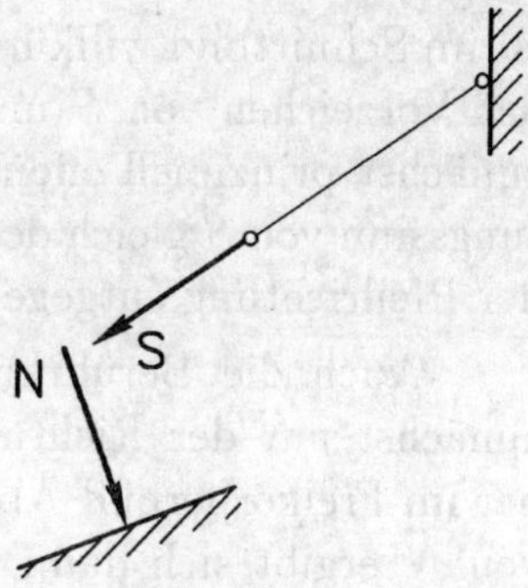

Abbildung 2.1c: Gegenkräfte

Beim Freischneiden des Körpers haben wir in Gedanken den Stab abgeschnitten, den Körper von der schiefen Ebene gelöst und dabei die Wirkungen von Stab und schiefer Ebene, nämlich die entsprechenden auf den Körper wirkenden Kräfte, in das Freikörperbild eingetragen. Nach dem dritten NEWTONschen Gesetz gibt es zu diesen Kräften Gegenkräfte, die gleich groß sind und entgegengesetzt gerichtet auf die schiefe Ebene bzw. auf den Stab wirken (s.Abb.2.1c). Die Reaktion zur Gewichtskraft $\vec{G}$ ist die Kraft, mit der der Körper die Erde anzieht, in Abb.2.1c wäre sie im Mittelpunkt der Erde anzubringen. Da wir im folgenden nur Gleichgewichtsbedingungen für den auf der schiefen Ebene liegenden Körper formulieren, interessieren uns hier die in Abb.2.1c eingetragenen Kräfte nicht. Das dritte NEWTONsche Gesetz wird im Zusammenhang mit dem Freischneiden eines Körpers auch als *Schnittprinzip* bezeichnet: Es besagt, daß beim Schneiden eines Systems immer actio und reactio freigelegt werden, so daß die entsprechenden Kräfte, mit umgekehrtem Richtungssinn und an unterschiedlichen Teilsystemen wirkend, stets paarweise auftreten.

Man beachte, daß wir in Abb.2.1 die Kräfte $\vec{G}, \vec{N}, \vec{S}$ nicht mehr wie bisher mit Pfeilen versehen haben. Bei der Lösung von Statikaufgaben ist es üblich, für jede Kraft $\vec{F}$ im Freikörperbild einen Pfeil einzutragen, der einen Richtungssinn festlegt. Die Größe F ist dann die Koordinate der Kraft $\vec{F}$ in der durch den Pfeil markierten Richtung. Sie kann positiv oder negativ sein. In dieser Schreibweise gilt dann also nicht mehr unbedingt $F = \mid \vec{F} \mid$, sondern $F = \pm \mid \vec{F} \mid$!

Die Gewichtskraft $\vec{G}$ ist nach Betrag, Richtung und Richtungssinn bekannt. Da sie lotrecht nach unten wirkt, ist im Freikörperbild der Abb.2.1b der entsprechende Pfeil nach unten gerichtet eingetragen. Die Kräfte $\vec{N}$ und $\vec{S}$ sind nur ihrer Richtung nach bekannt, da Stäbe und Fäden (sofern sie nur an den Enden belastet werden) lediglich Kräfte längs ihrer Richtung übertragen. Die Richtung von $\vec{S}$ ist durch die Richtung des Stabes festgelegt. Wir werden dies später im einzelnen zeigen. Der Richtungssinn von $\vec{S}$ ist nicht von vornherein bekannt, und die entsprechende Pfeilspitze ist im Schnittbild willkürlich gewählt. Der Richtungssinn der Kraft $\vec{S}$ ist dann durch das Vorzeichen von S und den Richtungssinn des Pfeiles definiert. Er bleibt daher zunächst prinzipiell offen und folgt erst aus der Rechnung: Für $S > 0$ ist der Richtungssinn von $\vec{S}$ gleich dem des Pfeiles im Schnittbild, für $S < 0$ ist der Richtungssinn der Pfeilrichtung entgegengesetzt.

Auch die Berührkraft $\vec{N}$ zwischen der schiefen Ebene und dem Körper ist zunächst nur der Richtung nach bekannt. Die entsprechende Pfeilspitze kann daher im Freikörperbild Abb.2.1b willkürlich angesetzt werden, und der Richtungssinn von $\vec{N}$ ergibt sich dann mit dem Vorzeichen von N aus der Rechnung. Im vorliegenden Beispiel ist allerdings sowohl der Richtungssinn von $\vec{S}$ als auch der von $\vec{N}$ anschaulich klar: Er entspricht jeweils den Pfeilen in Abb.2.1b und es werden sich positive Werte für S und N ergeben (negative Werte von N könnten hier physikalisch auch gar nicht realisiert werden).

Die zu lösende Aufgabe besteht jetzt darin, zu einer nach Richtung, Richtungssinn und Betrag bekannten Kraft $\vec{G}$ und gegebenen Winkeln α, β die Größen N und S so zu bestimmen, daß $\vec{N}, \vec{S}$ und $\vec{G}$ eine Gleichgewichtsgruppe bilden. Diese Aufgabe werden wir auf vier verschiedene Arten lösen.

Zuerst geben wir eine zeichnerische Lösung an. Die Bedingung für das Gleichgewicht der an einem Punkt angreifenden Kräfte ist, daß die Vektorsumme dieser Kräfte gleich Null wird, so daß hier

$$\vec{R} = \vec{G} + \vec{S} + \vec{N} = \vec{0} \tag{2.3}$$

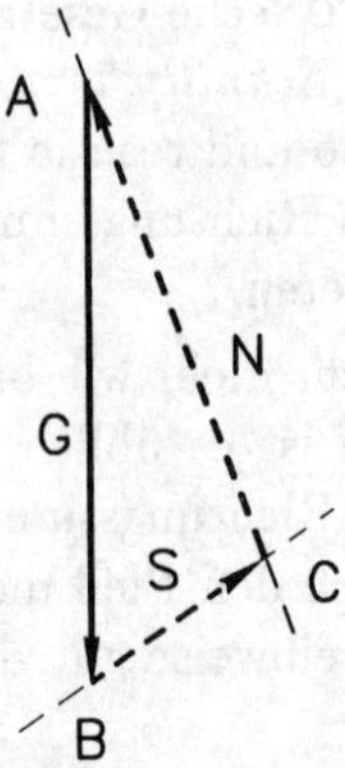

Abbildung 2.2: Zur Bestimmung von $\vec{S}$ und $\vec{N}$: zeichnerisch

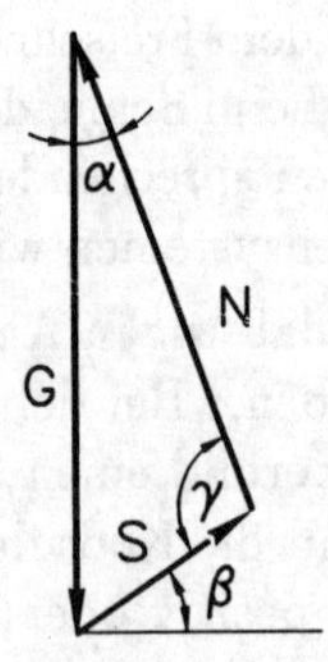

Abbildung 2.3: Zur Bestimmung von $\vec{S}$ und $\vec{N}$: rechnerisch

gilt. Das *Krafteck* der Abb.2.2 muß also geschlossen sein (vgl. auch Abb.1.12). Mit einem gewählten Maßstab für die Kräfte zeichnen wir zunächst den zu G gehörenden lotrechten Pfeil. Anschließend legen wir durch den Endpunkt B dieses Pfeiles eine zum Stab parallele Gerade. Durch den Punkt A zeichnen wir eine Gerade parallel zu $\vec{N}$. Die beiden Geraden schneiden sich in C und bestimmen dadurch das Krafteck. Die Pfeilspitzen zu S und N werden nun so eingetragen, daß das Krafteck beim Durchlaufen in dem durch $\vec{G}$ festgelegten Umlaufsinn $A - B - C - A$ geschlossen ist. Damit sind $\vec{S}$ und $\vec{N}$ so bestimmt, daß (2.3) erfüllt ist.

Als nächstes geben wir drei verschiedene rechnerische Lösungen an. Zunächst erstellen wir dazu gemäß Abb.2.3 eine nicht notwendigerweise maßstäbliche Skizze des Kraftecks und berechnen $\mid N \mid$, $\mid S \mid$ mit Hilfe trigonometrischer Beziehungen. Der Sinussatz für das Dreieck liefert

$$\frac{\mid S \mid}{\sin\alpha} = \frac{G}{\sin\gamma} . \tag{2.4}$$

Die Summe der Innenwinkel eines Dreiecks ist aber 180° bzw. im Bogenmaß gleich π. Demnach ist $\alpha + \gamma + \left[\frac{\pi}{2} - \beta\right] = \pi$ und es folgt $\gamma = \frac{\pi}{2} - (\alpha - \beta)$. Daher ist mit der Identität $\sin(\frac{\pi}{2} - \varphi) = \cos\varphi$

$$\sin\gamma = \cos(\alpha - \beta) , \tag{2.5}$$

und (2.4) führt auf

$$\mid S \mid = G\frac{\sin\alpha}{\cos(\alpha - \beta)} . \tag{2.6}$$

Eine zweite Anwendung des Sinussatzes liefert

$$\frac{\mid N \mid}{\sin[(\pi/2) - \beta]} = \frac{G}{\sin\gamma} , \tag{2.7}$$

woraus

$$\mid N \mid = G\frac{\cos\beta}{\cos(\alpha - \beta)} \tag{2.8}$$

folgt. Da der Umlaufsinn im Krafteck klar ist, folgt $S, N > 0$, und die Betragsstriche können in (2.6), (2.8) weggelassen werden. Wir haben also hier die Unbekannten S und N aus dem skizzierten Krafteck mittels einfacher trigonometrischer Beziehungen gewonnen.

Bei dem zweiten rechnerischen Lösungsweg wählen wir gemäß Abb.2.4 ein kartesisches Koordinatensystem Oxy und drücken die Vektorgleichung $\sum \vec{F}_i = \vec{0}$ durch zwei skalare Gleichungen in den Koordinaten aus:

$$\sum F_{ix} = 0 : \quad S\cos\beta - N\sin\alpha = 0 , \tag{2.9a}$$

$$\sum F_{iy} = 0 : \quad -G + S\sin\beta + N\cos\alpha = 0 \tag{2.9b}$$

(vgl. (1.19), (1.22)), wobei sich die Summen hier und im folgenden stets über *alle* auf den Körper wirkenden Kräfte erstrecken. Die Unbekannten S und N ergeben sich als Lösung des linearen Gleichungssystems (2.9). Dies ist eine einfache mathematische Aufgabe, die uns hier eigentlich weniger interessiert. Zur Übung lösen wir sie aber zumindest teilweise.

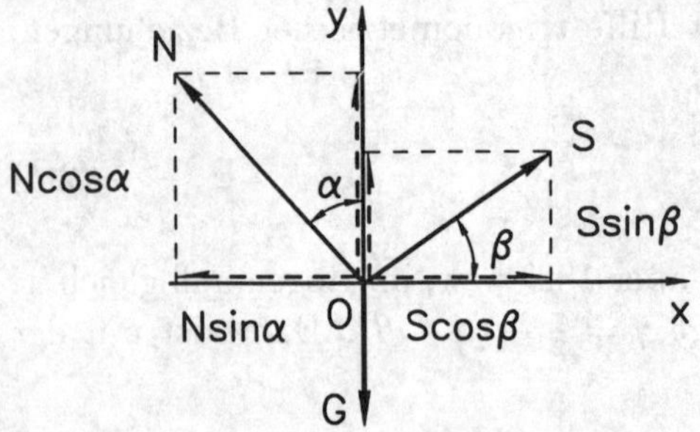

Abbildung 2.4: Zur rechnerischen Bestimmung von $\vec{S}$ und $\vec{N}$ mittels Koordinaten bzgl. Oxy

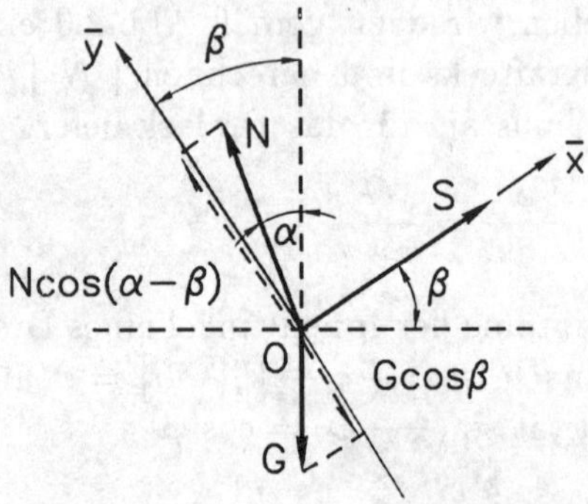

Abbildung 2.5: Verwendung eines günstigeren Koordinatensystems zur Bestimmung von $\vec{S}$ und $\vec{N}$

Multipliziert man (2.9a) mit $\cos\alpha$ und (2.9b) mit $\sin\beta$, so ergibt sich das neue Gleichungssystem

$$S\cos\alpha\cos\beta - N\sin\alpha\cos\alpha = 0\,, \tag{2.10a}$$

$$S\sin\alpha\sin\beta + N\sin\alpha\cos\alpha = G\sin\alpha\,, \tag{2.10b}$$

und die Addition der Gleichungen liefert unter Verwendung der Identität $\cos(\alpha\pm\beta) = \cos\alpha\cos\beta \mp \sin\alpha\sin\beta$ ("Additionstheorem")

$$S\cos(\alpha-\beta) = G\sin\alpha \tag{2.11}$$

und somit

$$S = G\,\frac{\sin\alpha}{\cos(\alpha-\beta)}\,. \tag{2.12}$$

Die zweite Unbekannte N kann damit auf einfache Art und Weise aus (2.9a) oder auch aus (2.10a) oder (2.10b) berechnet werden.

Bei der dritten rechnerischen Lösung vereinfachen wir die Berechnung durch eine geschicktere Wahl des Koordinatensystems. Führen wir anstelle von Oxy das kartesische Koordinatensystem $O\bar{x}\bar{y}$ der Abb.2.5 ein, bei dem die $\bar{y}$-Achse orthogonal zur Wirkungslinie von S ist, so gilt

$$\sum F_{i\bar{y}} = 0 : \quad N \cos(\alpha - \beta) - G \cos\beta = 0 , \tag{2.13}$$

woraus unmittelbar

$$N = G \frac{\cos\beta}{\cos(\alpha - \beta)} \tag{2.14}$$

folgt. Im Gegensatz zu der vorher angegebenen Lösung ist es hier zur Bestimmung von N nicht notwendig, ein lineares Gleichungssystem zu lösen, da die Gleichgewichtsbedingung (2.13) nur eine einzige Unbekannte enthält. Projiziert man alle Kräfte auf die Richtung der $\bar{x}$-Achse, ergibt sich natürlich wieder eine Gleichung, die beide Unbekannten N und S enthält. Mit der schon bestimmten Größe N kann man daraus dann S berechnen. Es ist aber auch möglich, durch Projektion auf eine weitere, zu $\vec{N}$ orthogonale Koordinatenachse eine skalare Gleichgewichtsbedingung zu erhalten, in der N nicht mehr auftritt. Damit kann dann S direkt aus einer einzigen Gleichung bestimmt werden. Eine geeignete Wahl des Koordinatensystems kann also sehr wichtig für einen einfachen Rechenweg sein.

Als zweites Beispiel behandeln wir ein einfaches, räumliches Problem. In Abb.2.6a,b ist ein räumlicher Dreibock dargestellt, der durch eine gegebene Kraft $\vec{F}$ belastet wird. Die Stabkräfte in den drei Stäben $\overline{AD}, \overline{BD}, \overline{CD}$ sind aus der Gleichgewichtsbedingung (Vektorsumme aller auf den Punkt D wirkenden Kräfte gleich Null) zu bestimmen. Ein solches räumliches Problem eignet sich natürlich nicht für eine zeichnerische Lösung, die Gleichgewichtsbedingung $\vec{R} = \vec{0}$ kann jedoch leicht rechnerisch ausgewertet werden. Dazu erstellen wir zunächst das Freikörperbild der Abb.2.6c, in dem alle auf den Punkt D wirkenden Kräfte eingetragen sind. Die Stabkräfte in den drei Stäben haben wir dabei mit S_1, S_2 und S_3 bezeichnet. Die Bezeichnungen sind so gewählt, daß positive Werte dieser Größen Zugkräften in den Stäben entsprechen, wie wir später noch in Kapitel 5 zeigen.

Mit den gegebenen Punkten A, B, C, D und E berechnen wir zunächst die Einheitsvektoren $\vec{e}_{DA}, \vec{e}_{DB}, \vec{e}_{DC}$ und $\vec{e}_{DE}$ längs $\overrightarrow{DA}, \overrightarrow{DB}, \overrightarrow{DC}$ und $\overrightarrow{DE}$ und schreiben die Gleichung $\vec{R} = \vec{0}$ als

$$S_1 \vec{e}_{DA} + S_2 \vec{e}_{DB} + S_3 \vec{e}_{DC} + F \vec{e}_{DE} = \vec{0} . \tag{2.15}$$

Diese Vektorgleichung entspricht einem System von drei skalaren Gleichungen in den drei Unbekannten S_1, S_2 und S_3, das leicht gelöst werden kann.

Wir bestimmen nun die in (2.15) enthaltenen Einheitsvektoren und verwenden dazu das in Abb.2.6 angegebene kartesische Koordinatensystem. Die Punkte A, B,

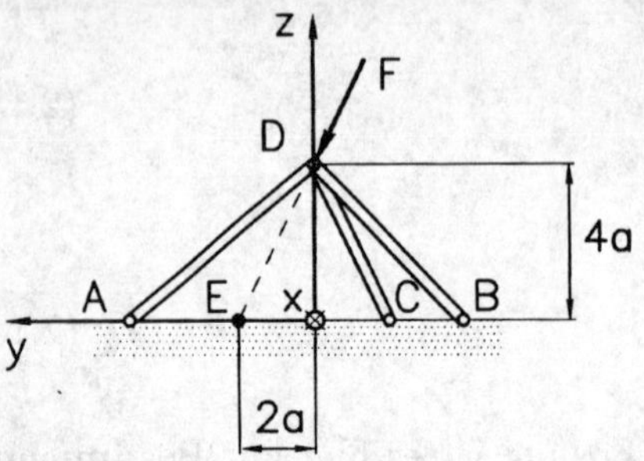

Abbildung 2.6a: Seitenansicht eines räumlichen Dreibocks

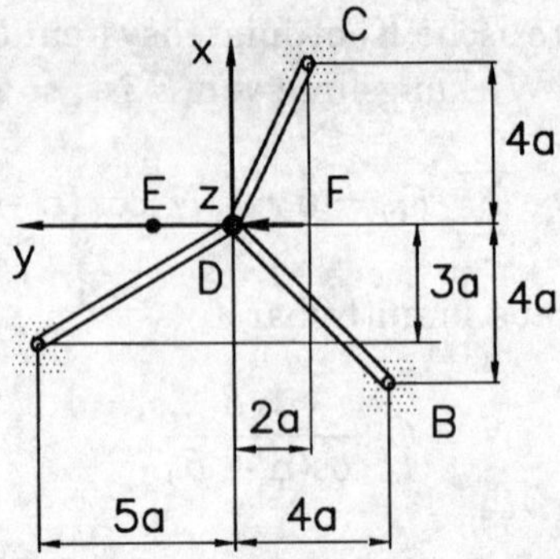

Abbildung 2.6b: Draufsicht

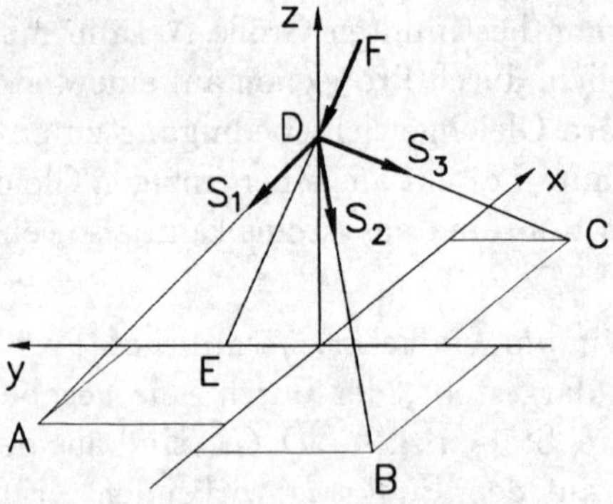

Abbildung 2.6c: Freikörperbild

C und E liegen in der Ebene $z = 0$ und ihre Koordinaten können direkt aus der Abbildung abgelesen werden; es ist

$$\left.\begin{aligned} A &= (-3a, 5a, 0)\,, \quad B = (-4a, -4a, 0)\,, \\ C &= (4a, -2a, 0)\,, \quad E = (0, 2a, 0)\,. \end{aligned}\right\} \tag{2.16}$$

Der Punkt D liegt auf der z-Achse und es gilt

$$D = (0,\, 0,\, 4a)\,. \tag{2.17}$$

Sind im dreidimensionalen Raum zwei Punkte $P_1 = (x_1,\, y_1,\, z_1)$, $P_2 = (x_2,\, y_2,\, z_2)$ durch ihre kartesischen Koordinaten gegeben, so sind damit auch die Ortsvektoren

$$\overrightarrow{OP}_1 = (x_1,\, y_1,\, z_1)^T\,, \quad \overrightarrow{OP}_2 = (x_2,\, y_2,\, z_2)^T \tag{2.18}$$

bekannt. Außerdem gilt

$$\overrightarrow{OP}_2 = \overrightarrow{OP}_1 + \overrightarrow{P_1P}_2\,, \tag{2.19a}$$

bzw.

$$\overrightarrow{P_1P}_2 = \overrightarrow{OP}_2 - \overrightarrow{OP}_1\,, \tag{2.19b}$$

woraus gemäß (1.23)

$$\overrightarrow{P_1P}_2 = (x_2 - x_1, \quad y_2 - y_1, \quad z_2 - z_1)^T \tag{2.20}$$

folgt.

Damit können wir nun z.B. aus den Koordinaten der Punkte D und E den Vektor

$$\overrightarrow{DE} = (0,\, 2a,\, -4a)^T \tag{2.21}$$

bestimmen, der in Richtung von $\vec{F}$ zeigt. Es gilt

$$|\overrightarrow{DE}| = \sqrt{0^2 + (2a)^2 + (-4a)^2} = 2\sqrt{5}\,a \tag{2.22}$$

und gemäß

$$\vec{e}_{DE} = \frac{1}{|\overrightarrow{DE}|}\,\overrightarrow{DE} \tag{2.23}$$

ergibt sich der Einheitsvektor

$$\vec{e}_{DE} = \left(0, \frac{1}{\sqrt{5}}, -\frac{2}{\sqrt{5}}\right)^T. \tag{2.24}$$

Ganz entsprechend folgt

$$\overrightarrow{DA} = (-3a,\, 5a,\, -4a)^T\,, \qquad |\overrightarrow{DA}| = 5\sqrt{2}a\,, \tag{2.25a}$$

$$\overrightarrow{DB} = (-4a,\, -4a,\, -4a)^T\,, \qquad |\overrightarrow{DB}| = 4\sqrt{3}a\,, \tag{2.25b}$$

$$\overrightarrow{DC} = (4a,\, -2a,\, -4a)^T\,, \qquad |\overrightarrow{DC}| = 6a \tag{2.25c}$$

und

$$\vec{e}_{DA} = \frac{1}{\sqrt{2}}\left(-\frac{3}{5}, 1, -\frac{4}{5}\right)^T, \tag{2.26a}$$

$$\vec{e}_{DB} = \frac{1}{\sqrt{3}}(-1, -1, -1)^T , \tag{2.26b}$$

$$\vec{e}_{DC} = \left(\frac{2}{3}, -\frac{1}{3}, -\frac{2}{3}\right)^T . \tag{2.26c}$$

Die Vektorgleichung (2.15) führt damit auf

$$S_1 \frac{1}{\sqrt{2}} \begin{pmatrix} -\frac{3}{5} \\ 1 \\ -\frac{4}{5} \end{pmatrix} + S_2 \frac{1}{\sqrt{3}} \begin{pmatrix} -1 \\ -1 \\ -1 \end{pmatrix} + S_3 \begin{pmatrix} \frac{2}{3} \\ -\frac{1}{3} \\ -\frac{2}{3} \end{pmatrix} = F \begin{pmatrix} 0 \\ -\frac{1}{\sqrt{5}} \\ \frac{2}{\sqrt{5}} \end{pmatrix} \tag{2.27}$$

und dies entspricht dem Gleichungssystem

$$-\frac{3}{5\sqrt{2}} S_1 - \frac{1}{\sqrt{3}} S_2 + \frac{2}{3} S_3 = 0 , \tag{2.28a}$$

$$\frac{1}{\sqrt{2}} S_1 - \frac{1}{\sqrt{3}} S_2 - \frac{1}{3} S_3 = -\frac{1}{\sqrt{5}} F , \tag{2.28b}$$

$$-\frac{4}{5\sqrt{2}} S_1 - \frac{1}{\sqrt{3}} S_2 - \frac{2}{3} S_3 = \frac{2}{\sqrt{5}} F . \tag{2.28c}$$

Die Auflösung nach den drei Unbekannten ergibt

$$S_1 = -\frac{2}{7}\sqrt{10}\, F \approx -0,90\, F , \quad S_2 = 0 , \quad S_3 = -\frac{9}{7\sqrt{5}} F \approx -0,58\, F. \tag{2.29}$$

Mit diesem Beispiel schließen wir die kurze Betrachtung über Kräfte mit gemeinsamem Angriffspunkt ab.

2.3 Ebene Kräftegruppe am starren Körper

2.3.1 Kräfte mit verschiedenen Angriffspunkten

Wir betrachten jetzt eine Gruppe von auf den gleichen starren Körper wirkenden Kräften $\vec{F}_1, \vec{F}_2, ..., \vec{F}_n$ mit *verschiedenen Angriffspunkten* A_1, A_2, ..., A_n. Als *Wirkungslinie* einer Kraft $\vec{F}$ bezeichnet man die Gerade $A, \vec{F}$, die durch den Kraftangriffspunkt A geht und in Richtung von $\vec{F}$ verläuft. Dabei beschränken wir uns in diesem Abschnitt auf den Fall, in dem die Wirkungslinien der Kräfte alle in ein und derselben Ebene liegen (Abb.2.7).

Wir führen nun das *Axiom der Linienflüchtigkeit* einer Kraft ein:

Die an einem starren Körper am Angriffspunkt A wirkende Kraft $\vec{F}$ ruft die gleiche Wirkung hervor wie $\vec{F}$ am Angriffspunkt $\bar{A}$, sofern $\bar{A}$ auf der Geraden A, $\vec{F}$ (Wirkungslinie) liegt (s.Abb.2.8).

In anderen Worten:

Am starren Körper darf man eine Kraft längs ihrer Wirkungslinie verschieben.

Zusammensetzung mehrerer Kräfte (Reduktion) in der Ebene führt immer auf Resultierende R oder Kräftepaar

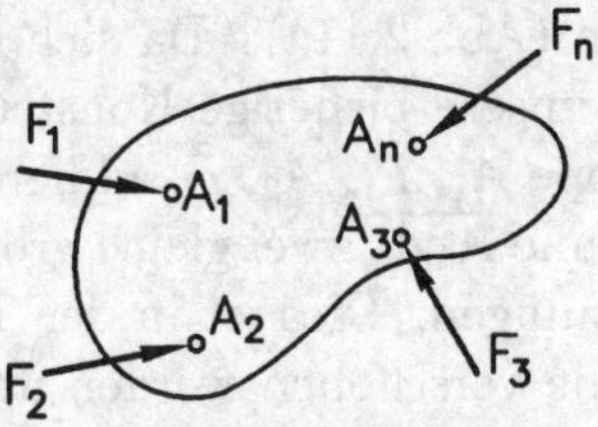

Abbildung 2.7: Kräfte mit verschiedenen Angriffspunkten am starren Körper

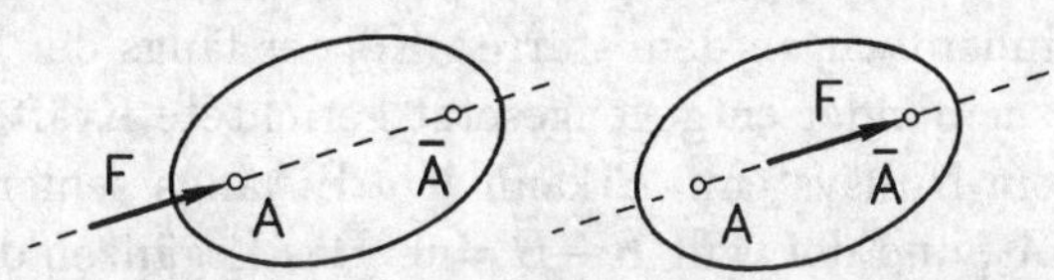

Abbildung 2.8: Zum Axiom der Linienflüchtigkeit einer Kraft am starren Körper

Damit ist es nun möglich, gemäß Abb.2.9 zwei Kräfte mit verschiedenen Angriffspunkten am starren Körper durch eine einzige zu ihnen äquivalente Kraft zu ersetzen, sofern die Wirkungslinien A_1, $\vec{F_1}$ und A_2, $\vec{F_2}$ sich in einem Punkt A schneiden. Nach dem Axiom der Linienflüchtigkeit der Kraft dürfen wir nämlich $\vec{F_1}$ von A_1 nach A und $\vec{F_2}$ von A_2 nach A verschieben. Die so verschobenen Kräfte besitzen jetzt denselben Angriffspunkt A und dürfen nach der Parallelogrammregel addiert werden. Damit erhalten wir die Resultierende $\vec{R}$ mit der Wirkungslinie A, $\vec{R}$, die zu dem ursprünglichen Kraftsystem aus $\vec{F_1}, \vec{F_2}$ in A_1, A_2 äquivalent ist.

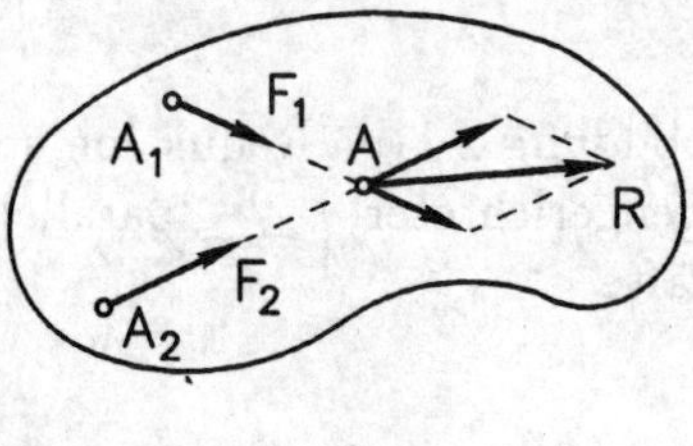

Abbildung 2.9: Zur Reduktion zweier Kräfte an einem starren Körper in der Ebene

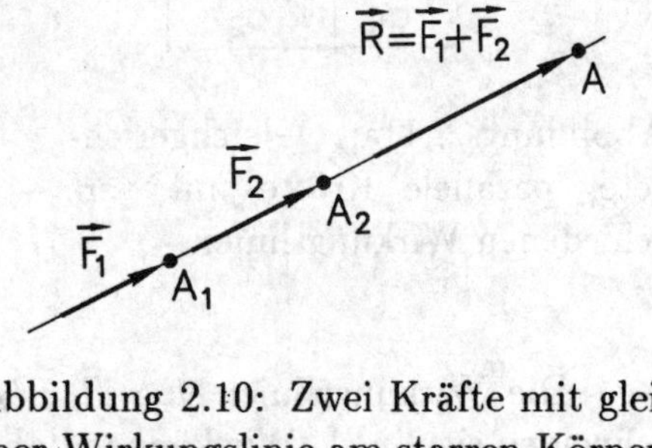

Abbildung 2.10: Zwei Kräfte mit gleicher Wirkungslinie am starren Körper

Es kann natürlich vorkommen, daß der Schnittpunkt A der beiden Wirkungslinien außerhalb der Berandung des ebenen starren Körpers liegt. Auch in diesem Fall führen wir aber die angegebene Konstruktion durch und ersetzen $\vec{F}_1, \vec{F}_2$ durch $\vec{R}$, d.h. wir denken uns bei diesen Äquivalenzbetrachtungen den starren Körper in der Ebene als unendlich ausgedehnt.

Ein Sonderfall ist der, in dem $\vec{F}_1, \vec{F}_2$ zueinander parallel sind. Dabei können beide Kräfte die gleiche Wirkungslinie besitzen oder auch nicht. Wir untersuchen zunächst in Abb.2.10 den Fall gleicher Wirkungslinie. Hier können wir wieder $\vec{F}_1, \vec{F}_2$ zu einem Punkt A verschieben, der allerdings nicht mehr eindeutig definiert ist, und in trivialer Weise $\vec{R}$ durch Vektoraddition bestimmen. Interessanter ist der Fall von zwei zueinander parallelen, verschiedenen Wirkungslinien (Abb.2.11a). Da sich die Wirkungslinien jetzt im Unendlichen schneiden, versagt unsere bisherige Konstruktion. Wir können jedoch ein "Nullsystem" zur Kräftegruppe A_1, $\vec{F}_1$, A_2, $\vec{F}_2$ addieren, indem wir an dem starren Körper längs der Verbindungslinie $\overline{A_1A_2}$ zwei gleich große, zueinander entgegengesetzt gerichtete Kräfte $\vec{B}, -\vec{B}$ hinzufügen. Dies ist in der Tat ein Nullsystem: $\vec{B}$ kann ja z.B. längs seiner Wirkungslinie verschoben werden nach A_2, und dort gilt $\vec{B}-\vec{B}=\vec{0}$. Das Ergänzen der gegebenen Kräftegruppe durch $\vec{B}, -\vec{B}$ hat diese also nicht verändert. Die in A_1, A_2 jeweils wirkenden Kräfte mit gemeinsamem Angriffspunkt können aber jetzt vektoriell addiert werden, wodurch sich die Kräfte $\vec{R}_1, \vec{R}_2$ ergeben. Das Kraftsystem A_1, $\vec{R}_1$, A_2, $\vec{R}_2$ ist demnach zu A_1, $\vec{F}_1$, A_2, $\vec{F}_2$ äquivalent.

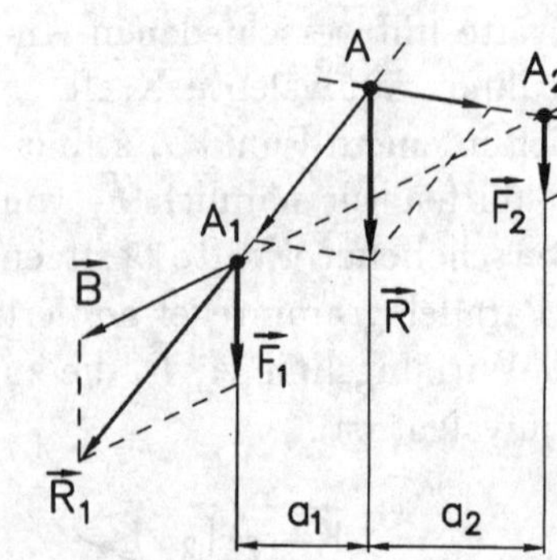

R = F1 + F2
F1 a1 = F2 a2

Abbildung 2.11a: Gleichgerichtete, parallele Kräfte mit verschiedenen Wirkungslinien

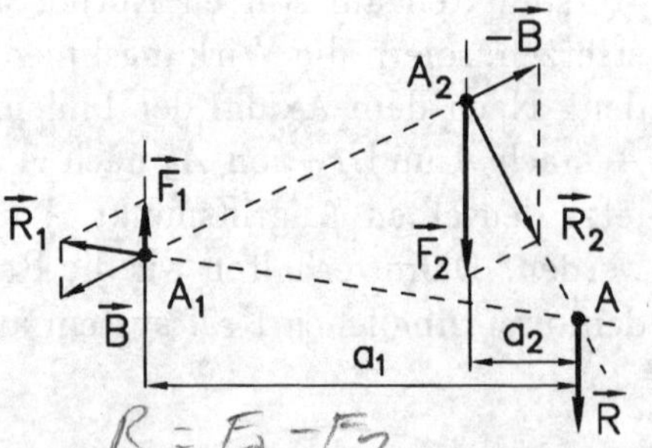

R = F2 − F1
F1 a1 = F2 a2

Abbildung 2.11b: Reduktion entgegengerichteter, paralleler Kräfte

Die Wirkungslinien von $\vec{R}_1, \vec{R}_2$ sind nicht mehr zueinander parallel, sondern schneiden sich in A. Wir können daher die beiden Kräfte nach A verschieben und sie dort nach der Parallelogrammregel addieren: Es ergibt sich so $\vec{R}$ mit Angriffspunkt

F1 = F2 = F

„Kräftepaar" kann nicht durch Einzelkraft ersetzt werden!

A. Man kann unschwer erkennen, daß $\vec{R}$ parallel zu $\vec{F}_1, \vec{F}_2$ ist und

$$R = F_1 + F_2 \tag{2.30}$$

gilt.

Aus der Ähnlichkeit der in Abb.2.12 jeweils gleich gekennzeichneten Dreiecke ergibt sich auch das *Hebelgesetz*

$$F_1\, a_1 = F_2\, a_2\,, \tag{2.31}$$

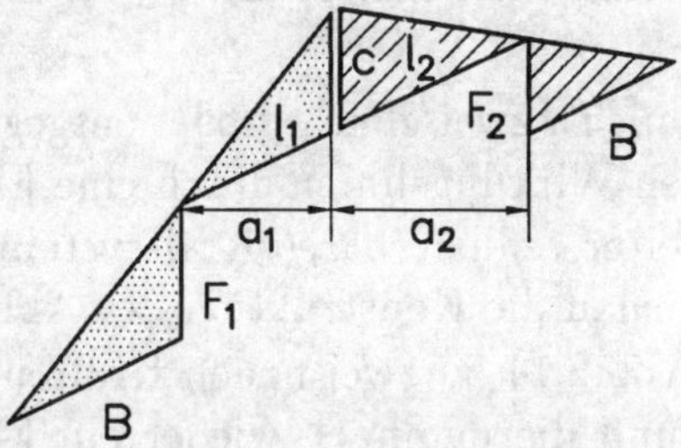

Abbildung 2.12: Zum Hebelgesetz

das schon ARCHIMEDES[18] bekannt war (es folgt natürlich trivialerweise auch aus einer Momentenbedingung, die wir aber erst später beweisen). Die Ähnlichkeit der Dreiecke liefert

$$F_1/B = c/l_1\,, \tag{2.32a}$$

$$F_2/B = c/l_2 \tag{2.32b}$$

und damit folgt

$$F_1\, l_1 = F_2\, l_2\,. \tag{2.33}$$

Andererseits besagt der *Strahlensatz*, daß

$$\frac{a_1}{l_1} = \frac{a_2}{l_2} \tag{2.34}$$

ist, woraus mit (2.33) das Hebelgesetz (2.31) folgt.

Falls $\vec{F}_1, \vec{F}_2$ parallel sind, jedoch unterschiedlichen Richtungssinn besitzen, ist die geometrische Konstruktion der Abb.2.11a durch Abb.2.11b zu ersetzen und es gilt

$$R = F_2 - F_1\,. \tag{2.35}$$

[18]ARCHIMEDES, griechischer Mathematiker und Physiker, * um 285 v. Chr. in Syrakus, † 212 v. Chr. ebenda.

Nach wie vor ist natürlich auch hier

$$F_1 a_1 = F_2 a_2 \,. \tag{2.36}$$

Mittels der besprochenen Konstruktionen ist es also möglich, zwei Kräfte mit verschiedenen Angriffspunkten an einem starren Körper (mit zueinander parallelen oder nicht parallelen Wirkungslinien) durch eine einzige Kraft zu ersetzen. Durch mehrfaches, sukzessives Anwenden dieses Verfahrens kann man damit auch beliebig viele Kräfte $\vec{F}_1, \vec{F}_2 \cdots, \vec{F}_n$ auf eine einzige Kraft mit eindeutig bestimmter Wirkungslinie reduzieren. Dabei faßt man auf die besprochene Art $\vec{F}_1, \vec{F}_2$ zu einer Resultierenden $\vec{R}$ zusammen. Auf dem gleichen Wege kann man nun $\vec{R}$ mit $\vec{F}_3$ zu einer neuen Resultierenden zusammenfassen usw.

Es gelingt allerdings auf diesem Wege nicht, zwei gleich große, entgegengesetzt gerichtete Kräfte $\vec{F}, -\vec{F}$ mit unterschiedlichen Wirkungslinien durch eine Einzelkraft zu ersetzen. Ein solches einfaches, nicht weiter reduzierbares Kraftsystem bezeichnet man als *Kräftepaar* (Abb.2.13). Wendet man die Konstruktion der Abb.2.11 auf das Kräftepaar an, so gelangt man gemäß Abb.2.14 zu zwei neuen Kräften $\vec{F}', -\vec{F}'$, deren Wirkungslinien sich nicht schneiden und die demnach wieder ein Kräftepaar bilden. Einem Kräftepaar kann man den in Abb.2.13 angedeuteten *Drehsinn* zuweisen. Der Drehsinn des Kräftepaares $\vec{F}, -\vec{F}$ ist offensichtlich gleich dem Drehsinn des Kräftepaares $\vec{F}', -\vec{F}'$.

Abbildung 2.13: Zum Begriff des Kräftepaares

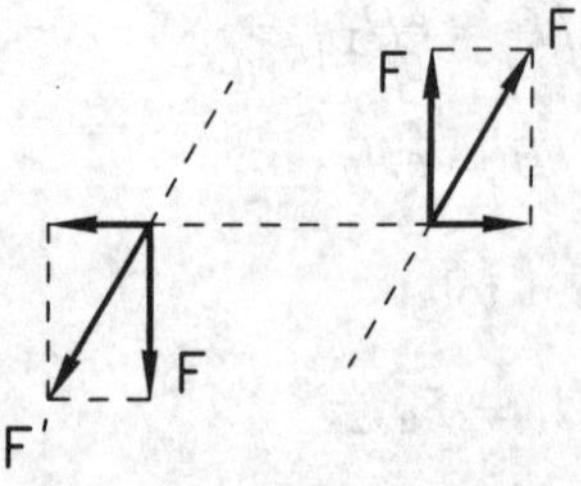

Abbildung 2.14: Zur Äquivalenz von Kräftepaaren

Zusammenfassend stellen wir fest, daß die Zusammensetzung mehrerer Kräfte (*Reduktion*) in der Ebene immer entweder auf eine einzige Kraft, die Resultierende $\vec{R}$, führt oder aber auf ein Kräftepaar. Dabei ergibt sich $\vec{R}$ durch einfache Vektoraddition $\vec{R} = \sum \vec{F}_i$, die Wirkungslinie von $\vec{R}$ kann zeichnerisch durch die etwas umständliche sukzessive Bestimmung der Schnittpunkte der *Zwischenresultierenden* mit den anderen Kräften gefunden werden. Die Resultierende ist dabei nach Betrag, Richtung, Richtungssinn und Wirkungslinie eindeutig bestimmt, d.h. unabhänigig davon, in welcher Reihenfolge die Kräfte zusammengesetzt werden.

Das Kräftepaar dagegen ist nicht eindeutig: Es können nicht nur die beiden Kräfte längs ihrer Wirkungslinien verschoben werden, sondern man kann auch ein Kräftepaar gemäß Abb.2.14 durch ein anderes, äquivalentes ersetzen. Die Kräfte $\vec{F}'$, $-\vec{F}'$ können dabei sogar eine beliebige Richtung haben und natürlich auch wieder längs ihrer Wirkungslinien beliebig verschoben werden.

Ein gegebenes Kraftsystem steht genau dann an einem starren Körper im Gleichgewicht, wenn es ein Nullsystem ist, d.h. wenn es äquivalent zur Kraft Null ist. Das bedeutet, daß eine ebene Kräftegruppe genau dann ein Gleichgewichtssystem ist, wenn *weder* eine Resultierende *noch* ein Kräftepaar nach der sukzessiven Durchführung der Reduktion übrig bleibt. Diesen Sachverhalt bezeichnen wir als *Gleichgewichtsbedingung.*

2.3.2 Statik des starren Körpers in der Ebene (zeichnerisch)

Gegeben sei ein ebener starrer Körper (*Scheibe*), der in bestimmter Art und Weise gelagert ist und auf den bestimmte, vorgegebene Kräfte (*Lasten*) wirken. Der Körper sei so gelagert, daß er sich nicht bewegen kann. In den Lagerungen stellen sich dann *Auflagerkräfte* ein, die dafür sorgen, daß der Körper im Gleichgewicht bleibt. Die Standardaufgabe der Statik besteht darin, diese Auflagerkräfte zu bestimmen. Dies geschieht mittels der Gleichgewichtsbedingungen. Wir betrachten zunächst das Beispiel der Abb.2.15.

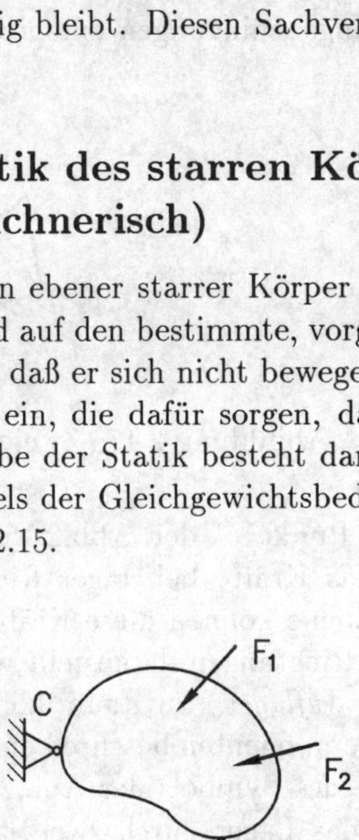

Abbildung 2.15: Zur Statik des starren Körpers in der Ebene

Zuerst müssen wir die in Abb.2.15 zur Kennzeichnung der Lagerung verwendeten Symbole erklären. Wir betrachten dabei zunächst das Auflager in B. Dieses in Abb.2.16 nochmals dargestellte Symbol bedeutet, daß der starre Körper an dieser Stelle so gelagert ist, daß lediglich Auflagerkräfte senkrecht zur angedeuteten möglichen Bewegungsrichtung übertragen werden können. Die Richtung der Auflagerkraft ist also von vornherein bekannt, Betrag und Richtungssinn sind unbekannt. Zur Kennzeichnung der durch ein solches Lager übertragenen Auflagerkräfte bedarf es nur einer einzigen (positiven oder negativen) Zahl. Man nennt daher ein solches Lager auch ein *einwertiges Auflager.* Anstelle des Symbols der Abb.2.16a, das man sich als ein stilisiertes, verschiebbares Wägelchen mit einem Gelenk vorstellen kann (Abb.2.16b), verwendet man auch das Symbol der Abb.2.16c. Dies deutet einen Stab ("Pendelstütze") oder ein Seil an, wobei ebenfalls die Richtung der Kraft bekannt ist.

Die in einem Auflager übertragbaren Kräfte hängen mit der Beweglichkeit des Auflagers zusammen. Die geometrischen Bedingungen, die die Beweglichkeit eines Lagerpunktes einschränken, bezeichnet man als *Zwangsbedingungen.* Im vorliegenden Fall besteht die Zwangsbedingung darin, daß der Punkt B in Abb.2.15 nicht längs der Lotrechten verschoben werden kann. Das Lager ist imstande, beliebig große in dieser Richtung wirkende Kräfte zu übertragen, die eine solche Bewegung verhindern. Man bezeichnet daher solche den Zwangsbedingungen entsprechenden Kräfte als *Zwangskräfte.*

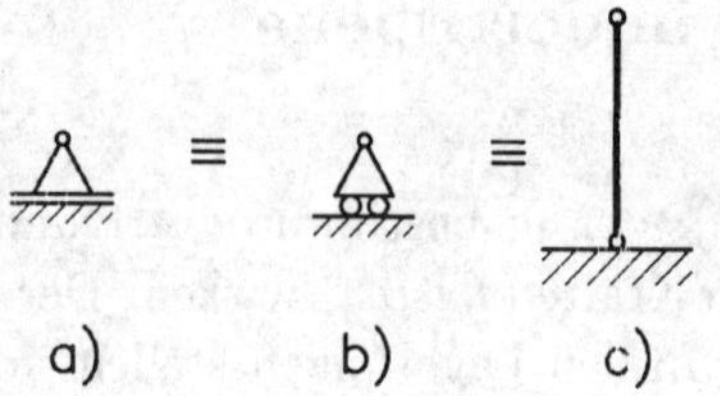

Abbildung 2.16: Einwertiges Lager

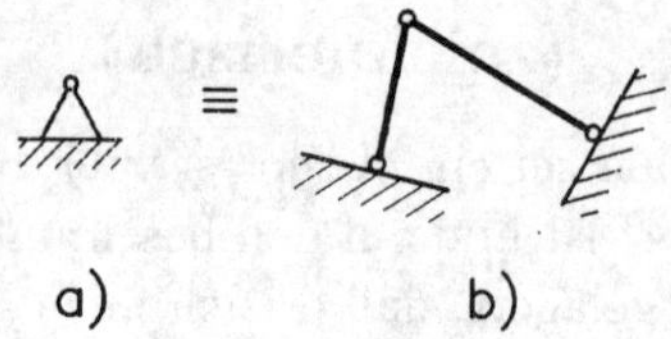

Abbildung 2.17: Zweiwertiges Lager

Wir betrachten nun das Auflager im Punkt C der Abb.2.15. Das Symbol (Abb.2.17a) stellt ein ideales *Gelenk* dar, das Kräfte beliebiger Richtung und beliebigen Betrages aufnehmen kann. In der Ebene können diese Kräfte immer durch die Komponenten längs zweier vorgegebener Richtungen dargestellt werden; das Gelenk in der Ebene ist daher ein *zweiwertiges Auflager.* Im Raum können wir die an einem Gelenk übertragene Kraft durch drei Komponenten beschreiben; das Gelenk im Raum ist ein *dreiwertiges Auflager.* Anstelle des Symbols der Abb.2.17a verwendet man häufig auch das der Abb.2.17b, wobei das Lager durch zwei Stäbe dargestellt ist. Damit wird angedeutet, daß das Lager Kräfte in den Richtungen der beiden "Pendelstützen" aufnehmen kann. Da jede beliebige Kraft in der Ebene durch ihre Komponenten in zwei Richtungen dargestellt werden kann, nimmt dieses Lager Kräfte in beliebigen Richtungen auf. Ganz entsprechend wird ein räumliches Gelenk durch drei Pendelstützen dargestellt.

Eine weitere Art der Lagerung haben wir schon in Abb.2.1 kennengelernt, sie sei hier nochmals erwähnt. An den Kontaktpunkten zwischen Körpern treten Berührkräfte auf, die im Fall glatter Oberflächen ausschließlich längs der gemeinsamen Normalen gerichtet sind (Abb.2.18). Diese Eigenschaft betrachten wir im folgenden als Definition des Begriffes *glatt.* Sind die Kontaktflächen *rauh,* so werden Berührkräfte übertragen, die nicht nur eine Komponente in Richtung der gemeinsamen Normalen, sondern auch eine Komponente in Richtung der gemeinsamen

Tangentialebene besitzen können. Solche *Reibungs-* oder *Haftungskräfte* werden in Kapitel 4 behandelt.

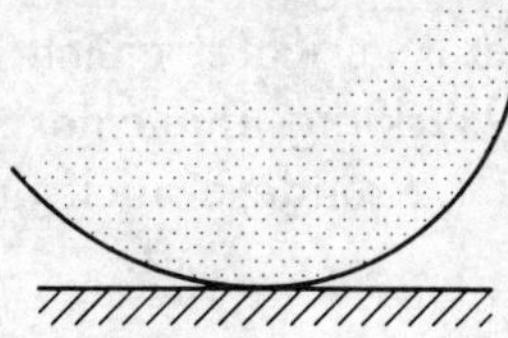

Abbildung 2.18a: Starrer Körper auf glatter Ebene

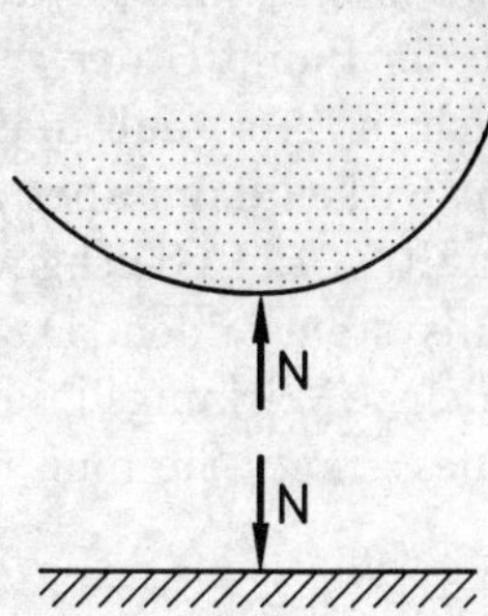

Abbildung 2.18b: Freikörperbild

Bei der Lagerung der Abb.2.18 handelt es sich eigentlich um eine sogenannte *einseitige Zwangsbedingung* oder *einseitige Bindung*: Die waagrechte Fläche der Abb.2.18a behindert ja nur die Bewegung des auf ihr liegenden Körpers in lotrechter Richtung von oben nach unten. In umgekehrter Richtung, d.h. von unten nach oben kann sich der auf der Fläche liegende Körper frei bewegen. Das bedeutet, daß auch die übertragene Zwangskraft hier stets in der in Abb.2.18b dargestellten Weise wirkt; d.h. die Berührkraft ist stets eine *Druckkraft*, sie kann zwar Null werden, aber nie negative Werte annehmen.

Die bisherigen Betrachtungen legen die Einteilung der auf einen starren Körper wirkenden Kräfte in *eingeprägte Kräfte* und *Zwangskräfte* nahe. Eingeprägte Kräfte sind dabei diejenigen, die vorgegeben sind, d.h. es sind die auf das System wirkenden "Lasten" (in Abb.2.15 sind dies die Kräfte $\vec{F}_1, \vec{F}_2$). Als Zwangskräfte bezeichnet man hingegen Kräfte, die aus den Gleichgewichtsbedingungen unter Verwendung der Eigenschaften der Auflager, d.h. der Zwangsbedingungen folgen. Es sind gewissermaßen diejenigen Kräfte, die den Körper dazu zwingen, den Zwangsbedingungen zu gehorchen. Zwangskräfte oder Auflagerkräfte werden gelegentlich als *Reaktionen der Auflager* bezeichnet. Die Auflagerkräfte sind aber keineswegs im Sinne des dritten NEWTONschen Gesetzes die Reaktionskräfte zu den Lasten (actio & reactio wirken stets auf unterschiedliche Körper!). Um Mißverständnisse zu vermeiden, werden wir daher die Bezeichnung "Reaktionen der Auflager" nicht weiter verwenden.

Im folgenden bestimmen wir für einige Beispiele die Auflagerkräfte zeichnerisch. Zunächst betrachten wir den starren Körper der Abb.2.19, der durch die Kraft $\vec{F}$ belastet und in B einwertig, in C zweiwertig gelagert ist. Im Freikörperbild der Abb.2.20a ist der Körper freigeschnitten. Da wir hier eine zeichnerische Lösung anstreben, ist in diesem *Lageplan* die Geometrie maßstäblich zu zeichnen. Die Kraft $\vec{F}$ ist nach Betrag, Richtung, Richtungssinn und Angriffspunkt bekannt, so daß sie mit ihrer Wirkungslinie f eingezeichnet werden kann. Von der Kraft $\vec{B}$ ist lediglich die Wirkungslinie

b bekannt, die ebenfalls in Abb. 2.20a eintragen wird. Die Auflagerkraft $\vec{C}$ hat eine unbestimmte Richtung, ihre Wirkungslinie kann daher zunächst nicht angegeben werden. Lediglich der Punkt C der Wirkungslinie ist bekannt. Die Wirkungslinien f und b schneiden sich in P, so daß man $\vec{F}$ und $\vec{B}$ durch eine einzige Kraft in P ersetzen könnte. Damit wirken dann aber auf den starren Körper diese eine Kraft in P sowie die Auflagerkraft in C. Gleichgewicht ist nur möglich, wenn die genannten beiden Kräfte ein Nullsystem bilden. Dazu müssen sie entgegengesetzt gerichtet gleich groß sein und die gleiche Wirkungslinie besitzen. Dadurch ist die Wirkungslinie c der Auflagerkraft $\vec{C}$ bestimmt: Sie muß nicht nur durch den Punkt C, sondern auch durch P gehen.

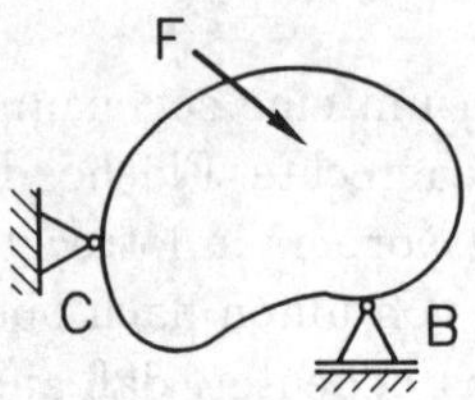

Abbildung 2.19: Zum Gleichgewicht einer Scheibe

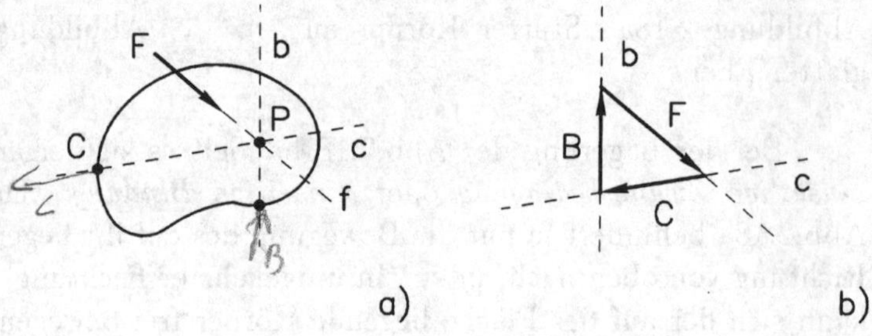

Abbildung 2.20: Lage- und Kraftplan zur zeichnerischen Bestimmung der Lagerkräfte

Die bekannte Last $\vec{F}$ sowie die unbekannten Auflagerkräfte $\vec{B}$ und $\vec{C}$ können längs ihrer nun bekannten Wirkungslinien in den gemeinsamen Schnittpunkt P verschoben werden, und dort muß ihre Vektorsumme den Nullvektor ergeben. Wir können daher jetzt die Auflagerkräfte bestimmen, indem wir die Kraft $\vec{F}$ mit zwei Kräften bekannter Wirkungslinien ins Gleichgewicht bringen. Will man diese Konstruktion zeichnerisch durchführen, so ist der *Kraftplan* der Abb.2.20b zu erstellen, wobei zunächst $\vec{F}$ maßstäblich gezeichnet wird und anschließend – wie schon in Abb.2.2 – die Kräfte $\vec{B}$ und $\vec{C}$ mit den aus Abb.2.20a übertragenen Richtungen der Wirkungslinien b, c folgen.

Zusammenfassend halten wir fest, daß wir aus dem vorangegangenen Beispiel das folgende gelernt haben: *Drei Kräfte in der Ebene stehen an einem starren Körper dann und nur dann im Gleichgewicht, wenn sich ihre Wirkungslinien in einem Punkt schneiden und das Krafteck geschlossen ist!*

In einem zweiten Beispiel betrachten wir den starren Körper der Abb.2.21, der durch die Kraft $\vec{F}$ im Punkt A belastet ist, und bestimmen die Auflagerkräfte in den drei einwertigen Auflagern in B, D und E. Zunächst schneiden wir den Körper frei und tragen im Lageplan der Abb.2.22a die Wirkungslinie der bekannten Kraft $\vec{F}$ sowie die Wirkungslinien b, d und e der Auflagerkräfte ein. Die Wirkungslinien f und b sowie d und e schneiden sich jeweils in den Punkten P_1, P_2. Daher können die Last $\vec{F}$ und die unbekannte Auflagerkraft $\vec{B}$ durch eine einzige Kraft in P_1 ersetzt werden, die unbekannten Auflagerkräfte $\vec{D}, \vec{E}$ durch eine Kraft in P_2. Da die Kräfte $\vec{F}, \vec{B}, \vec{D}, \vec{E}$ ein Gleichgewichtssystem bilden, müssen auch die Resultierenden in P_1 und P_2 ein Nullsystem bilden. Dies ist nur möglich, wenn sie die gleiche Wirkungslinie besitzen und entgegengesetzt gerichtet gleich groß sind. Die Wirkungslinie der Resultierenden aus $\vec{F}, \vec{B}$ und auch der Resultierenden aus $\vec{D}, \vec{E}$ muß also die Gerade $\overline{P_1P_2}$ sein, die wir mit c bezeichnen. Damit liegt die Wirkungslinie dieser Zwischenresultierenden fest, man nennt sie auch CULMANN*sche Hilfsgerade*[19].

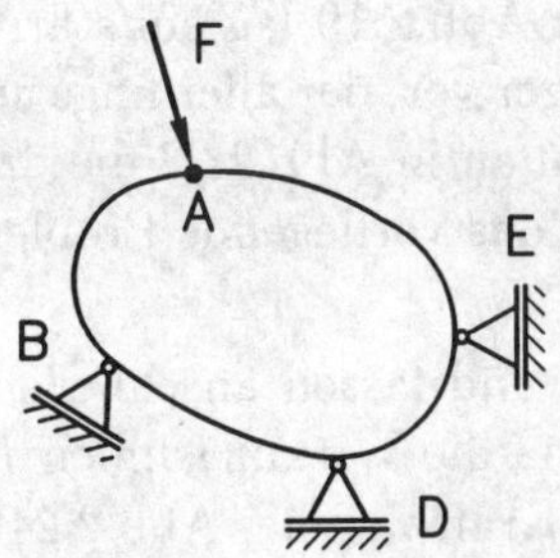

Abbildung 2.21: Zum Gleichgewicht einer Scheibe mit drei einwertigen Auflagern

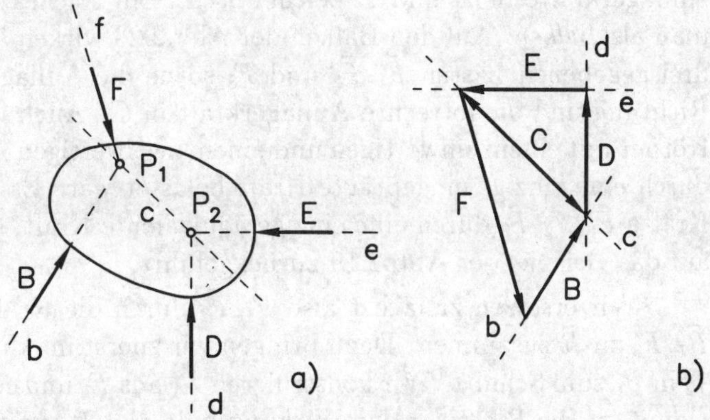

Abbildung 2.22: Lageplan (a) und Kraftplan (b) zur zeichnerischen Bestimmung der Lagerkräfte

Da jetzt die Richtungen aller Kräfte bekannt sind, kann das Krafteck gezeichnet werden. In Abb.2.22b wird zunächst $\vec{F}$ maßstäblich gezeichnet; damit ergibt sich mit b und c die Auflagerkraft $\vec{B}$ sowie die Zwischenresultierende $\vec{C}$. Anschließend bestimmt man mit Hilfe von d und e die Auflagerkräfte $\vec{D}, \vec{E}$. Man erkennt, daß das aus $\vec{F}, \vec{B}, \vec{D}$ und $\vec{E}$ bestehende Krafteck geschlossen ist. Ein geschlossenes Krafteck ist allerdings keine *hinreichende* Bedingung dafür, daß ein Kraftsystem an einem starren Körper ein Gleichgewichtssystem ist (es bedeutet ja nur, daß die Vektorsumme der auf den Körper wirkenden Kräfte gleich Null ist, nicht jedoch, daß das Kraftsystem ein Nullsystem ist).

[19]Nach dem deutschen Ingenieur Carl CULMANN, * 1821 in Bad Bergzabern, † 1881 in Zürich.

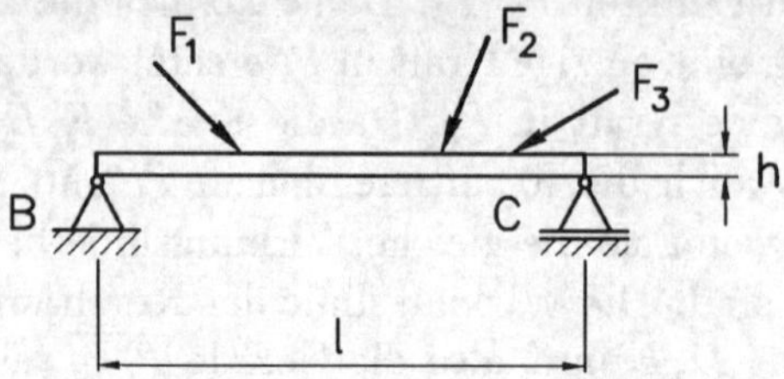

Abbildung 2.23: Der einfach gelagerte Balken

In einem weiteren Beispiel bestimmen wir für das System der Abb.2.23 die Auflagerkräfte in B und C zeichnerisch. Ein solches System mit $h \ll l$ bezeichnet man als *Balken.* Auf den Balken der Abb.2.23 wirken also insgesamt fünf Kräfte: die drei gegebenen Lasten $\vec{F}_1, \vec{F}_2$ und $\vec{F}_3$ sowie die Auflagerkraft in B mit unbekannter Richtung und die lotrechte Auflagerkraft in C. Auch in der Abb.2.19 lag ein starrer Körper mit einem einwertigen und einem zweiwertigen Auflager vor, der allerdings nur durch eine einzige eingeprägte Kraft belastet war. Ersetzt man in Abb.2.23 die drei Kräfte $\vec{F}_1, \vec{F}_2, \vec{F}_3$ durch eine einzige äquivalente Kraft, so ist das vorliegende Problem auf das Beispiel der Abb.2.19 zurückgeführt.

Wir ersetzen zunächst also $\vec{F}_1, \vec{F}_2$ durch die Kraft $\vec{R}_1$ und fassen anschließend $\vec{R}_1, \vec{F}_3$ zu $\vec{R}$ zusammen. Dazu bringen wir zuerst in Abb.2.24a die Wirkungslinien f_1, f_2 in P_1 zum Schnitt. Wir konstruieren $\vec{R}_1$ aus $\vec{F}_1$ und $\vec{F}_2$ im Kraftplan der Abb.2.24b. Damit ist die Richtung der Wirkungslinie von $\vec{R}_1$ bestimmt und wir können nun in Abb.2.24a die Wirkungslinie r_1 durch den Punkt P_1 zeichnen. Anschließend bringen wir die Wirkungslinie f_3 mit r_1 in P_2 zum Schnitt. An diesem Punkt können $\vec{F}_3$ und $\vec{R}_1$ addiert werden, wir bestimmen $\vec{R} = \vec{R}_1 + \vec{F}_3$ in Abb.2.24b und übertragen anschließend die Richtung der Wirkungslinie von $\vec{R}$ in den Lageplan der Abb.2.24a. Damit ist dort die Wirkungslinie r der Resultierenden von $\vec{F}_1, \vec{F}_2, \vec{F}_3$ bekannt und das Problem der Bestimmung der Auflagerkräfte auf das von Abb.2.20 zurückgeführt.

Im Lageplan bringen wir r mit c in P zum Schnitt. Da $\vec{B}$ mit $\vec{R}$ und $\vec{C}$ im Gleichgewicht stehen muß, geht auch b durch den Punkt P und ist somit bestimmt. Im Kraftplan der Abb.2.24b können wir nun durch Übertragen der Richtungen von c und b die Auflagerkräfte $\vec{B}$ und $\vec{C}$ konstruieren. Der Richtungssinn dieser Kräfte ergibt sich durch die Bedingung, daß das Krafteck, das durch $\vec{F}_1, \vec{F}_2, \vec{F}_3, \vec{B}$ und $\vec{C}$ gebildet wird, geschlossen sein muß. Die Auflagerkräfte des Balkens der Abb.2.23 sind damit bestimmt und die Aufgabe ist gelöst.

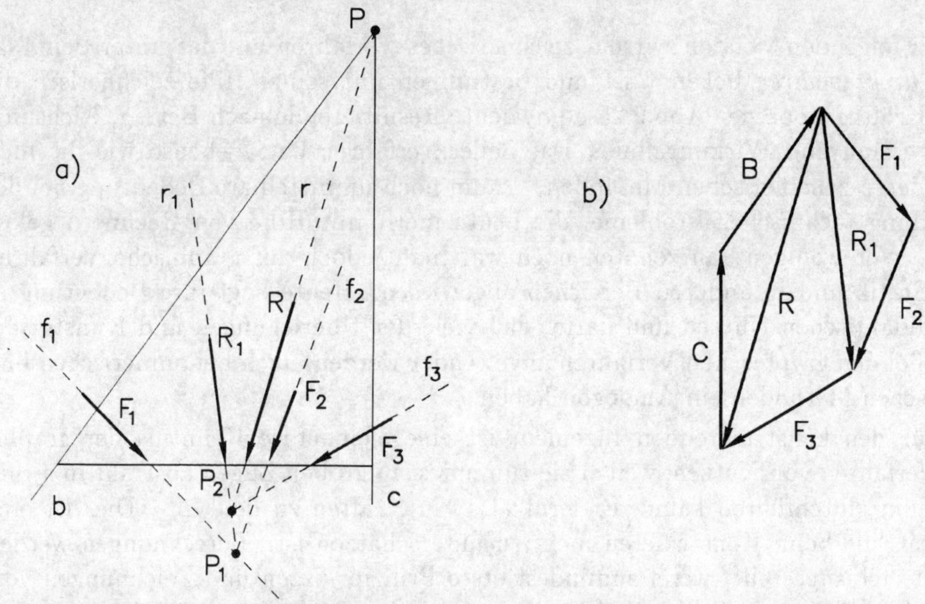

Abbildung 2.24: Lage- und Kraftplan zu Abb.2.23

2.3.3 Seileckverfahren

Die im letzten Beispiel des vorhergehenden Abschnitts zeichnerisch gelöste Aufgabe erforderte eine relativ umständliche graphische Konstruktion. Der Aufwand einer solchen zeichnerischen Lösung wird unvertretbar groß, wenn auf einen Balken wesentlich mehr als drei Kräfte wirken. Abgesehen davon, kann es aber auch schon bei wenigen Kräften passieren, daß die Schnittpunkte der Wirkungslinien, wie sie in Abb.2.24a verwendet wurden, außerhalb des Zeichenpapiers liegen. Will man daher eine größere Kräftegruppe auf eine Einzelkraft reduzieren, so wird man nicht den Weg der Abb.2.24 wählen, wo jeweils zwei Kräfte nacheinander sukzessive addiert wurden, sondern sich eine andere Konstruktion überlegen.

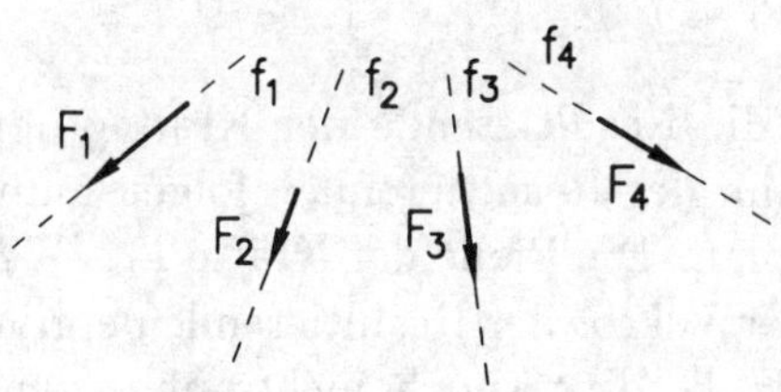

Abbildung 2.25: Zur zeichnerischen Bestimmung der Wirkungslinie der Resultierenden einer ebenen Kräftegruppe

Im folgenden wenden wir ein zeichnerisches Verfahren an, das unter dem Namen *Seileckverfahren* bekannt ist und bestimmen mit seiner Hilfe zeichnerisch die zu der Kräftegruppe der Abb.2.25 äquivalente Resultierende nach Betrag, Richtung, Richtungssinn und Wirkungslinie. Das Seileckverfahren hat – ebenso wie die meisten anderen zeichnerischen Methoden – kaum noch unmittelbare Bedeutung bei der Behandlung technischer Probleme, die heute meist mit Hilfe von Rechnern gelöst werden. Vor wenigen Jahrzehnten noch war man jedoch auf graphische Verfahren in der Statik und in anderen Bereichen angewiesen. Heute liegt ihre Bedeutung in ihrem didaktischen Nutzen und darin, daß viele der Überlegungen und Kunstgriffe, wie sie bei den graphischen Verfahren angewendet werden, auch bei numerischen und analytischen Methoden ein Analogon haben.

Für den konstruierenden Ingenieur ist eine elementare Kenntnis der graphischen Verfahren von Nutzen, weil er sie zumindest in groben Zügen abstrakt in seiner Vorstellung durchführen kann. Er lernt also "in Kräften zu denken". Dies ist eine Fähigkeit, die beim Konstruieren nicht zu unterschätzen ist. Berechnungen werden ja meist erst angestellt, wenn zumindest erste Prinzipskizzen und Zeichnungen vorliegen. So elementare Sachverhalte wie z.B. "drei Kräfte stehen an einem starren Körper dann und nur dann im Gleichgewicht, wenn sie ein geschlossenes Krafteck bilden und ihre Wirkungslinien sich in einem Punkt schneiden" sind im Frühstadium der Konstruktion von großem Nutzen.

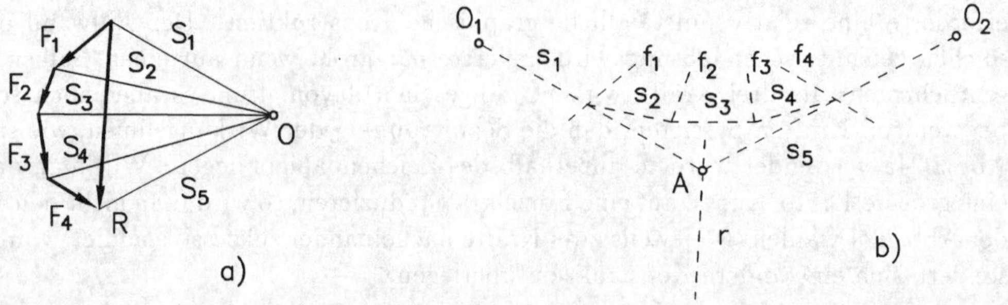

Abbildung 2.26: Kraft- und Lageplan beim Seileckverfahren

Wir bestimmen also jetzt zeichnerisch die Resultierende der Kräftegruppe in Abb.2.25. Betrag, Richtung und Richtungssinn der Resultierenden folgen unmittelbar aus dem in Abb.2.26a gezeichneten Kraftplan. Die Pfeile der Kräfte $\vec{F}_1, \vec{F}_2, \vec{F}_3, \vec{F}_4$ werden dabei nacheinander angetragen und der Vektor der Resultierenden ergibt sich als Summe dieser vier Vektoren. Damit ist allerdings noch nichts über die Wirkungslinie der Resultierenden gesagt, die aber eindeutig ist. Wir finden sie mit der folgenden Konstruktion. Zunächst wählen wir im Kraftplan der Abb.2.26a einen beliebigen Punkt 0, den wir Pol nennen. Wir verbinden den Pol mit allen Eckpunkten des Kraftecks. Die entstehenden Strecken bezeichnen wir entsprechend mit S_1, S_2, S_3,

S_4, S_5. Diese Strahlen bilden zusammen mit den Kraftpfeilen $\vec{F}_1$ bis $\vec{F}_4$ vier Dreiecke im Kraftplan. Wir gehen nun zum Lageplan der Abb.2.26b über, in dem die Wirkungslinien f_1, f_2, f_3, f_4 gegeben sind. Wir übertragen zunächst die Richtung von S_1 vom Kraftplan in den Lageplan, und zeichnen damit die Gerade s_1, die wir mit f_1 zum Schnitt bringen. An diesem Schnittpunkt tragen wir s_2 (Richtung von S_2) an. Anschließend bringen wir s_2 mit f_2 zum Schnitt und tragen an diesem Schnittpunkt s_3 an. Wir führen die Konstruktion so fort und erhalten schließlich s_5. Es gilt: Der Schnittpunkt A der Seilstrahlen s_1 und s_5 ist ein Punkt der Wirkungslinie der Resultierenden. Da die Richtung von $\vec{R}$ aus dem Kraftplan bekannt ist, können wir die Wirkungslinien nun im Lageplan einzeichnen.

Die Aufgabe der Reduktion der Kräftegruppe der Abb.2.25 haben wir damit zunächst rezeptartig gelöst. Wir müssen die Vorgehensweise aber noch rechtfertigen: Dazu betrachten wir nochmals den Kraftplan, jetzt in Abb.2.27a, wo wir zusätzliche Kraftpfeile in S_1 bis S_4 eingeführt haben. Wir erkennen, daß die Kräfte $\vec{F}_1$ bis $\vec{F}_4$ die Darstellung

$$\vec{F}_1 = -\vec{S}_1 - \vec{S}_2\,, \tag{2.37a}$$

$$\vec{F}_2 = \vec{S}_2 - \vec{S}_3\,, \tag{2.37b}$$

$$\vec{F}_3 = \vec{S}_3 - \vec{S}_4\,, \tag{2.37c}$$

$$\vec{F}_4 = \vec{S}_4 - \vec{S}_5 \tag{2.37d}$$

besitzen. Addieren wir jeweils die rechten und die linken Seiten dieser Gleichungen, so folgt

$$\sum \vec{F}_i = -(\vec{S}_1 + \vec{S}_5) = \vec{R}\,. \tag{2.38}$$

Dies übertragen wir nun auf das Seileck der Abb.2.27b. Gemäß (2.37a) können wir am Schnittpunkt von s_1, f_1 zunächst $\vec{F}_1$ durch $-(\vec{S}_1+\vec{S}_2)$ ersetzen. Am Schnittpunkt von s_2 mit f_2 ist gemäß (2.37b) $\vec{F}_2$ als Differenz von $\vec{S}_2$ und $\vec{S}_3$ bestimmt, usw. Die beiden in Abb.2.27b längs s_2 wirkenden Kräfte bilden aber für sich ein Gleichgewichtssystem, da sie gleich groß, entgegengesetzt gerichtet sind und die gleiche Wirkungslinie besitzen. Dies gilt auch entsprechend für s_3 und s_4. Jedem Dreieck der Abb.2.27a, bzw. auch jeder der Gleichungen in (2.37) entspricht demnach ein Punkt in Abb.2.27b. Das gesamte gegebene Kraftsystem ist demnach äquivalent zu den Kräften $-\vec{S}_1$ und $-\vec{S}_5$, deren Wirkungslinien sich in A schneiden. Damit ist gezeigt, daß das zunächst rezeptartig angewendete Seileckverfahren in der Tat die Wirkungslinie der Resultierenden liefert.

Der durch die Seilstrahlen s_1, s_2, s_3, s_4 und s_5 in Abb.2.26b gebildete Polygonzug wird als *Seileck* bezeichnet. Er entspricht genau der Gleichgewichtslage eines in den Punkten 0_1, 0_2 aufgehängten Seiles unter Wirkung der gegebenen Lasten (Abb.2.27b).

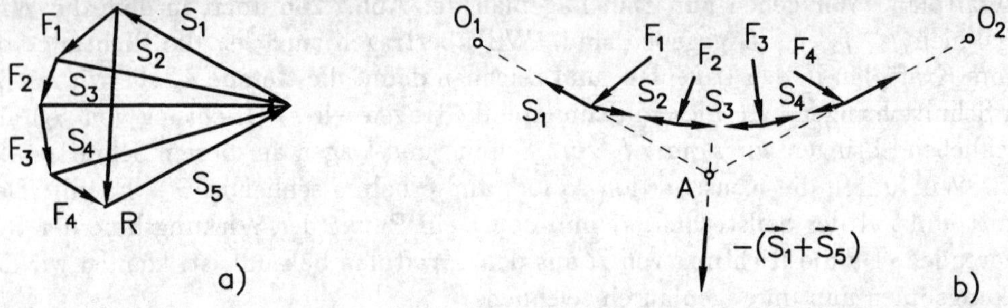

Abbildung 2.27: Zur Erklärung des Seileckverfahrens,
Kraft- und Lageplan

Auch die Gleichgewichtsbedingungen können mit Hilfe von Krafteck und Seileck formuliert werden: Ein ebenes Kraftsystem am starren Körper ist genau dann ein Gleichgewichtssystem, wenn sowohl Krafteck als auch Seileck geschlossen sind. Letzteres bedeutet, daß $\vec{S}_1$ und $\vec{S}_5$ die gleiche Wirkungslinie besitzen und

$$-\vec{S}_1 = \vec{S}_5 \tag{2.39}$$

ist.

Damit kann man nun auch im Balken der Abb.2.23 die Auflagerkräfte mit Hilfe des Seileckverfahrens bestimmen. Zu dem gegebenen Kraftsystem wird zunächst das Krafteck der Abb.2.28a gezeichnet, d.h. die Kräfte $\vec{F}_1, \vec{F}_2, \vec{F}_3$ werden nacheinander angetragen und zur Resultierenden addiert. Anschließend wählt man den Pol O und zeichnet die Strecken S_1, S_2, S_3, S_4. Wir zeichnen nun das Seileck in Abb.2.28b, indem wir s_1 vom Auflager B aus antragen, weil B der einzige bekannte Punkt der Wirkungslinie der Kraft $\vec{B}$ ist. Anschließend werden s_2, s_3 und s_4 parallel zu S_2, S_3 und S_4 aufgetragen. s_4 schneidet die Wirkungslinie c der Auflagerkraft C im Punkt Q. Wir verbinden nun den Punkt Q mit dem Punkt B durch die *Schlußlinie* s. Anschließend wird die Richtung dieser Schlußlinie in das Krafteck der Abb.2.28a übertragen. Mit Hilfe dieser Linie bestimmt man die Auflagerkräfte $\vec{C}$ und $\vec{B}$.

Wir untersuchen nun noch das Seileck eines Kräftepaares. Das Krafteck eines Kräftepaares ist geschlossen, da die beiden Kräfte gleich groß und entgegengesetzt gerichtet sind. In Abb.2.29a ist dieses Krafteck dargestellt, es wurde ein beliebiger Pol 0 gewählt und mit den Ecken dieses Kraftecks verbunden. Hier gilt jetzt offensichtlich $\vec{S}_1+\vec{S}_2 = \vec{F}_1$ und $\vec{S}_3-\vec{S}_2 = \vec{F}_2$. Das entsprechende Seileck ist in Abb.2.29b angegeben. Man erkennt, daß das durch $\vec{S}_1, \vec{S}_3$ dargestellte Kräftepaar zu dem ursprünglichen Kräftepaar äquivalent ist. Da sich mit der Wahl des Pols O eine beliebige Richtung für $\vec{S}_1, \vec{S}_3$ erreichen läßt, gibt es zu jedem Kräftepaar äquivalente Kräftepaare mit Kräften beliebig wählbarer Richtung.

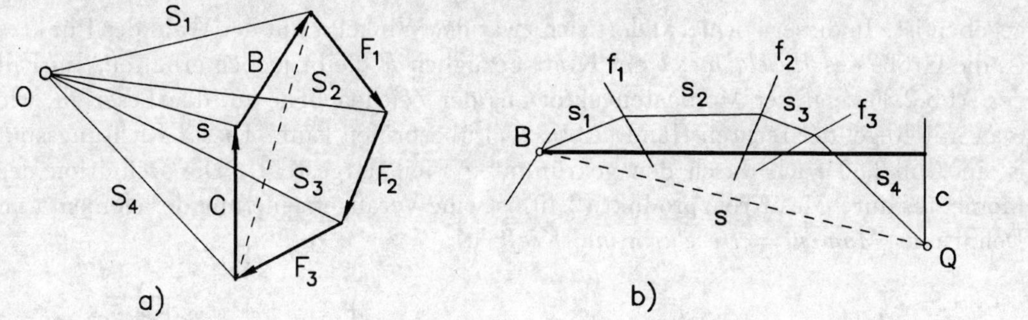

Abbildung 2.28: Kraft- und Lageplan (Seileck) zur Aufgabe der Abb.2.23

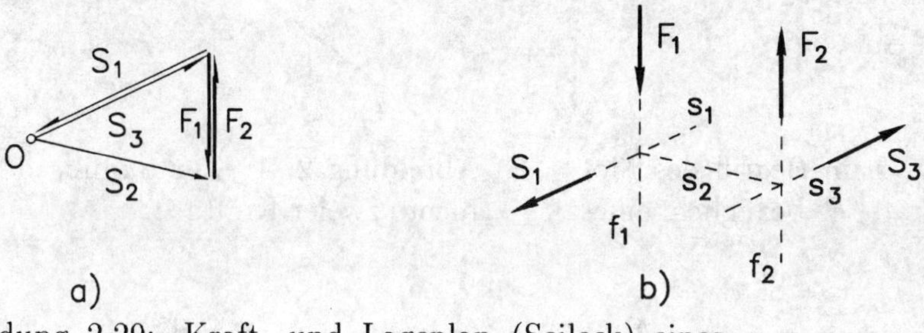

Abbildung 2.29: Kraft- und Lageplan (Seileck) eines Kräftepaares

2.3.4 Moment einer Kraft bezüglich eines Punktes

Wir definieren das Moment $\vec{M}^{(P)}$ einer Kraft $\vec{F}$ bezüglich des Punktes P als

$$\boxed{\vec{M}^{(P)} := \vec{r} \times \vec{F}} \tag{2.40}$$

mit dem in (1.32) erklärten Kreuzprodukt. Dabei gilt gemäß Abb.2.30

$$\vec{r} := \overrightarrow{PA}\,, \tag{2.41}$$

wobei der Punkt A ein beliebiger Punkt der Wirkungslinie von $\vec{F}$ ist. Die Definition (2.40) gilt ganz allgemein und nicht nur für die Kräfte ebener Kräftegruppen. Das Moment $\vec{M}^{(P)}$ hängt nicht von der Wahl des besonderen Punktes A auf der Wirkungslinie von $\vec{F}$ ab, da der Vektor $\vec{M}^{(P)}$ immer auf der durch f, P aufgespannten Ebene senkrecht steht und der Betrag durch

$$\boxed{\left|\vec{M}^{(P)}\right| = r\,F\;|\sin\alpha\,| = b\,F} \tag{2.42}$$

gegeben ist. In dieser Formel ändert sich zwar der Winkel α mit der Wahl des Punktes A, die Größe des *Hebelarmes* b der Kraft bezüglich P bleibt jedoch erhalten. Im Fall der Abb.2.30 zeigt der Momentenvektor aus der Zeichenebene auf den Leser zu, wie man mit Regel der rechten Hand (Abb.1.17) überprüfen kann. Dieser Richtungssinn ist in Abb.2.30 auch durch den gekrümmten Pfeil dargestellt. Die Definition des Momentes durch das Kreuzprodukt (2.40) ist eine Verallgemeinerung der elementaren Definition "*Moment = Hebelarm mal Kraft* ".

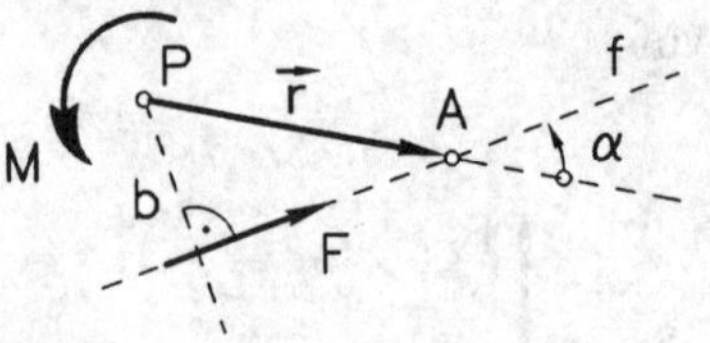

Abbildung 2.30: Zum Begriff des Moments einer Kraft $\vec{F}$ bezüglich eines Punktes P

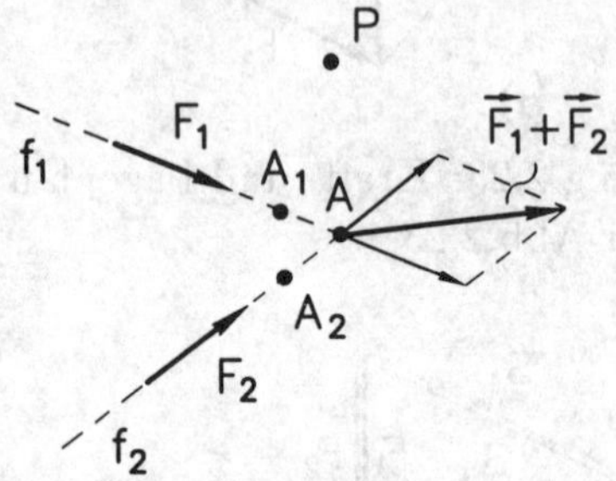

Abbildung 2.31: Zur Summe der Momente zweier Kräfte

Wir haben damit gezeigt, daß die Elementaroperation "Verschieben einer Kraft längs ihrer Wirkungslinie" das Moment der Kraft bezüglich eines beliebigen Punktes P invariant läßt. Wir zeigen nun, daß die Summe der Momente zweier Kräfte gleich dem Moment der zu diesen Kräften äquivalenten Resultierenden ist. Die Summe der Momente von $\vec{F}_1, \vec{F}_2$ bezüglich P ist offensichtlich gemäß Abb.2.31 durch

$$(\overrightarrow{PA_1} \times \vec{F}_1) + (\overrightarrow{PA_2} \times \vec{F}_2) = (\overrightarrow{PA} \times \vec{F}_1) + (\overrightarrow{PA} \times \vec{F}_2) = \overrightarrow{PA} \times (\vec{F}_1 + \vec{F}_2) \tag{2.43}$$

gegeben, wobei der Punkt A der Schnittpunkt der Wirkungslinien f_1 und f_2 ist. Damit haben wir gezeigt, daß beide Elementaroperationen "Verschiebung einer Kraft längs ihrer Wirkungslinie" und "Addition von Kräften mit gemeinsamem Angriffspunkt" das Moment invariant lassen.

Das Kreuzprodukt in (2.40) läßt sich aus den kartesischen Koordinaten von $\vec{r}$ und $\vec{F}$ z.B. mittels der Determinantenregel berechnen. Besonders einfach ist die Berechnung des Momentes einer Kraft im ebenen Fall. Als Beispiel berechnen wir das Moment der Kraft $\vec{F} = F_x\vec{e}_x + F_y\vec{e}_y$ bezüglich O (Abb.2.32). Die Größe x_A ist dabei der Hebelarm, mit dem F_y um den Koordinatenursprung dreht, d.h. der Abstand der Wirkungslinie f_y zu O; der Drehsinn ist positiv (d.h. im Gegenuhrzeigersinn). Ebenso ist y_A der Hebelarm von F_x bezüglich O und F_x dreht im Uhrzeigersinn um O, d.h. das zugehörige Moment ist negativ. Da der Momentenvektor hier senkrecht auf der xy-Ebene steht, können wir das Moment als skalare Größe gemäß

$$M^{(O)} = x_A F_y - y_A F_x \tag{2.44}$$

angeben. Die rechte Seite dieser Gleichung ist natürlich auch gleich bF, wobei der Hebelarm b der Abstand der Wirkungslinie f zum Koordinatenursprung ist. In Vektorschreibweise schreibt sich (2.44) als

$$\vec{M}^{(O)} = (x_A F_y - y_A F_x)\,\vec{e}_z\,. \tag{2.45}$$

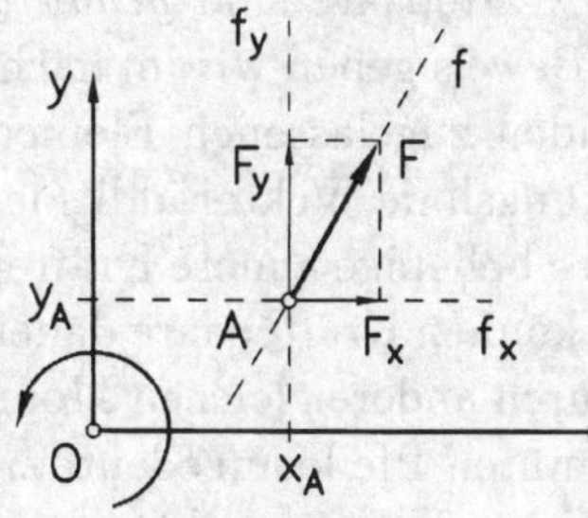

Abbildung 2.32: Zur Berechnung des Moments einer Kraft mittels ihrer Komponenten

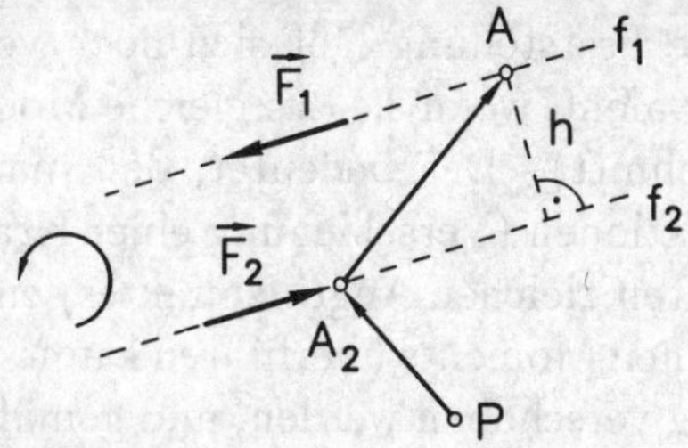

Abbildung 2.33: Zum Moment eines Kräftepaares

2.3.5 Moment eines Kräftepaares

Die Kräfte $\vec{F}_1, \vec{F}_2$ der Abb.2.33 mit

$$\vec{F}_2 = -\vec{F}_1 \tag{2.46}$$

bilden ein Kräftepaar, wir berechnen das Moment dieser Kräfte bezüglich P. Es gilt

$$\vec{M}^{(P)} = \overrightarrow{PA} \times \vec{F}_1 + \overrightarrow{PA_2} \times \vec{F}_2 = (\overrightarrow{PA_1} - \overrightarrow{PA_2}) \times \vec{F}_1 = \overrightarrow{A_2A_1} \times \vec{F}_1 = F\,h\,\vec{e}_z\,, \tag{2.47}$$

wobei

$$\overrightarrow{PA_1} - \overrightarrow{PA_2} = \overrightarrow{A_2P} + \overrightarrow{PA_1} = \overrightarrow{A_2A_1} \tag{2.48}$$

und

$$F := \mid \vec{F}_1 \mid = \mid \vec{F}_2 \mid \tag{2.49}$$

ist. Die Größe h in (2.47) ist dabei der Abstand der beiden Wirkungslinien f_1, f_2. Das Moment des Kräftepaares hängt gemäß (2.33) überhaupt nicht vom Bezugspunkt P ab! Wir können daher im Fall des Kräftepaares auf die Angabe des Bezugspunktes P verzichten und sprechen einfach vom *Moment des Kräftepaares.* Der Betrag des Moments eines Kräftepaares ist also durch

$$\boxed{M = F\,h} \tag{2.50}$$

gegeben, und der Momentenvektor steht senkrecht auf der durch f_1, f_2 aufgespannten Ebene. Den Richtungssinn (Regel der rechten Hand) haben wir in Abb.2.33 durch einen gekrümmten Pfeil angedeutet.

Wir hatten in 2.3.1 anhand von Abb.2.14 gezeigt, daß sich Kräftepaare nicht weiter reduzieren lassen, jetzt erkennen wir: Äquivalente Kräftepaare besitzen das gleiche Moment (die in Abb.2.14 durchgeführten Operationen erhalten das Moment). Diese Feststellung läßt sich noch verschärfen, es gilt: Kräftepaare sind *genau dann* äquivalent, wenn sie das gleiche Moment besitzen (den Beweis geben wir im nächsten Abschnitt). Das bedeutet, daß man mit Hilfe der beiden zugelassenen Elementaroperationen (Verschiebung einer Kraft längs ihrer Wirkungslinie, Vektoraddition von Kräften gleichen Angriffspunktes) ein Kräftepaar in jedes beliebige andere Kräftepaar gleichen Moments überführen kann. Am starren Körper können Kräftepaare daher beliebig verschoben werden, und gemäß Abb.2.34a auch durch andere gleichen Moments ersetzt werden. Dies ist in Abb.2.34b durch die gekrümmten Pfeile angedeutet. Der Momentenvektor (2.47) eines Kräftepaares wird daher auch als *freier* Vektor bezeichnet: Er kann gewissermaßen an eine beliebige Stelle des starren Körpers verschoben werden.

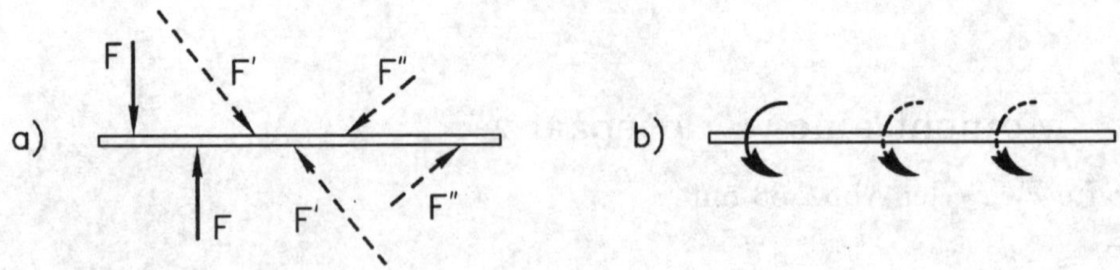

Abbildung 2.34: Äquivalente Kräftepaare am starren Körper

Weiterhin gilt, daß sich bei der Überlagerung zweier Kräftepaare die entsprechenden Momente addieren. Für den ebenen Fall, auf den wir uns in diesem Abschnitt beschränken, kann sich der Leser von diesem Sachverhalt leicht selbst überzeugen. Auf den räumlichen Fall kommen wir noch zurück.

Wir zeigen nun, daß das aus der einzigen Kraft $A, \vec{F}$ bestehende Kraftsystem der Abb.2.35a äquivalent zu einer Kraft $P, \vec{F}$ und einem Kräftepaar mit Moment $\overrightarrow{PA} \times \vec{F}$ ist. In der Tat können wir der Kraft $A, \vec{F}$ das in Abb.2.35b angegebene Nullsystem in P hinzufügen und erhalten gemäß Abb.2.35c P, $\vec{F}$ und ein zusätzliches Kräftepaar. Das Moment hF dieses Kräftepaares bezeichnet man als *Versetzungsmoment*, es ist gleich dem Moment der ursprünglichen Kraft $\vec{F}$ bezüglich P. Mit Hilfe dieses neuen Begriffes gelingt es, die Reduktion eines Kraftsystems rechnerisch auszuführen und damit auch *rechnerische Gleichgewichtsbedingungen* zu formulieren.

Dazu betrachten wir die beliebige ebene Kräftegruppe

$$A_i, \vec{F}_i, \qquad i = 1, 2, ..., n, \tag{2.51}$$

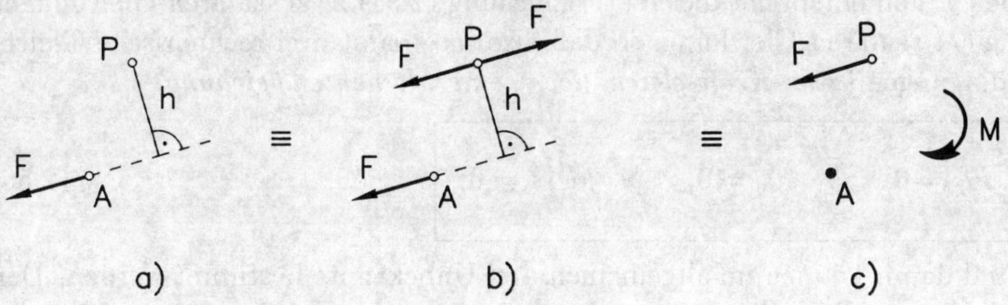

Abbildung 2.35: Zum Begriff des Versetzungsmomentes

die auf ein möglichst einfaches Kraftsystem zu reduzieren ist. Wir wählen einen beliebigen Punkt P und denken uns nun jede der Kräfte A_i, $\vec{F}_i$ nach P verschoben. Dabei entstehen zusätzliche Kräftepaare, nämlich die Versetzungsmomente $\overrightarrow{PA} \times \vec{F}_i$. Das Kraftsystem $A_i, \vec{F}_i,\ i = 1, 2, ..., n$ ist somit äquivalent zu dem Kraftvektor

$$\vec{R} = \sum_{i=1}^{n} \vec{F}_i \tag{2.52}$$

mit Angriffspunkt P und einem zusätzlichen Kräftepaar mit Moment

$$\sum_{i=1}^{n} \vec{M}_i^{(P)} = \sum_{i=1}^{n} \overrightarrow{PA_i} \times \vec{F}_i \,. \tag{2.53}$$

2.3.6 Gleichgewichtsbedingungen, rechnerisch

Aus der in (2.52), (2.53) durchgeführten Reduktion eines ebenen Kraftsystems ergeben sich unmittelbar die rechnerischen Gleichgewichtsbedingungen. Das Kraftsystem A_i, $\vec{F}_i$, $i = 1, 2, ...n$ ist gemäß dieser Reduktion nämlich genau dann ein Nullsystem, wenn

$$\boxed{\sum \vec{F}_i = \vec{0}} \tag{2.54}$$

und

$$\boxed{\sum \vec{M}_i^{(P)} = \vec{0}} \tag{2.55}$$

gilt. Der Bezugspunkt P ist dabei willkürlich gewählt.

Im ebenen Fall entspricht die Vektorgleichung (2.54) zwei skalaren Gleichungen und (2.55) einer skalaren Gleichung, so daß also insgesamt drei rechnerische Gleichgewichtsbedingungen (*zwei Kräftegleichungen, eine Momentengleichung*)

$$\sum F_{ix} = 0, \quad \sum F_{iy} = 0, \quad \sum M_{iz}^{(P)} = 0 \tag{2.56}$$

vorliegen, und damit können im allgemeinen drei Unbekannte bestimmt werden. Den Index z in der Momentengleichung werden wir im folgenden weglassen.

Gelegentlich ist es allerdings zweckmäßig, die Gleichgewichtsbedingungen (2.56) durch andere zu ersetzen. Da P in (2.55) beliebig ist, kann man entsprechende *Momentengleichungen* für beliebige Bezugspunkte anschreiben. Es zeigt sich allerdings, daß diese Gleichungen dann nicht alle voneinander unabhängig sind. Man kann z.B. (2.56) durch *eine Kräftegleichung und zwei Momentengleichungen* ersetzen:

$$\sum F_{ix} = 0, \quad \sum M_i^{(A)} = 0, \quad \sum M_i^{(B)} = 0\,. \tag{2.57}$$

Diese Gleichungen sind dann und nur dann voneinander unabhängig, wenn $\overrightarrow{AB}$ nicht parallel zu $\vec{e}_y$ ist. Um dies zu erkennen, schreiben wir

$$\sum \vec{M}_i^{(A)} = \sum \overrightarrow{AA_i} \times \vec{F}_i = \sum \overrightarrow{AB} \times \vec{F}_i + \sum \overrightarrow{BA_i} \times \vec{F}_i = \overrightarrow{AB} \times \sum \vec{F}_i + \sum \vec{M}_i^{(B)}. \tag{2.58}$$

Mit der ersten Kräftegleichung in (2.57) gilt aber

$$\sum F_{ix} = 0 \quad \Longleftrightarrow \quad \sum \vec{F}_i = R\,\vec{e}_y \tag{2.59}$$

und damit folgt aus (2.58)

$$\sum \vec{M}_i^{(A)} = R\ \overrightarrow{AB} \times \vec{e}_y + \sum \vec{M}_i^{(B)}. \tag{2.60}$$

Es gilt also

$$\sum \vec{M}_i^{(B)} = \vec{0}\,, \quad \overrightarrow{AB} \parallel \vec{e}_y \quad \Longrightarrow \quad \sum \vec{M}_i^{(A)} = \vec{0}\,, \tag{2.61}$$

und die beiden Momentengleichungen in (2.57) sind in der Tat nur unter der genannten Bedingung voneinander unabhängig.

Anstelle von (2.56) oder (2.57) kann man auch drei Momentengleichungen als Gleichgewichtsbedingungen des starren Körpers angeben:

$$\sum M_i^{(A)} = 0, \quad \sum M_i^{(B)} = 0, \quad \sum M_i^{(C)} = 0\,. \tag{2.62}$$

Diese Gleichungen sind dann und nur dann voneinander unabhängig, wenn A, B, C nicht kollinear sind (ohne Beweis). Man kann also die Gleichgewichtsbedingungen auf verschiedene Art, nämlich gemäß (2.56), (2.57) und (2.62) formulieren, wobei es für den starren Körper in der Ebene jeweils nur drei linear voneinander unabhängige Gleichungen als Gleichgewichtsbedingungen gibt.

Die Gleichgewichtsbedingungen (2.54), (2.55) sind die Bedingungen dafür, daß ein beliebiges Kraftsystem ein Nullsystem ist. Insbesondere kann es sich bei dem Kraftsystem auch um zwei Kräftepaare handeln; damit folgt aus (2.54), (2.55), daß zwei Kräftepaare von entgegengesetzt gleichem Moment ein Nullsystem bilden. Daraus ergibt sich, daß Kräftepaare gleichen Moments äquivalent sind, wie wir im vorigen Abschnitt behauptet hatten.

Wir sind jetzt in der Lage, die Auflagerkräfte eines ebenen Körpers rechnerisch zu bestimmen und führen dies am Beispiel der Abb.2.36 durch. Zunächst erstellen wir das Freikörperbild der Abb.2.37, indem wir die Rechteckscheibe von ihren Pendelstützen freischneiden und die drei Stabkräfte S_1, S_2 und S_3 eintragen.

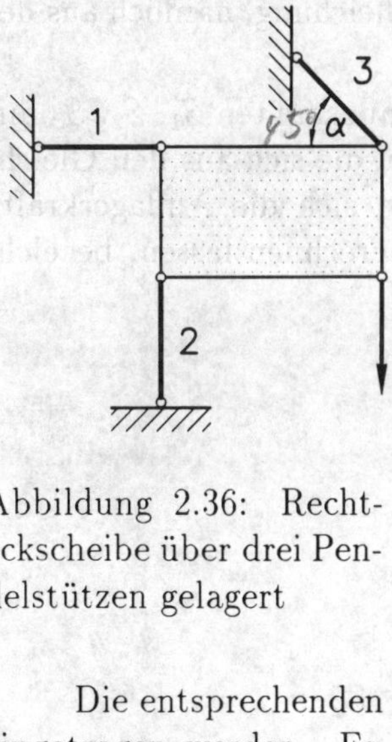

Abbildung 2.36: Rechteckscheibe über drei Pendelstützen gelagert

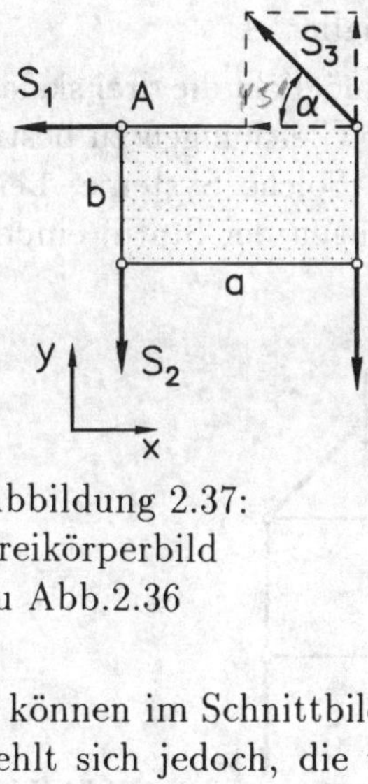

Abbildung 2.37: Freikörperbild zu Abb.2.36

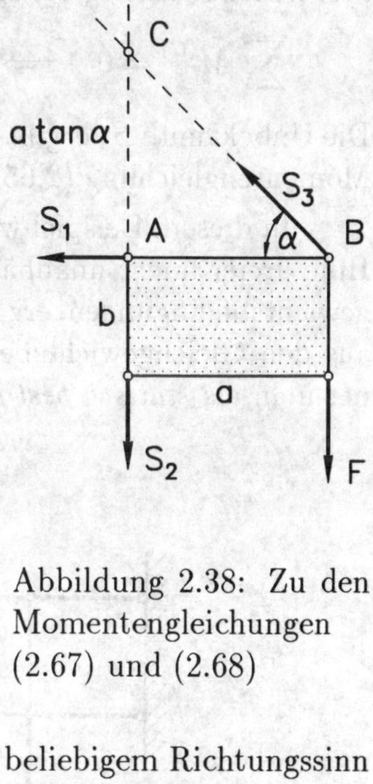

Abbildung 2.38: Zu den Momentengleichungen (2.67) und (2.68)

Die entsprechenden Pfeile können im Schnittbild mit beliebigem Richtungssinn eingetragen werden. Es empfiehlt sich jedoch, die unbekannten Stabkräfte wie in Abb.2.37 als Zugkräfte anzutragen. Damit ergibt sich mit dem in Abb.2.37 gewählten Bezugssystem

$$\sum F_{ix} = 0 : \quad -S_1 - S_3 \cos\alpha = 0\,, \tag{2.63}$$

$$\sum F_{iy} = 0 : \quad -S_2 + S_3 \sin\alpha - F = 0 \tag{2.64}$$

und

$$\sum M_i^{(A)} = 0: \quad S_3\, a \sin\alpha - F\, a = 0\,. \tag{2.65}$$

Die Lösung dieses Gleichungssystems ist

$$S_3 = F/\sin\alpha, \quad S_1 = -F\cot\alpha, \quad S_2 = 0\,. \tag{2.66}$$

Die Auflösung eines Systems von drei Gleichungen mit drei Unbekannten läßt sich vermeiden, wenn man die Gleichgewichtsbedingungen anders formuliert. In der Momentengleichung bezüglich B (Abb.2.38) treten nämlich die Unbekannten S_1,S_3 und F nicht auf, da B Schnittpunkt der zugehörigen Wirkungslinien ist. Es gilt demnach

$$\sum M_i^{(B)} = 0 \quad \Longrightarrow \quad S_2 = 0\,. \tag{2.67}$$

Als nächstes bringt man die Wirkungslinien von $\vec{S}_2$ und $\vec{S}_3$ in C zum Schnitt. Die Momentengleichung bezüglich C ergibt

$$\sum M_i^{(C)} = 0 \quad \Longrightarrow \quad S_1 = -F\cot\alpha\,. \tag{2.68}$$

Die Unbekannte S_3 ergibt sich ebenfalls aus einer einzigen Gleichung, nämlich aus der Momentengleichung (2.65) bezüglich A.

In diesem Beispiel war es möglich, die drei skalaren Unbekannten S_1, S_2, S_3 mit Hilfe dreier linear unabhängiger Gleichungen zu bestimmen, die sich aus den Gleichgewichtsbedingungen ergeben. Solche Systeme, bei denen sich die Auflagerkräfte aus den Gleichgewichtsbedingungen der Statik eindeutig berechnen lassen, bezeichnet man als *statisch bestimmt.*

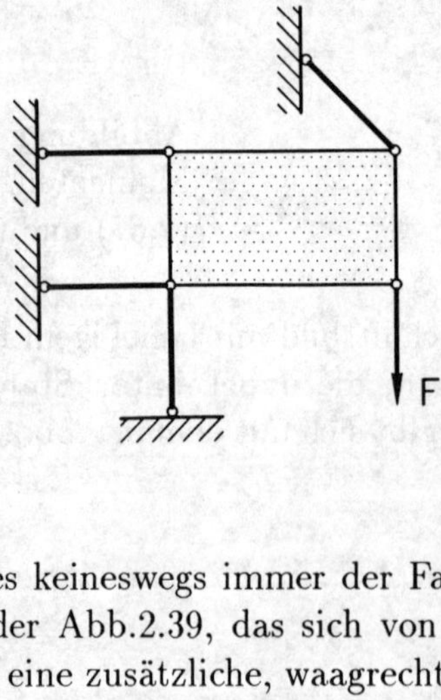

Abbildung 2.39: Beispiel eines statisch unbestimmten Systems

Daß dies keineswegs immer der Fall zu sein braucht, ist klar. Wir betrachten das System der Abb.2.39, das sich von dem der Abb.2.36 lediglich dadurch unterscheidet, daß eine zusätzliche, waagrechte Pendelstütze hinzugefügt wurde. Dadurch liegen aber jetzt vier unbekannte Auflagerkräfte vor, zu deren Bestimmung nur drei linear unabhängige Gleichungen vorhanden sind. Das bedeutet, daß das Problem der Bestimmung der Auflagerkräfte keine eindeutige Lösung zuläßt, das System der Abb.2.39 ist *einfach statisch unbestimmt.*

Ein weiteres triviales Beispiel eines statisch unbestimmten Systems ist der Balken der Abb.2.40a. Das Freikörperbild ist in Abb.2.40b angegeben. Es gelten die Gleichgewichtsbedingungen

$$\sum F_{iy} = 0: \quad A_y + B_y = 0, \tag{2.69}$$

$$\sum M_i^{(A)} = 0: \quad l\,B_y = 0, \tag{2.70}$$

aus denen

$$B_y = 0, \quad A_y = 0 \tag{2.71}$$

folgt. Weiterhin ist

$$\sum F_{ix} = 0: \quad A_x + B_x = 0, \tag{2.72}$$

so daß

$$A_x = -B_x \tag{2.73}$$

gilt. Die Komponenten der Auflagerkräfte quer zur Stabachse verschwinden also, während die Anteile in Richtung der Stabachse nicht bestimmt werden können. Dies gelingt auch nicht mit Hilfe weiterer Gleichgewichtsbedingungen, die man natürlich formulieren kann. Man erhält auf diesem Wege zwar stets weitere Gleichungen, die jedoch von den drei oben angegebenen nicht unabhängig sind. Jede dieser zusätzlichen Gleichungen ist eine Linearkombination der drei Gleichungen (2.69), (2.70), (2.72) und enthält demnach keine neue Information. Die Gleichgewichtsbedingungen der Statik zeigen also, daß der Balken der Abb.2.40a Auflagerkräfte gemäß Abb.2.41 erfährt, die Unbekannte F ist jedoch nicht mit den Methoden der Statik starrer Körper bestimmbar.

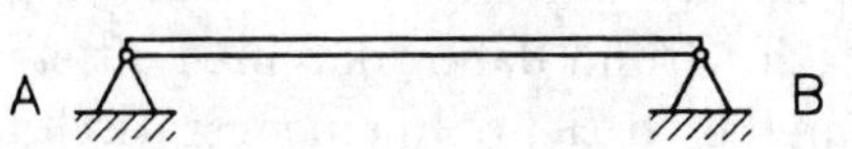

Abbildung 2.40a: Statisch unbestimmt gelagerter Balken

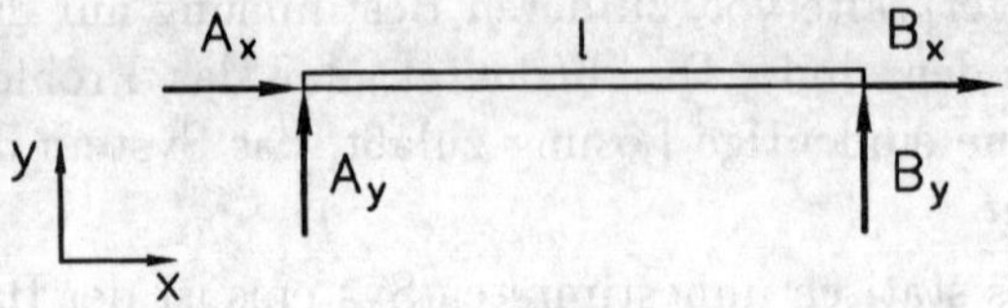

Abbildung 2.40b: Freikörperbild

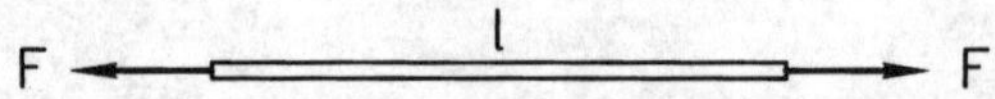

Abbildung 2.41: Zum Balken der Abb.2.40

Dies ist anschaulich unmittelbar zu erkennen. Man stelle sich vor, daß der Stab vor dem Einbau in die starren Lager etwas zu kurz war, dann wird der Einbau des starren Stabes nicht möglich sein. In Wirklichkeit sind Stäbe oder Balken natürlich nie vollkommen starr, sondern besitzen eine gewisse endliche Elastizität. Ist der Stab zu kurz und wird mittels geeigneter Werkzeuge zwischen die starren Lager gezwängt, so liegt nach dem Einbau eine Kraft $F > 0$ (Zug) vor. Falls andererseits der Stab vor dem Einbau zu lang ist, so gilt später $F < 0$ (Druck). Außerdem hängt F in Wirklichkeit auch noch von anderen Einflußgrößen ab. Bei einer Temperaturerhöhung hat der Stab z.B. die Tendenz sich auszudehnen und diese Ausdehnung wird durch starre Lager verhindert. Es kommt daher zu einer Druckkraft im Stab, die von der Temperatur abhängt. Zusammenfassend stellen wir fest, daß die Stabkraft F im Fall der Lagerung gemäß Abb.2.40a nicht mit den Mitteln der Statik starrer Körper bestimmbar ist und sich nur berechnen läßt, wenn zusätzliche Angaben über die Verformungen gemacht werden. Probleme dieser Art werden in TM 2 behandelt.

Der prinzipielle Unterschied im Verhalten von statisch bestimmten und statisch unbestimmten Strukturen sollte sich der Leser vollkommen klar machen. Die in einer statisch unbestimmten Struktur, wie z.B. dem Stab der Abb.2.40 auftretenden Kräfte können auch im unbelasteten Fall, d.h. ohne bekannte eingeprägte Kräfte nicht bestimmt werden. Es ist dem System also nicht anzusehen, ob die Lagerkräfte gleich Null oder vielleicht auch so groß sind, daß sie fast zum Bruch des Stabes führen. Das System kann "vorgespannt" sein. Dies ist ein Grund dafür, daß man oft statisch bestimmte Strukturen den statisch unbestimmten vorzieht. In einem statisch bestimmt gelagerten Stab führt nämlich die Wärmedehnung zwar zu einer kleinen Verschiebung des einwertigen Auflagers, die Auflagerkräfte bleiben dadurch jedoch praktisch unbeeinflußt, während es bei statisch unbestimmter Lagerung u.U. sogar zum Bruch infolge Temperaturänderung kommen kann.

Von dem dreiwertig gelagerten Körper der Abb.2.36 waren wir durch Hinzufügen einer vierten Pendelstütze zu dem statisch unbestimmten System der Abb.2.39 gelangt. In Abb.2.42 ist eine Rechteckscheibe dargestellt, die nur mit zwei Pendelstützen gelagert ist. Dieses System ist offensichtlich beweglich; jede der beiden Pendelstützen kann sich um ihren Festpunkt drehen, das andere Ende beschreibt jeweils einen Kreisbogen, und die entsprechenden Ecken der Rechteckscheibe werden auf diesen Kreisbögen geführt. Man nennt solche Systeme auch geometrisch unbestimmt. Geometrisch unbestimmte Systeme können nur unter bestimmten Lastkombinationen im Gleichgewicht stehen. Das bedeutet, daß das lineare Gleichungssystem, das sich aus den Gleichgewichtsbedingungen der Statik ergibt, nur für ganz bestimmte "rechte Seiten" lösbar ist. So wäre in Abb.2.42 zwar Gleichgewicht mit der Last F_1 möglich, nicht aber mit der Last F_2. Ein weiteres bewegliches System ist der an beiden Enden einwertig gelagerte Balken der Abb.2.43; er ist offensichtlich längs der Horizontalen frei verschieblich. Wird er jedoch lediglich durch lotrechte Kräfte belastet, so sind Gleichgewichtslagen möglich, und die lotrechten Auflagerkräfte können mit den Gleichgewichtsbedingungen der Statik berechnet werden.

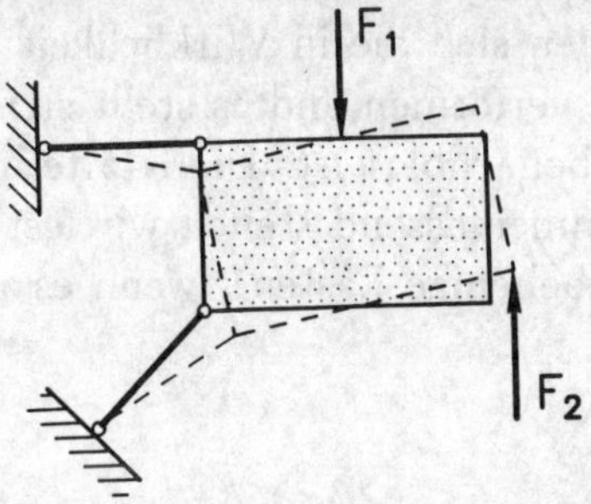

Abbildung 2.42: Beispiel eines beweglichen Systems (geometrisch unbestimmt)

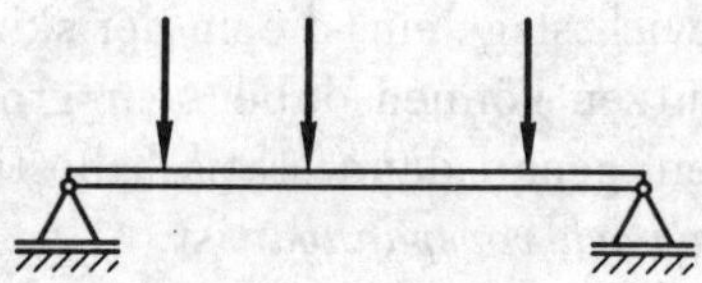

Abbildung 2.43: Beweglich gelagerter Balken

Als nächstes betrachten wir das System der Abb.2.44: Hier ist die Rechteckscheibe mit drei Pendelstützen gelagert; wir haben also drei Unbekannte und auch die Gleichgewichtsbedingungen der Statik liefern drei Gleichungen. Trotzdem ist aber Gleichgewicht unter der angegebenen Last in der skizzierten Lage nicht möglich. Die Gleichung

$$\sum F_{ix} = 0 \tag{2.74}$$

ist nämlich nicht erfüllbar, da in der angegebenen Lage die Pendelstützen nur lotrechte Kräfte aufnehmen können. Dies ist analog zu dem System der Abb.2.45, wo die Gleichung

$$\sum M_i^{(A)} = 0 \tag{2.75}$$

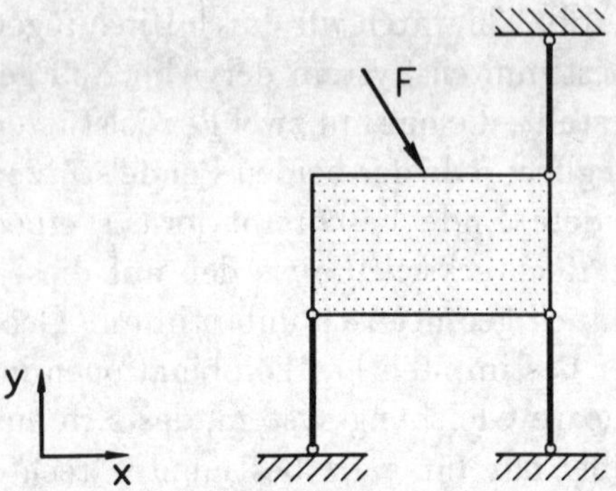

Abbildung 2.44: Wackliges System (waagrechte Lasten nicht aufnehmbar)

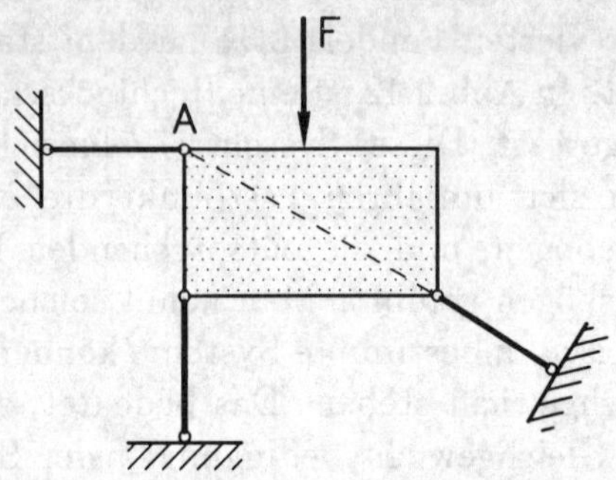

Abbildung 2.45: Wackliges System (Momente um A nicht aufnehmbar)

nicht erfüllbar ist, da die drei Auflagerkräfte sich in der dargestellten Lage in A schneiden und das Moment der Kraft $\vec{F}$ bezüglich A ungleich Null ist. Solche Systeme bezeichnet man als *wacklig.* Wird ein wackliges System gemäß Abb.2.44 oder Abb.2.45 in der angegebenen Art belastet, so werden sich die in Wirklichkeit nicht starren Pendelstützen und/oder die Rechteckplatte verformen und es stellt sich eine Gleichgewichtslage ein, die zu der skizzierten Lage benachbart ist. Die Kräfte in den Pendelstützen können dabei sehr groß sein. Zusammenfassend stellen wir fest, daß ein System genau dann statisch bestimmt ist (für beliebige Lasten), wenn es *weder beweglich noch vorspannbar* ist.

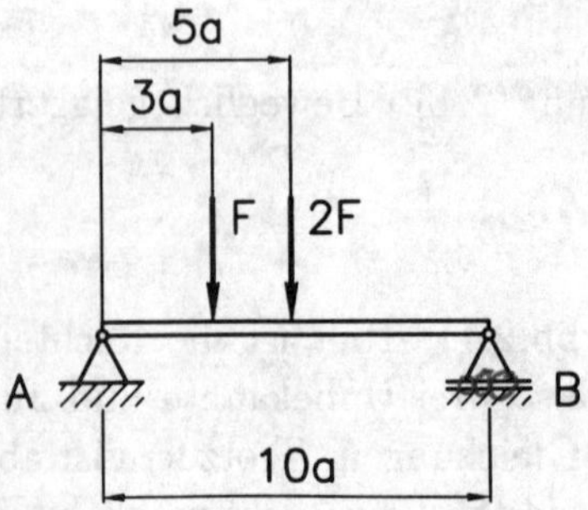

Abbildung 2.46: Statisch bestimmter Balken

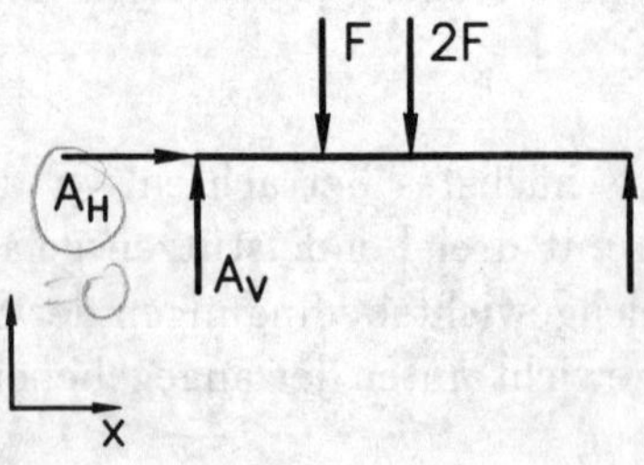

Abbildung 2.47: Freikörperbild zu Abb.2.46

Zum Schluß dieses Abschnitts berechnen wir noch die Auflagerkräfte der Balken der Abb.2.46 und Abb.2.48. Das Freikörperbild zu Abb.2.46 ist in Abb.2.47 angegeben. Es ist

$$\sum M_i^{(A)} = 0: \quad 10\,a\,B - 5\,a\,2\,F - 3\,a\,F = 0 \quad \Longrightarrow \quad B = 1,3\,F\,. \tag{2.76}$$

Außerdem gilt

$$\sum F_{ix} = 0: \quad A_H = 0 \tag{2.77}$$

und

$$\sum F_{iy} = 0: \quad A_V - F - 2\,F + B = 0 \quad \Longrightarrow \quad A_V = 1,7\,F. \tag{2.78}$$

Zur Probe überprüfen wir noch die Momentengleichung

$$\sum M_i^{(B)} = 0: \quad -10\,a\,A_V + 7\,a\,F + 5\,a\,2\,F = a\,F\,(-17 + 7 + 10) = 0\,, \tag{2.79}$$

die offensichtlich erfüllt ist.

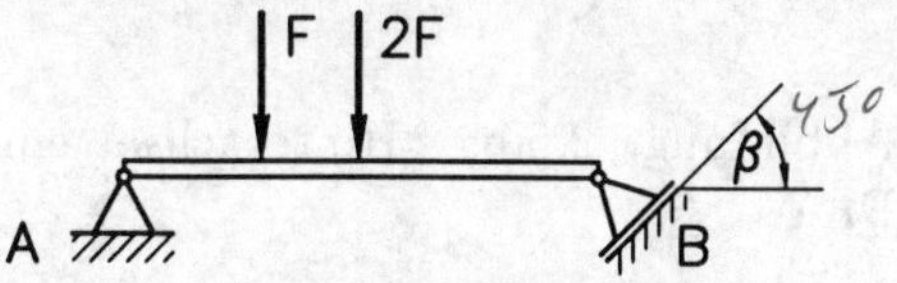

Abbildung 2.48: Statisch bestimmter Balken

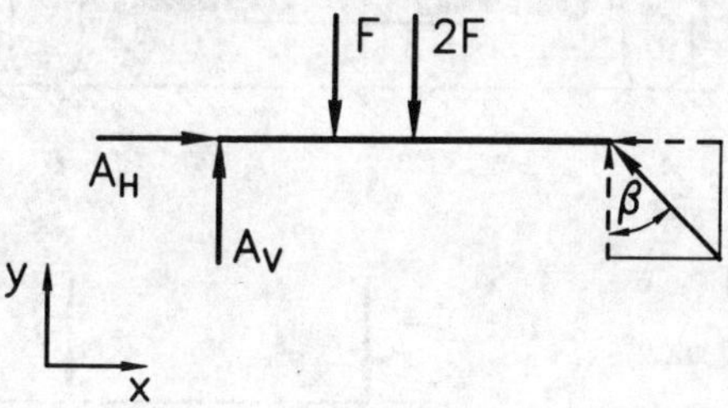

Abbildung 2.49: Freikörperbild zu Abb.2.48

Wir ersetzen nun das rechte, einwertige Lager des Balkens der Abb.2.46 durch das Lager gemäß Abb.2.48, wobei wir das Freikörperbild der Abb.2.49 erhalten. Jetzt gilt

$$\sum M_i^{(A)} = 0: \quad 10\,a\,B\,\cos\beta - 5\,a\,2\,F - 3\,a\,F = 0 \quad \Longrightarrow \quad B = \frac{1,3}{\cos\beta}\,F \tag{2.80}$$

sowie

$$\sum F_{ix} = 0: \quad A_H - B\,\sin\beta = 0 \quad \Longrightarrow \quad A_H = 1,3\,\tan\beta\,F \tag{2.81}$$

und

$$\sum F_{iy} = 0: \quad A_V - 3\,F + B\,\cos\beta = 0 \quad \Longrightarrow \quad A_V = 1,7\,F. \tag{2.82}$$

Man erkennt, daß $\beta \neq 90°$ sein muß, da sonst ein wackliges, statisch unbestimmtes System vorliegt.

2.4 Systeme starrer Körper in der Ebene, das Erstarrungsprinzip

Bisher haben wir uns lediglich mit dem Gleichgewicht einzelner starrer Körper befaßt; in diesem Kapitel behandeln wir Systeme, die aus mehreren starren Körpern bestehen. Wir sagen, daß eine gegebene Kräftegruppe an einem System starrer Körper im Gleichgewicht steht, wenn sich jeder einzelne der Körper im Gleichgewicht befindet. Will man daher Gleichgewichtsbedingungen für das System angeben, so schneidet man zunächst die einzelnen starren Körper frei, wobei die Schnittkräfte freigelegt werden. Wir betrachten zunächst das System der Abb.2.50, das eine Hinterachse eines PKWs darstellt.

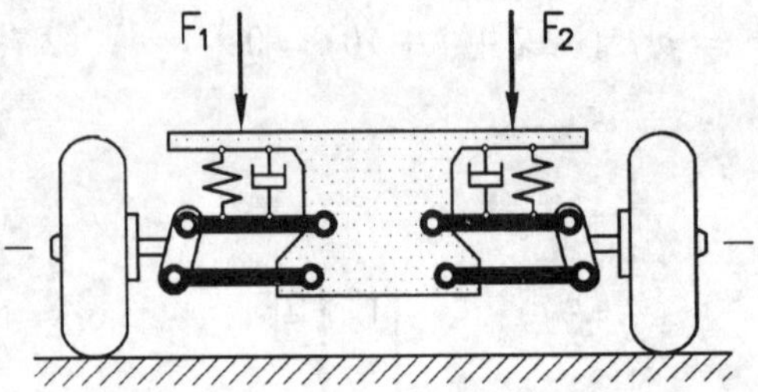

Abbildung 2.50: Hinterachse eines PKW

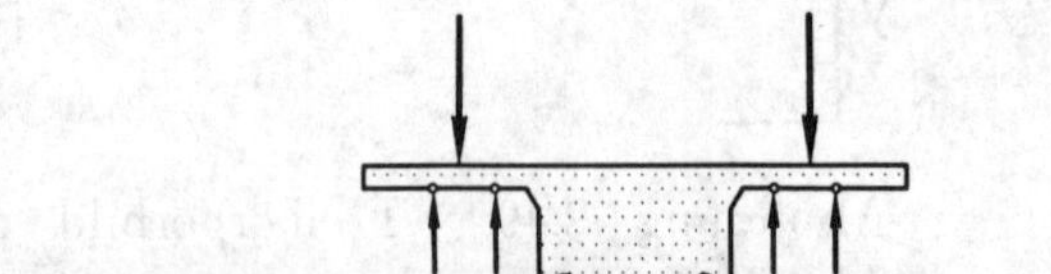

Abbildung 2.51: Freikörperbild der Hinterachse

Es besteht aus einer Anzahl von Körpern, die wir hier als starr voraussetzen, sowie aus je zwei Pendelstützen, Schraubenfedern und Stoßdämpfern. Auch die Räder mit den Reifen werden an dieser Stelle vorläufig als starr angenommen. Abb.2.51 zeigt das Freikörperbild dazu. Die einzelnen starren Körper sowie die Schraubenfedern sind mit den auf sie wirkenden eingeprägten Kräften und den Schnittkräften dargestellt.

Dabei treten die Schnittkräfte zweimal auf und wirken jeweils als actio und reactio auf unterschiedliche Körper (Schnittprinzip). Für jeden der starren Körper der Abb.2.51 können nun die drei Gleichgewichtsbedingungen der Statik formuliert werden und man kann damit im vorliegenden Fall alle Zwangskräfte ermitteln.

Nicht immer ist es jedoch notwendig, ein System in alle seine Bestandteile zu zerlegen, um Gleichgewichtsbedingungen rechnerisch zu formulieren. Es gilt nämlich das *Erstarrungsprinzip*:

> *Damit ein System unter der Wirkung von gegebenen Kräften im Gleichgewicht ist, ist es notwendig und hinreichend, daß jedes Teilsystem sich im Gleichgewicht befindet.*

Das Erstarrungsprinzip gilt nicht nur für Systeme aus *starren Körpern*, sondern für beliebige, auch für verformbare Körper, ja sogar für Flüssigkeiten und Gase. Wir erklären es anhand des Beispiels der Abb.2.52.

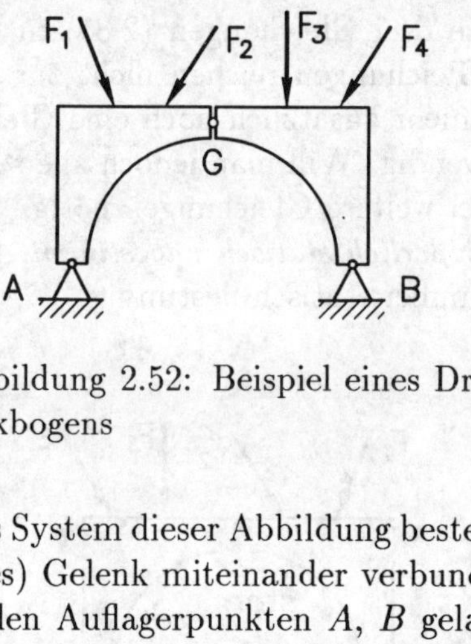

Abbildung 2.52: Beispiel eines Dreigelenkbogens

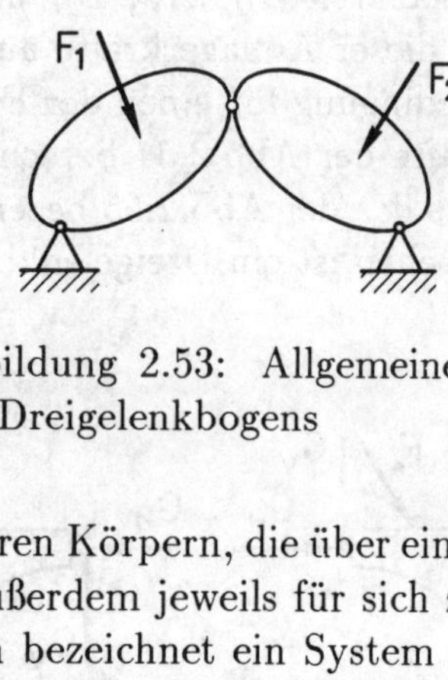

Abbildung 2.53: Allgemeine Struktur des Dreigelenkbogens

Das System dieser Abbildung besteht aus zwei starren Körpern, die über ein (zweiwertiges) Gelenk miteinander verbunden sind und außerdem jeweils für sich zweiwertig in den Auflagerpunkten A, B gelagert sind. Man bezeichnet ein System dieser Art als *Dreigelenkbogen.* In Abb.2.53 ist die allgemeine Struktur des Dreigelenkbogens dargestellt, wobei die auf die beiden Körper wirkenden Kräfte schon jeweils zu ihrer Resultierenden zusammengefaßt sind. Abb.2.54 zeigt das Freikörperbild des Dreigelenkbogens der Abb.2.52. Es sind sechs Zwangskräfte A_H, A_V, B_H, B_V, G_H und G_V vorhanden und zu ihrer Bestimmung stehen sechs Gleichungen zur Verfügung, nämlich jeweils drei unabhängige Gleichgewichtsbedingungen für jeden der beiden starren Körper. Für den Körper I können z.B. die Gleichgewichtsbedingungen

$$\sum_I F_{ix} = 0\,, \quad \sum_I F_{iy} = 0\,, \quad \sum_I M_i^{(P)} = 0\,, \qquad (2.83)$$

und für den Körper II die Gleichungen

$$\sum_{II} F_{ix} = 0\,, \quad \sum_{II} F_{iy} = 0\,, \quad \sum_{II} M_i^{(P)} = 0 \tag{2.84}$$

formuliert werden. Dabei ist der Bezugspunkt P in den Momentengleichungen beliebig zu wählen und die Summen erstrecken sich jeweils über die auf den Körper I bzw. Körper II wirkenden Kräfte.

Durch Summe der jeweiligen Gleichungen (2.83) und (2.84) folgt auch

$$\sum_{I+II} F_{ix} = 0\,, \quad \sum_{I+II} F_{iy} = 0\,, \quad \sum_{I+II} M_i^{(P)} = 0\,, \tag{2.85}$$

wobei in den Summen jetzt alle an dem Gesamtsystem wirkenden Kräfte berücksichtigt werden. Es gelten also nicht nur die Kräfte- und Momentengleichungen für die einzelnen starren Körper, sondern auch vollkommen analoge *Gleichgewichtsbedingungen für das Gesamtsystem*, wobei das Lager in G als starr angesehen werden kann. Da die inneren Kräfte G_H, G_V dabei zweimal, nämlich als actio und als reactio auftreten, sind sie in (2.85) nicht mehr enthalten.

Für das System der Abb.2.55 gelten also die drei Gleichungen (2.85) in den vier Unbekannten A_H, A_V, B_H und B_V. Diese Gleichungen reichen nicht zur Bestimmung dieser Auflagerkräfte aus. Dazu ist vielmehr zusätzlich noch eine Gleichgewichtsbedingung für einen der Einzelkörper notwendig. Will man jedoch alle sechs Zwangskräfte der Abb.2.54 berechnen, so sind zwei weitere Gleichungen nötig. Ein System wie das der Abb.2.55 bezeichnet man als *äußerlich statisch unbestimmt*. Insgesamt gesehen ist ein Dreigelenkbogen natürlich immer statisch bestimmt.

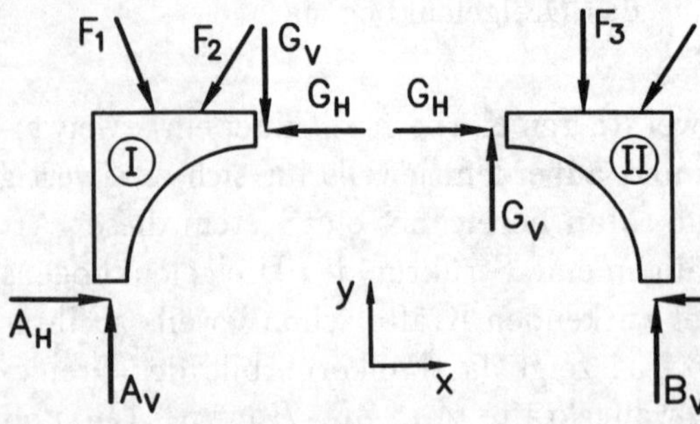

Abbildung 2.54: Freikörperbild zum System der Abb.2.52

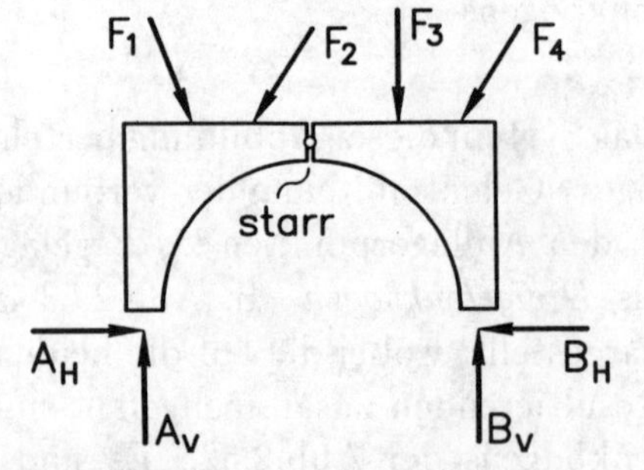

Abbildung 2.55: Zum Erstarrungsprinzip

Wir führen die Berechnungen an dem etwas einfacheren Dreigelenkbogen der Abb.2.56 durch. Das Freikörperbild zu diesem System ist in Abb.2.57 angegeben.

2 st K: 6 Gln
6 Unbekannte: $A_H, A_V, B_H, B_V, G_H, G_V$
statisch bestimmt

Für jeden der beiden Körper I und II formulieren wir drei Gleichgewichtsbedingungen. Zunächst schreiben wir für den Körper I

$$\sum_I M_{iz}^{(A)} = 0: \quad 2\,a\,G_H - 2\,a\,G_V - a\,F = 0 \quad \Longrightarrow \quad G_H - G_V = \frac{1}{2}\,F\,. \qquad (2.86)$$

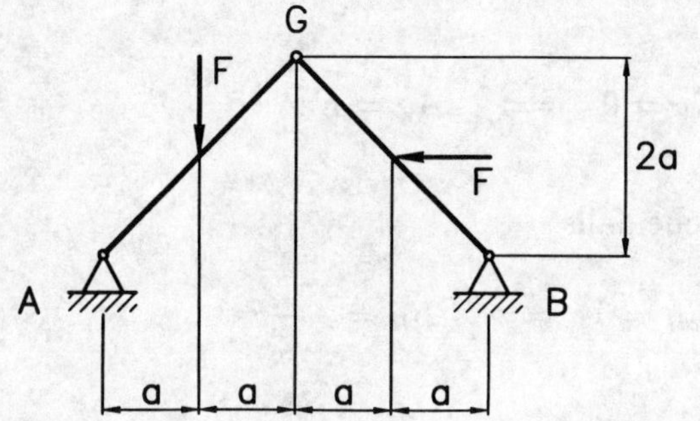

Abbildung 2.56: Dreigelenkbogen

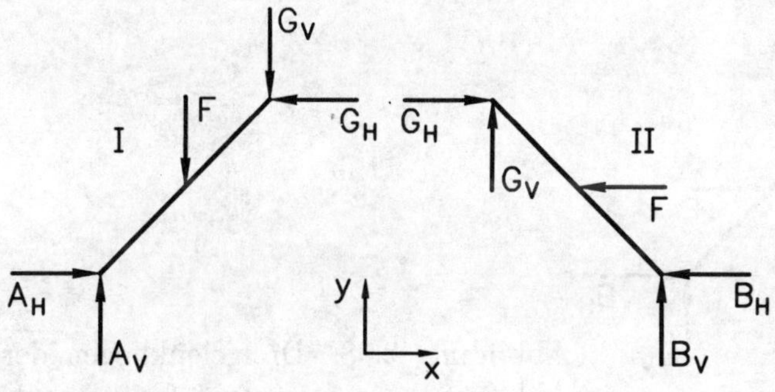

Abbildung 2.57: Freikörperbild zu Abb.2.56

Wir könnten nun die restlichen Gleichgewichtsbedingungen in beliebiger Reihenfolge anschreiben. Es ist jedoch zweckmäßig, die Gleichungen von vornherein im Hinblick auf ihre Lösbarkeit aufzustellen. Gleichung (2.86) enthält nur die beiden Unbekannten G_H, G_V; eine weitere Gleichung, die ebenfalls nur diese zwei Unbekannten enthält, kann für den Körper II angegeben werden:

$$\sum_{II} M_{iz}^{(B)} = 0: \quad -2\,a\,G_H - 2\,a\,G_V + a\,F = 0 \quad \Longrightarrow \quad G_H + G_V = \frac{1}{2}\,F\,. \,(2.87)$$

$\sum M_{iz}^{A} = 0 : 2a\,G_H - 2a\,G_V - aF = 0$

Aus (2.86), (2.87) folgt

$$G_V = 0\,, \quad G_H = \frac{1}{2}\,F. \tag{2.88}$$

Weiter gelten für den Körper I die beiden Kräftegleichungen

$$\sum_I F_{ix} = 0: \quad A_H - G_H = 0 \quad \Longrightarrow \quad A_H = \frac{1}{2}\,F\,, \tag{2.89}$$

$$\sum_I F_{iy} = 0: \quad A_V - F - G_V = 0 \quad \Longrightarrow \quad A_V = F\,. \tag{2.90}$$

Für den Körper II schreiben wir ebenfalls

$$\sum_{II} F_{ix} = 0: \quad G_H - F - B_H = 0 \quad \Longrightarrow \quad B_H = -\frac{1}{2}F\,, \tag{2.91}$$

$$\sum_{II} F_{iy} = 0: \quad G_V + B_V = 0 \quad \Longrightarrow \quad B_V = 0\,. \tag{2.92}$$

Damit sind die Auflagerkräfte in A und B sowie die Gelenkkräfte in G eindeutig bestimmt.

Abbildung 2.58: Dreigelenkbogen der Abb.2.56, Gesamtsystem freigeschnitten

Zur Probe stellen wir die Gleichgewichtsbedingungen am Gesamtsystem der Abb.2.58 auf (Erstarrungsprinzip) und erkennen, daß

$$\sum_{I+II} F_{ix} = 0\,, \quad \sum_{I+II} F_{iy} = 0\,, \quad \sum_{I+II} M_i^{(A)} = 0 \tag{2.93}$$

gilt. Der Vollständigkeit halber lösen wir das gleiche Problem auch zeichnerisch. Dabei bemerken wir zunächst, daß alle bisher formulierten Gleichgewichtsbedingungen *linear* in den Kräften sind; dies gilt sowohl für die Kräftegleichungen als auch für die Momentengleichungen. Aus der Linearität folgt eine wichtige Eigenschaft, die wir zuerst formelmäßig untersuchen und dann bei der zeichnerischen Lösung verwenden. In Matrixschreibweise kann ein lineares Gleichungssystem in der Form

$$\mathbf{A}\mathbf{x} = \mathbf{f} \tag{2.94}$$

geschrieben werden. Hierbei ist

$$\mathbf{A} = (a_{ij}) \tag{2.95}$$

die $n \times n$-Matrix der Koeffizienten des Gleichungssystems,

$$\mathbf{f} = (f_1, f_2, ..., f_n)^T \tag{2.96}$$

die Spaltenmatrix der rechten Seite und

$$\mathbf{x} = (x_1, x_2, ..., x_n)^T \tag{2.97}$$

die Spaltenmatrix der Unbekannten. Bei den hier vorliegenden Problemen der Statik beinhaltet $\mathbf{f}$ die eingeprägten Kräfte sowie deren Momente und $\mathbf{x}$ die zu bestimmenden Zwangskräfte. Es ist leicht zu überprüfen, daß

$$\boxed{\mathbf{A}\bar{\mathbf{x}} = \bar{\mathbf{f}}, \quad \mathbf{A}\tilde{\mathbf{x}} = \tilde{\mathbf{f}} \quad \Longrightarrow \quad \mathbf{A}\mathbf{x} = \mathbf{f}} \tag{2.98}$$

gilt mit

$$\boxed{\mathbf{x} = \bar{\mathbf{x}} + \tilde{\mathbf{x}}, \quad \mathbf{f} = \bar{\mathbf{f}} + \tilde{\mathbf{f}}.} \tag{2.99}$$

Sind also Lösungen $\bar{\mathbf{x}}, \tilde{\mathbf{x}}$ von (2.94) für die rechten Seiten $\mathbf{f} = \bar{\mathbf{f}}$ und $\mathbf{f} = \tilde{\mathbf{f}}$ bekannt, so kann man die Lösung für die rechte Seite $\mathbf{f} = \bar{\mathbf{f}} + \tilde{\mathbf{f}}$ einfach aus der Summe (Überlagerung) dieser beiden Lösungen gewinnen.

Diese Eigenschaften (*Superposition*) kann man sich sowohl bei der rechnerischen, als auch bei der zeichnerischen Lösung von Statikaufgaben zunutze machen. Wir verwenden sie hier zunächst bei der zeichnerischen Bestimmung der Auflager- und Gelenkkräfte des Dreigelenkbogens der Abb.2.56.

In Abb.2.59 ist der Dreigelenkbogen mit zwei verschiedenen Belastungen dargestellt, deren Überlagerung gerade wieder dem ursprünglichen Problem entspricht.

In jedem dieser beiden Fälle wirkt nur jeweils auf einen der beiden Körper eine Last. Der andere starre Körper ist unbelastet und wirkt somit als Pendelstütze, d.h. er überträgt nur Kräfte längs der Verbindungslinie seiner Gelenke (wie der Balken der Abb.2.40). In jedem der beiden Teilprobleme der Abb.2.59 ist daher eine sehr einfache Aufgabe zu lösen: Es sind lediglich die Auflagerkräfte eines starren Körpers

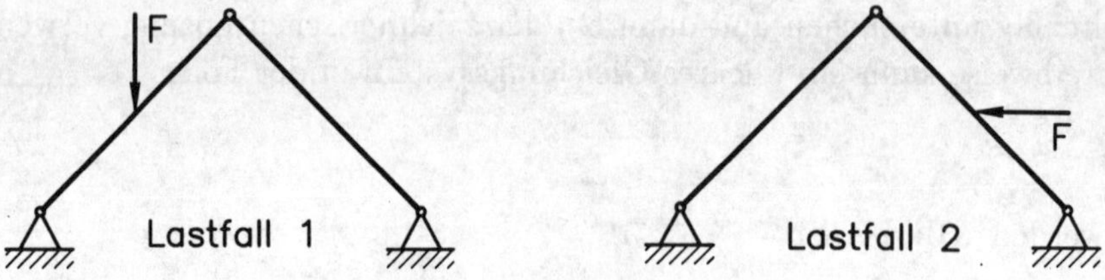

Abbildung 2.59: Bestimmung der Auflagerkräfte durch Überlagerung

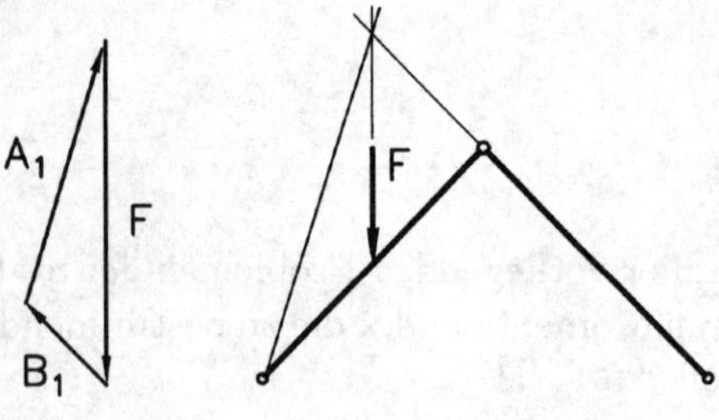

Abbildung 2.60: Lage- und Kraftplan, Lastfall 1

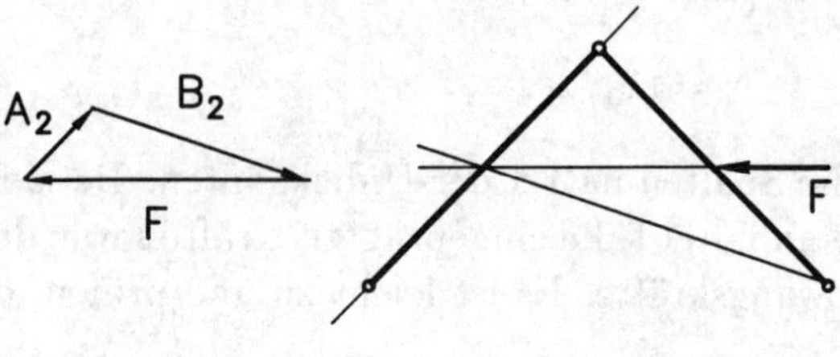

Abbildung 2.61: Lage- und Kraftplan, Lastfall 2

zu bestimmen, der an einem Punkt zweiwertig gelagert ist und noch über eine Pendelstütze abgestützt wird. Die zeichnerischen Lösungen für die Lastfälle 1 und 2 sind in Abb.2.60 und Abb.2.61 angegeben. Nach dem *Superpositionsprinzip*, das formelmäßig durch (2.98), (2.99) ausgedrückt wurde, ergeben sich die Auflagerkräfte aus der Summe der beiden Anteile (s.Abb. 2.62). Auch die Gelenkkraft kann so durch Überlagerung leicht bestimmt werden.

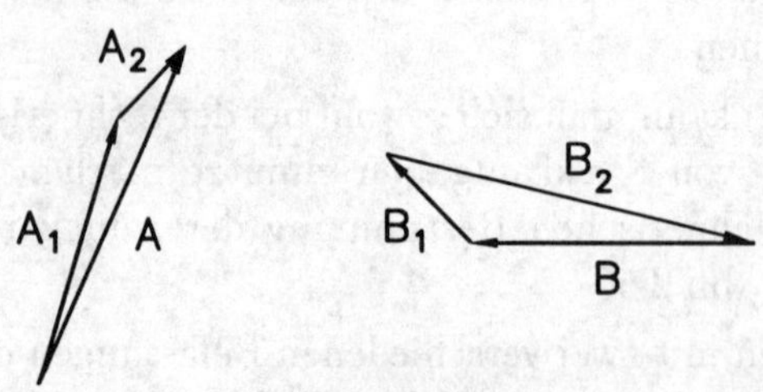

Abbildung 2.62: Überlagerung der beiden Lastfälle zur Bestimmung der Lagerkräfte

Am Beispiel des Dreigelenkbogens der Abb.2.56 führen wir nun noch den Begriff des *eingeprägten Momentes* ein. Dazu betrachten wir zunächst den Dreigelenkbogen der Abb.2.56, aber mit der Belastung durch das Kräftepaar der Abb.2.63a. Dieses

Kräftepaar der Kräfte $\vec{P}$ und $-\vec{P}$, die beide auf den starren Körper GB wirken, besitzt den Hebelarm b und das Moment $P\,b$. Auch in den Lastfällen der Abb.2.63b und Abb.2.63c wirken Kräftepaare auf den starren Körper GB, die das gleiche Moment $P\,b$ erzeugen und demnach zueinander äquivalent sind. In allen drei Lastfällen ergeben sich die gleichen Auflager- und Gelenkkräfte für das System. Es ist daher üblich, nicht das spezielle Kräftepaar als Belastung anzugeben, sondern lediglich dessen Moment. Dementsprechend ist in der Abb.2.63d ein runder Pfeil eingetragen, der dem "eingeprägten Moment" $M_E = P\,b$ entspricht. Der Ort, an dem das eingeprägte Moment (das wir uns immer durch ein Kräftepaar mit sehr kleinem Hebelarm erzeugt vorstellen können) auf den Körper GB wirkt, ist bezüglich der Lagerkräfte irrelevant. Also sind die Lastfälle der Abb.2.63d und Abb.2.63e gleichwertig.

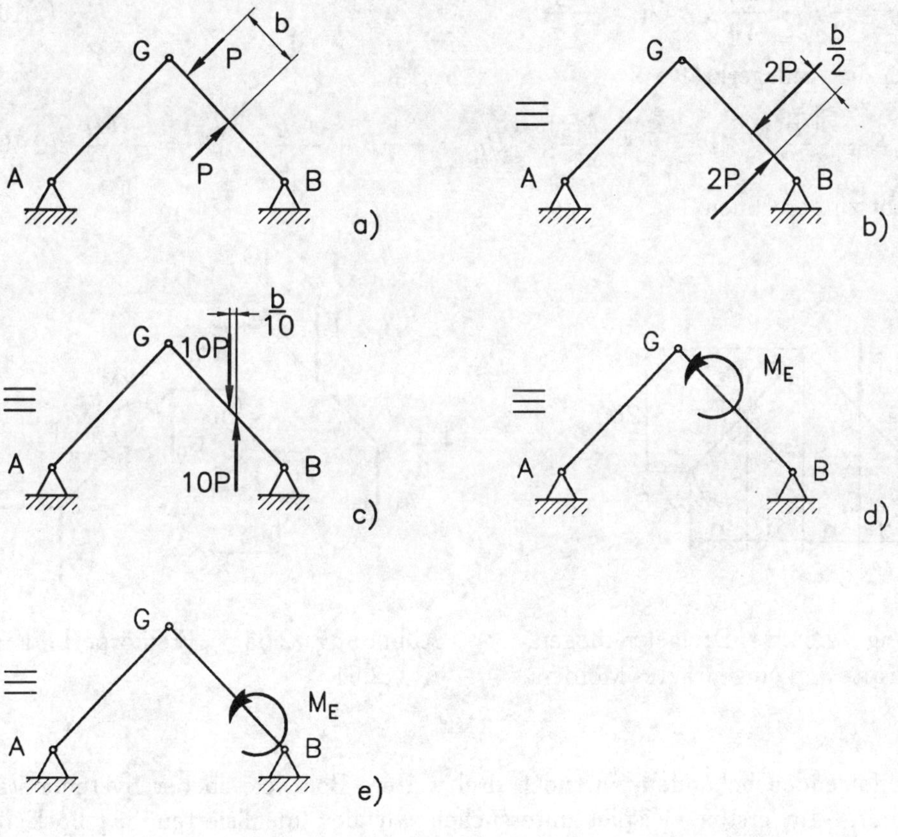

Abbildung 2.63: Durch eingeprägtes Moment belasteter Dreigelenkbogen

Wir wollen nun die Auflager- und Gelenkkräfte für das System der Abb.2.64 berechnen, das durch die in Abb.2.56 angegebenen Kräfte und zusätzlich durch ein eingeprägtes Moment belastet ist. Das entsprechende Freikörperbild ist in Abb.2.65 angegeben. Die Gleichgewichtsbedingungen für den Körper I sind so, wie im Fall der Abb.2.57, d.h. (2.86) gilt unverändert. In der Momentengleichung (2.87) für den Körper II ist jetzt das eingeprägte Moment zu berücksichtigen, so daß diese Gleichung durch

$$\sum_{II} M_i^{(B)} = 0 : -2\,a\,G_H - 2\,a\,G_V + M_E + a\,F = 0 \Longrightarrow G_H + G_V = \frac{1}{2}F + \frac{M_E}{2\,a} \tag{2.100}$$

zu ersetzen ist. Mit (2.86) folgt daraus

$$G_H = \frac{1}{2}F + \frac{M_E}{4\,a}, \quad G_V = \frac{M_E}{4\,a}, \tag{2.101}$$

und auch die Auflagerkräfte

$$A_H = \frac{1}{2}F + \frac{M_E}{4\,a}, \quad A_V = F + \frac{M_E}{4\,a}, \quad B_H = -\frac{1}{2}F + \frac{M_E}{4\,a}, \quad B_V = -\frac{M_E}{4\,a} \tag{2.102}$$

sind leicht zu berechnen.

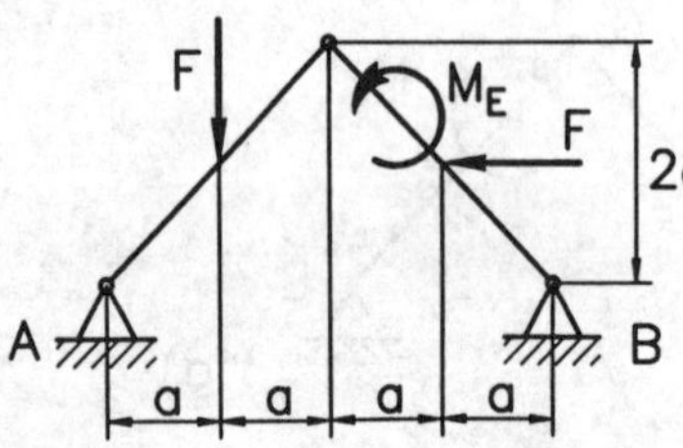

Abbildung 2.64: Dreigelenkbogen, durch Kräfte und eingeprägtes Moment belastet

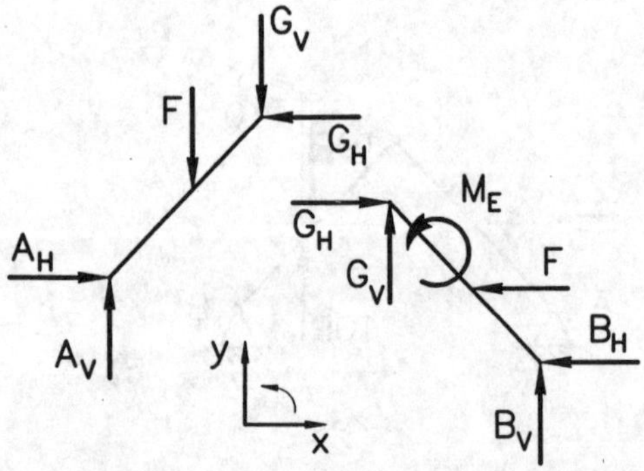

Abbildung 2.65: Freikörperbild zu Abb.2.64

Im folgenden behandeln wir noch drei weitere Beispiele ebener Systeme starrer Körper. Im ersten Beispiel untersuchen wir den idealisierten Sägebock der Abb.2.66. Alle Auflagerkräfte sowie die zwischen den einzelnen Körpern auftretenden Zwangskräfte sollen berechnet werden. In Abb.2.67 ist das Freikörperbild angegeben. Die Gelenkkraft zwischen den Körpern II und III ist durch die Komponenten C, D dargestellt. Die lotrechten Auflagerkräfte bestimmt man im vorliegenden

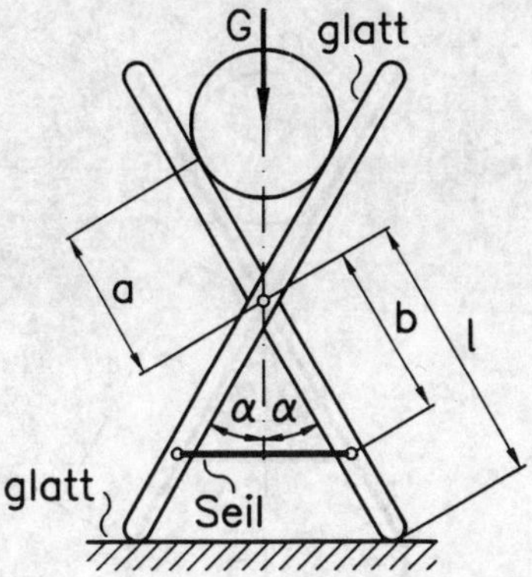

Abbildung 2.66: Der Sägebock

Fall am einfachsten durch Gleichgewichtsbedingungen am Gesamtsystem (Abb.2.68). Hier gilt

$$\sum M_i^{(E)} = 0 : \quad Bl\sin\alpha - Al\sin\alpha = 0 \quad \Longrightarrow \quad A = B\,, \tag{2.103a}$$

$$\sum F_{iy} = 0 : \quad A + B - G = 0\,, \tag{2.103b}$$

und daraus folgt

$$A = B = G/2\,. \tag{2.104}$$

Dieses Ergebnis hätte man auch unmittelbar anschaulich anhand der Symmetrie des Systems erkennen können.

Zur Bestimmung der restlichen Zwangskräfte werden Gleichgewichtsbedingungen für die einzelnen Körper benötigt. Für den Körper I schreiben wir zunächst

$$\sum_I F_{ix} = 0 : \quad N_1\cos\alpha - N_2\cos\alpha = 0 \quad \Longrightarrow \quad N_1 = N_2\,, \tag{2.105a}$$

$$\sum_I F_{iy} = 0 : \quad N_1\sin\alpha + N_2\sin\alpha - G = 0\,, \tag{2.105b}$$

und daraus folgt

$$N_1 = N_2 = \frac{G}{2\sin\alpha}\,. \tag{2.106}$$

Bezeichnen wir das Gelenk zwischen den Körpern II und III mit H, so gilt für den Körper II

$$\sum_{II} M_i^{(H)} = 0 : \quad N_1 a - Sb\cos\alpha + Bl\sin\alpha = 0\,, \tag{2.107}$$

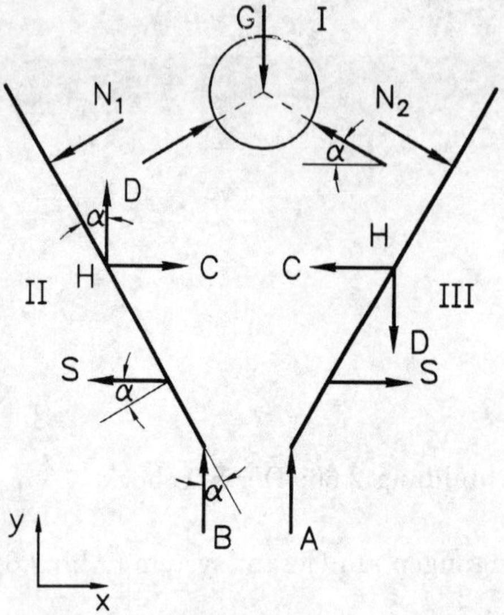

Abbildung 2.67: Freikörperbild der Teilsysteme

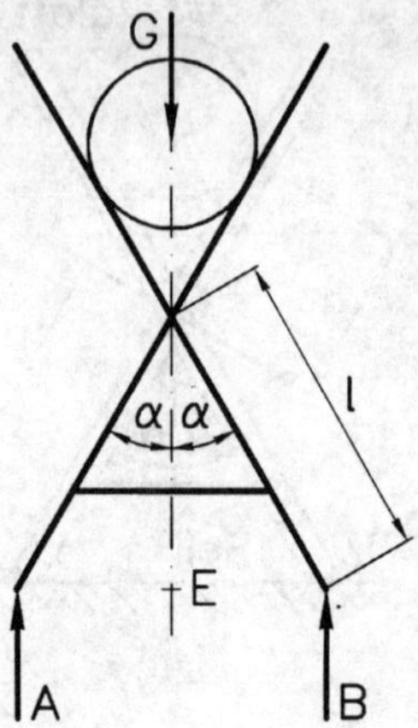

Abbildung 2.68: Freikörperbild des Gesamtsystems

woraus mit (2.106) und (2.104)

$$S = G\left(\frac{a}{b\,2\sin\alpha} + \frac{l}{2\,b}\tan\alpha\right) \tag{2.108}$$

folgt. Ebenso ist

$$\sum_{II} F_{ix} = 0: \quad -S + C - N_1\cos\alpha = 0\,, \tag{2.109}$$

und daraus ergibt sich mit den schon bestimmten Zwangskräften

$$C = G\left(\frac{a}{b\,2\sin\alpha} + \frac{l}{2\,b}\tan\alpha + \frac{1}{2}\,\frac{1}{\tan\alpha}\right). \tag{2.110}$$

Schließlich ist auch

$$\sum_{II} F_{iy} = 0: \quad B + D - N_1\sin\alpha = 0\,, \tag{2.111}$$

woraus mit den bekannten anderen Kräften

$$D = 0 \tag{2.112}$$

folgt.

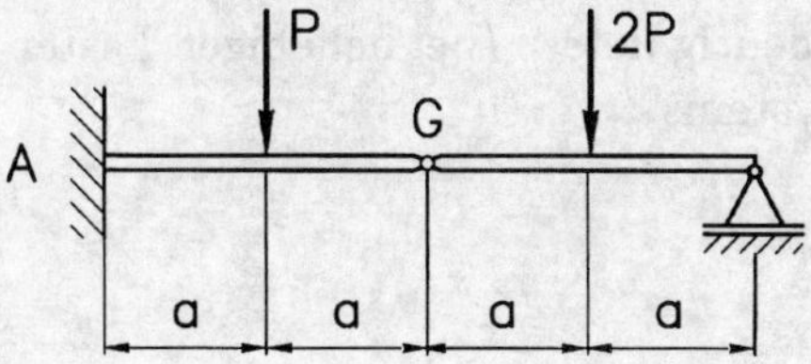

Abbildung 2.69: Balkensystem

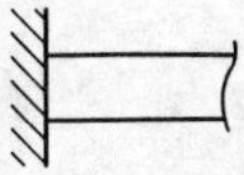

Abbildung 2.70a: Symbol der Einspannung

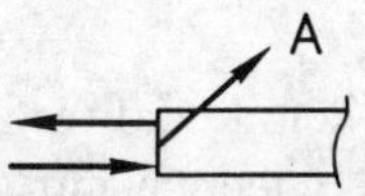

Abbildung 2.70b: Übertragung beliebiger Kräfte und Kräftepaare in der Einspannung

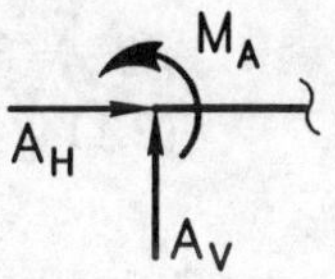

Abbildung 2.70c: Einspannmoment und Auflagerkraft

Als nächstes betrachten wir das Beispiel der Abb.2.69. Außer dem einwertigen Auflager in B und dem Gelenk in G tritt in A eine neue Art der Lagerung auf, die man als *Einspannung* bezeichnet. Sie ist in Abb.2.70a nochmals skizziert. Dieses Symbol kennzeichnet eine Lagerung, bei der Kräfte beliebiger Richtung sowie auch beliebige Kräftepaare übertragen werden können (Abb.2.70b). Beim Freischneiden des Lagers in A treten daher die in Abb.2.70c eingezeichneten Größen A_H, A_V und M_A auf. Dabei ist M_A das Moment des an der Einspannung übertragenen Kräftepaares. Natürlich wird in Wirklichkeit das Kräftepaar durch zwei Einzelkräfte wie in Abb.2.70b oder, noch realistischer, durch verteilte Kräfte erzeugt. Wir nehmen aber an, daß die Balkenhöhe klein ist gegenüber den anderen Abmessungen des Tragwerks, so daß wir idealisiert davon ausgehen, daß das Kräftepaar "im Punkt A" eingeleitet wird. Gemäß Abb.2.70c bildet die Einspannung in der Ebene ein *dreiwertiges Auflager*. Man kann anschaulich erkennen, daß das System der Abb.2.69 statisch bestimmt ist, da es weder vorspannbar, noch beweglich ist. Im folgenden berechnen wir die Zwangskräfte in A,

B und G und das Moment M_A aus den Gleichgewichtsbedingungen. Aus der Tatsache, daß diese Gleichungen die gesuchten Größen eindeutig liefern (bei beliebigen Lasten), folgt ebenfalls die statische Bestimmtheit des Systems.

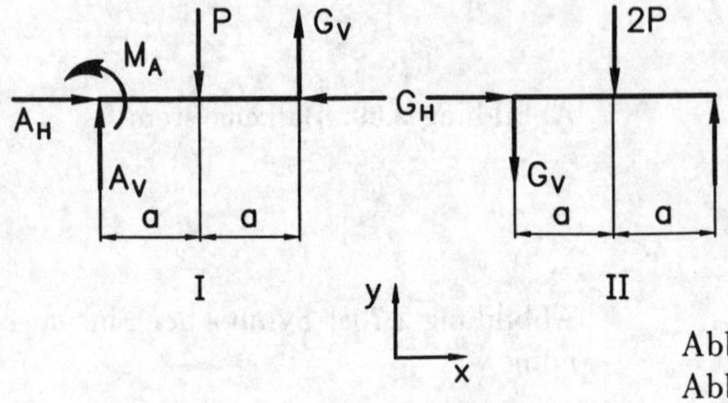

Abbildung 2.71: Freikörperbild zu Abb. 2.69

Zunächst ist in Abb.2.71 das Freikörperbild dargestellt. Man erkennt, daß es für den Körper I fünf zu bestimmende Zwangskräfte gibt, für Körper II jedoch nur drei. Es ist daher zweckmäßig, zunächst die Gleichgewichtsbedingungen für Körper II auszuwerten:

$$\sum_{II} M_i^{(G)} = 0: \quad 2\,a\,B - a\,2\,P = 0 \quad \Longrightarrow \quad B = P\,, \tag{2.113}$$

$$\sum_{II} F_{iy} = 0: \quad \Longrightarrow \quad G_V = -\,P\,, \tag{2.114}$$

$$\sum_{II} F_{ix} = 0: \quad \Longrightarrow \quad G_H = 0\,. \tag{2.115}$$

Für Körper I gilt

$$\sum_{I} M_i^{(A)} = 0: \quad M_A - a\,P + 2\,a\,G_V = 0 \quad \Longrightarrow \quad M_A = 3\,P\,a\,, \tag{2.116}$$

$$\sum_{I} F_{iy} = 0: \quad A_V - P + G_V = 0 \quad \Longrightarrow \quad A_V = 2\,P\,, \tag{2.117}$$

$$\sum_{I} F_{ix} = 0: \Longrightarrow \quad A_H = 0\,, \tag{2.118}$$

wobei bei der Auswertung die schon jeweils vorher bestimmten Zwangskräfte verwendet wurden. Zur Kontrolle überprüfen wir die Gleichgewichtsbedingungen für das Gesamtsystem:

$$\sum_{I+II} F_{iy} = 0: \quad A_V - P - 2\,P + B = 0\,, \tag{2.119}$$

$$\sum_{I+II} M_i^{(B)} = 0: \quad M_A - 4\,a\,A_V + 3\,a\,P + a\,2\,P = 0\,. \tag{2.120}$$

Man beachte, daß in dieser Gleichung das Moment M_A unverändert auftritt, obwohl die Momentengleichung um den Punkt B aufgestellt wurde. Das Einspannmoment M_A ist ja das Moment eines Kräftepaares (eingeprägtes Moment), das nicht vom Bezugspunkt abhängt, wie wir früher schon gezeigt haben.

Das Beispiel der Abb.2.72 betrifft ein Balkensystem aus mehreren gelenkig miteinander verbundenen starren Balken. Solche Systeme werden in der Baustatik als GERBER-Träger[20] bezeichnet. Alle Zwangskräfte sollen bestimmt werden. Aus der Systemskizze in Abb.2.72 ist unmittelbar zu erkennen, daß höchstens in A waagrechte Kräfte auftreten können, da ansonsten nur lotrechte Kräfte und ein eingeprägtes Moment auf das System wirken. Aus einer Kräftegleichung längs der Waagrechten für das Gesamtsystem folgt daher, daß auch die Auflagerkraft in A lotrecht sein muß. Diese Tatsache wurde im Freikörperbild der Abb.2.73 schon berücksichtigt.

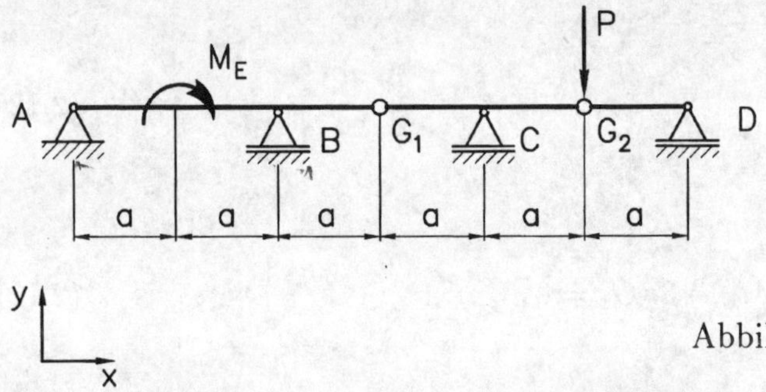

Abbildung 2.72: GERBER - Träger

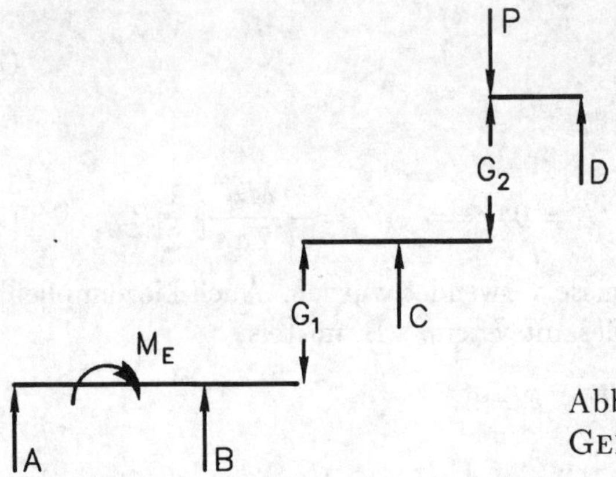

Abbildung 2.73: Freikörperbild des GERBER-Trägers der Abb.2.72

Da $\sum F_{ix} = 0$ automatisch erfüllt ist, verbleiben hier für jeden der starren Körper nur zwei Gleichgewichtsbedingungen. Es empfiehlt sich, bei der Berechnung

[20]Nach dem Ingenieur Johann Gottfried GERBER, * 1832 in Hof, † 1912 in München (?).

der Zwangskräfte mit dem rechten Balken zu beginnen, da dort nur zwei Unbekannte vorliegen. Für den Balken G_2D gilt

$$\sum M_i^{(G_2)} = 0: \quad a\,D = 0 \quad \Longrightarrow \quad D = 0\,, \tag{2.121}$$

$$\sum F_{iy} = 0: \quad G_2 - P = 0 \quad \Longrightarrow \quad G_2 = P\,. \tag{2.122}$$

Damit ist die Gelenkkraft G_2 bekannt und wir schreiben für den Balken G_1G_2

$$\sum M_i^{(G_1)} = 0: \quad a\,C - 2a\,G_2 = 0 \quad \Longrightarrow \quad C = 2\,G_2\,, \tag{2.123}$$

was auf

$$C = 2\,P \tag{2.124}$$

führt. Außerdem gilt für diesen Balken

$$\sum M_i^{(C)} = 0: \quad -a\,G_1 - a\,G_2 = 0\,, \tag{2.125}$$

woraus mit (2.119)

$$G_1 = -\,P \tag{2.126}$$

folgt.

Für den Balken AG_1 ist

$$\sum M_i^{(A)} = 0: \quad 2a\,B - M_E - 3a\,G_1 = 0\,, \tag{2.127}$$

was sich mit (2.126)

$$B = \frac{M_E}{2\,a} - \frac{3}{2}\,P \tag{2.128}$$

ergibt. Schließlich ist auch noch

$$\sum M_i^{(B)} = 0: \quad -2\,a\,A - M_E - a\,G_1 = 0 \quad \Longrightarrow \quad A = -\frac{M_E}{2\,a} + \frac{1}{2}\,P\,, \tag{2.129}$$

wobei wieder die vorherigen Ergebnisse verwendet wurden. Auch hier empfiehlt sich eine Kontrolle der Ergebnisse am Gesamtsystem, z.B. mittels

$$\sum F_{iy} = 0: \quad A + B + C + D - P = 0\,. \tag{2.130}$$

Man beachte, daß in diesem Beispiel die Last P im Gelenk G_2 wirkte. Bei obigem Lösungsweg haben wir im Freikörperbild (Abb.2.73) P gemeinsam mit der Gelenkkraft G_2 am Balken G_2D eingetragen. Alternativ kann man die Last P auch auf den Balken G_1G_2 einwirken lassen, und damit ergibt sich natürlich eine andere

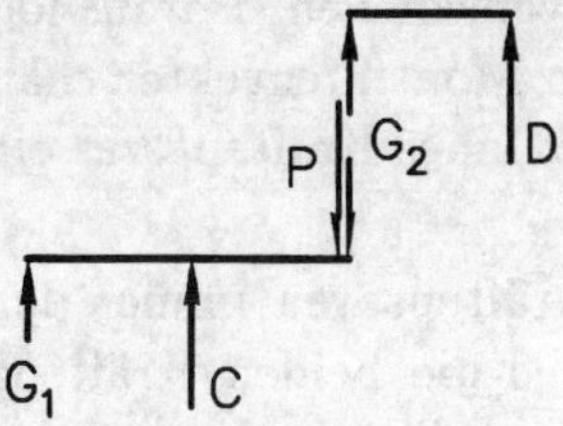

Abbildung 2.74: Schnitt am belasteten Gelenk, Alternative 2

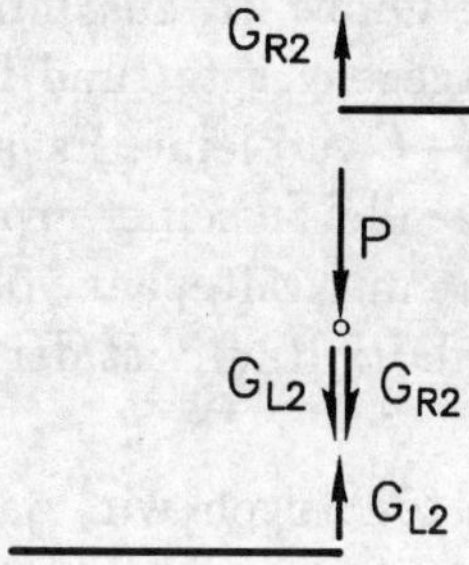

Abbildung 2.75: Schnitt am belasteten Gelenk, Alternative 3

Gelenkkraft G_2 (Abb.2.74). Eine dritte Alternative ist im Freikörperbild der Abb.2.75 angedeutet. Hier unterscheiden wir zwischen der Gelenkkraft G_{R2}, die rechts am Gelenk wirkt, und der links am Gelenk wirkenden Gelenkkraft G_{L2}. Das Gelenk wird als Punkt betrachtet, auf das drei Kräfte G_{L2}, P und G_{R2} wirken. Diese stehen miteinander am Gelenk im Gleichgewicht. Für die Zwangskräfte außerhalb dieses Gelenks spielt es keine Rolle, welche der drei Alternativen man bei der Lösung wählt. Da wir uns hier keine Gedanken darüber machen, wie das Gelenk im einzelnen konstruktiv realisiert ist, sind für unsere Zwecke alle drei Alternativen gleich gut.

2.5 Räumliche Kräftegruppe am starren Körper

2.5.1 Reduktion einer räumlichen Kräftegruppe, Gleichgewichtsbedingungen

Bei der Reduktion einer räumlichen Kräftegruppe auf ein möglichst einfaches äquivalentes Kraftsystem machen wir uns die Überlegungen zunutze, die wir bei der Reduktion ebener Kräftegruppen angestellt haben. Dort wurde gezeigt, daß ein Kräftepaar in der Ebene vollkommen durch sein Moment charakterisiert ist. Wir zeigen nun, daß dies auch im Raum gilt. Dazu untersuchen wir zunächst anhand der Abb.2.76 die Verschiebung eines Kräftepaares $A, \vec{F}; B, -\vec{F}$ aus der Ebene π nach A', B' in eine zu π parallele Ebene π'. Dabei sind wieder nur die beiden nunmehr wohlbekannten Elementaroperationen zugelassen. Zuerst fügen wir in den Punkten A', B' zwei Nullsysteme ein, die jeweils aus zwei gleich großen, entgegengesetzt gerichteten Kräften der Größe F bestehen und deren Wirkungslinien parallel zu den Kräften des gegebenen Kräftepaares sind. Jeweils zwei der nunmehr sechs Kräfte können wie in der Abbildung gekennzeichnet im Schnittpunkt C der Diagonalen des Parallelogramms zu einer Kraft der Größe $2F$ zusammengefaßt werden. Diese beiden Kräfte sind wieder gleich groß entgegengesetzt und bilden ein Nullsystem, so daß lediglich das Kräftepaar $A', \vec{F}; B', -\vec{F}$ verbleibt. Es ist also in der Tat möglich, ein Kräftepaar am starren Körper auch parallel zu seiner urprünglichen Ebene zu verschieben. Daraus folgt, daß auch im Raum ein Kräftepaar vollständig durch seinen Momentenvektor charakterisiert wird. Auch im Raum ist der Vektor des Momentes eines Kräftepaares ein *freier Vektor*.

Als nächstes zeigen wir, daß die Summe von Kräftepaaren immer durch die Summe ihrer Momente dargestellt werden kann. Falls die beiden Kräftepaare in zueinander parallelen Ebenen wirken, ist das trivial. Sind die Ebenen nicht parallel, so schneiden sie sich in einer Geraden g. Wir wählen zwei Punkte A und B auf g und ersetzen jedes der beiden Kräftepaare durch ein neues Kräftepaar mit Angriffspunkten in A, B (daß dies möglich ist, haben wir in (2.3.5) gezeigt). Wir können nun in diesen Punkten die Kräfte addieren und erhalten damit ein neues Kräftepaar, das zu den beiden gegebenen äquivalent ist. Dabei ist offensichtlich das Moment dieses Kräftepaares gleich der Vektorsumme der Momente der gegebenen Kräftepaare.

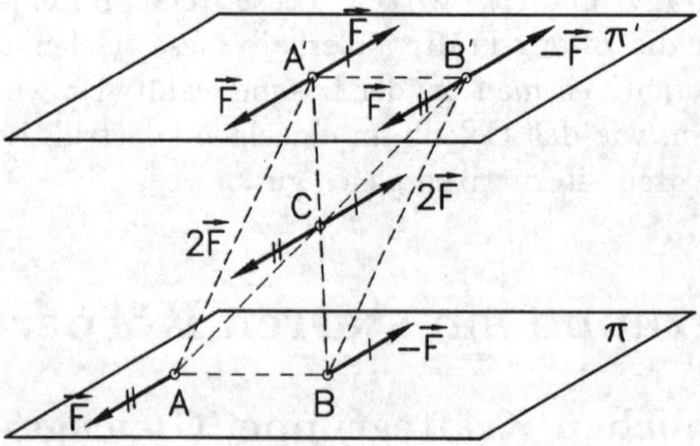

Abbildung 2.76: Verschiebung eines Kräftepaars am räumlichen starren Körper

Wir wenden uns nun der Reduktion eines räumlichen Kraftsystems zu. Gegeben sei ein Kraftsystem $P_i, \vec{F}_i, i = 1, 2, ..., n$. Wie schon im ebenen Fall wählen wir einen beliebigen Punkt P, verschieben die einzelnen Kräfte in diesem Punkt, addieren dort die Kräfte und bilden auch die Vektorsumme der entsprechenden Versetzungsmomente. Vollkommen analog zum ebenen Fall ist daher das ursprüngliche Kraftsystem äquivalent zu der Einzelkraft $\vec{R} = \sum \vec{F}_i$ im Punkt P und zusätzlich einem Kräftepaar mit dem Moment $\vec{M}^{(P)} = \sum \overrightarrow{PP_i} \times \vec{F}_i$.

Zwei Kräftegruppen sind demnach genau dann zueinander äquivalent, wenn sowohl die Vektorsumme der Kräfte, als auch die ihrer Momente bezüglich irgendeines Punktes gleich ist. Es ist auch möglich, den Äquivalenzbegriff für Kräftegruppen direkt über diese Eigenschaft zu definieren. Die Linienflüchtigkeit der Kräfte am starren Körper kann damit dann bewiesen werden und wird nicht mehr als Axiom eingeführt.

Auch im räumlichen Fall ist ein Kraftsystem genau dann ein Nullsystem, wenn sowohl die Summe der Kräfte als auch die der Versetzungsmomente verschwindet. Es ergeben sich somit die Gleichgewichtsbedingungen

$$\boxed{\sum \vec{F}_i = \vec{0}\,,} \tag{2.131}$$

$$\boxed{\sum \vec{M}_i^{(P)} = \vec{0}} \tag{2.132}$$

(P beliebig) für den starren Körper im Raum. Diese beiden Vektorgleichungen sind gleichwertig zu sechs skalaren Gleichungen, die z.B. als

$$\sum F_{ix} = 0\,, \quad \sum F_{iy} = 0\,, \quad \sum F_{iz} = 0\,, \tag{2.133}$$

$$\sum (y_i\, F_{iz} - z_i\, F_{iy}) = 0\,, \tag{2.134a}$$

$$\sum (z_i\, F_{ix} - x_i\, F_{iz}) = 0\,, \tag{2.134b}$$

$$\sum (x_i\, F_{iy} - y_i\, F_{ix}) = 0 \tag{2.134c}$$

geschrieben werden können, wenn man $P = O$ wählt. Dabei ergibt sich (2.134) aus der Definition des Kreuzproduktes

$$\vec{M}_i^{(O)} = \overrightarrow{OP}_i \times \vec{F}_i = (x_i\,\vec{e}_x + y_i\,\vec{e}_y + z_i\,\vec{e}_z) \times \vec{F}_i = \begin{vmatrix} \vec{e}_x & \vec{e}_y & \vec{e}_z \\ x_i & y_i & z_i \\ F_{ix} & F_{iy} & F_{iz} \end{vmatrix}. \tag{2.135}$$

Der Bezugspunkt der Momentengleichung in (2.132) kann natürlich genauso irgendein anderer beliebiger Punkt sein, wobei sich (2.134) entsprechend ändert. Mit $P = (x_P,\, y_P,\, z_P)$ ist die zweite Zeile der Determinante in (2.135) durch $x_i - x_P$, $y_i - y_P$, $z_i - z_P$ zu ersetzen.

2.5.2 Moment einer Kraft bezüglich einer Achse

Ebenso wie wir bei ebenen Kräftegruppen die Gleichgewichtsbedingungen nicht immer durch zwei Kräftegleichungen und eine Momentengleichung formuliert haben, sondern gelegentlich durch zwei Momentengleichungen und eine Kräftegleichung oder auch durch drei Momentengleichungen, ist es im räumlichen Fall manchmal zweckmäßig, die Gleichgewichtsbedingungen (2.131), (2.132) auch in anderer Form anzuschreiben. Dazu definieren wir das *Moment einer Kraft bezüglich einer Achse* $Q, \vec{e}$ gemäß

$$\boxed{\vec{M}_{\vec{e}}^{(Q)} := (\vec{M}^{(Q)} \cdot \vec{e})\,\vec{e}\,.} \tag{2.136}$$

Ersetzt man $\vec{M}^{(Q)}$ in (2.136) durch das Kreuzprodukt gemäß (2.40), so ist

$$\vec{M}_{\vec{e}}^{(Q)} = (\overrightarrow{QP} \times \vec{F} \cdot \vec{e})\,\vec{e}. \tag{2.137}$$

Wir besprechen nun die anschauliche Bedeutung von $\vec{M}_{\vec{e}}^{(Q)}$ und untersuchen die wichtigsten Eigenschaften. Zunächst halten wir fest, daß der Begriff "Achse" hier für eine gerichtete Gerade steht. Eine gerichtete Gerade, d.h. eine mit einem Richtungssinn versehene Gerade, kann auf eindeutige Art durch einen ihrer Punkte Q und den Richtungsvektor $\vec{e}(\mid \vec{e} \mid = 1)$ gekennzeichnet werden (s.Abb.2.77). Der Ortsvektor zu einem beliebigen Punkt Q' der Geraden kann damit als

$$\overrightarrow{OQ'} = \overrightarrow{OQ} + s\,\vec{e} \tag{2.138}$$

geschrieben werden. Dies ist die Gleichung einer Geraden in Vektorschreibweise, wobei der Parameter s beliebige reelle Werte annimmt.

Aus (2.137) folgt

$$\vec{M}_{\vec{e}}^{(Q)} = (\overrightarrow{QP} \times \vec{F} \cdot \vec{e})\,\vec{e} = \left[\left(\overrightarrow{QQ'} + \overrightarrow{Q'P}\right) \times \vec{F} \cdot \vec{e}\right] \vec{e} = \vec{M}_{\vec{e}}^{(Q')}\,, \tag{2.139}$$

da $\overrightarrow{QQ'} \times \vec{F} \cdot \vec{e} = 0$ gilt (der erste und der letzte Vektor dieses Spatproduktes sind parallel). Die Definition liefert also in der Tat eine Größe, die nicht von dem speziellen Punkt Q, sondern lediglich von der gerichteten Geraden $Q, \vec{e}$ selbst abhängt; die Bezeichnung "Moment bezüglich der Achse $Q, \vec{e}$" ist also sinnvoll (Abb.2.78a).

Wir zerlegen nun $\vec{F}$ in eine Komponente $\vec{F}_e$ in Richtung $\vec{e}$ und eine Komponente $\vec{F}_n$ orthogonal zu $\vec{e}$; eine solche Zerlegung ist immer möglich. Dann gilt

$$\vec{M}_{\vec{e}}^{(Q)} = \left[\overrightarrow{QP} \times (\vec{F}_n + \vec{F}_e) \cdot \vec{e}\right] \vec{e} = (\overrightarrow{QP} \times \vec{F}_n \cdot \vec{e})\,\vec{e}\,, \tag{2.140}$$

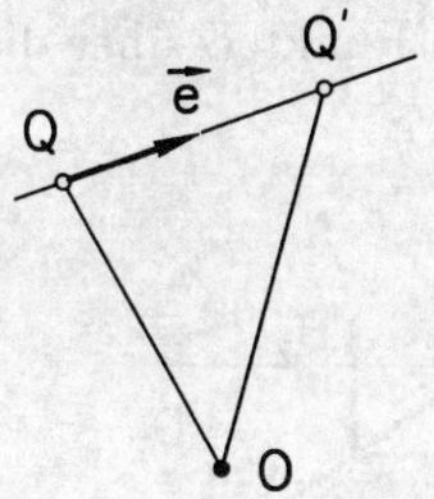

Abbildung 2.77: Zur Geradengleichung in Vektorschreibweise

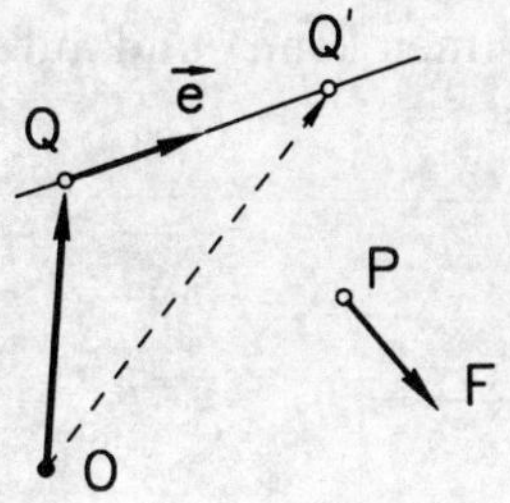

Abbildung 2.78a: Unabhängigkeit des Moments $\vec{M}_{\vec{e}}^{(Q)}$ vom Bezugspunkt auf der Geraden $Q, \vec{e}$

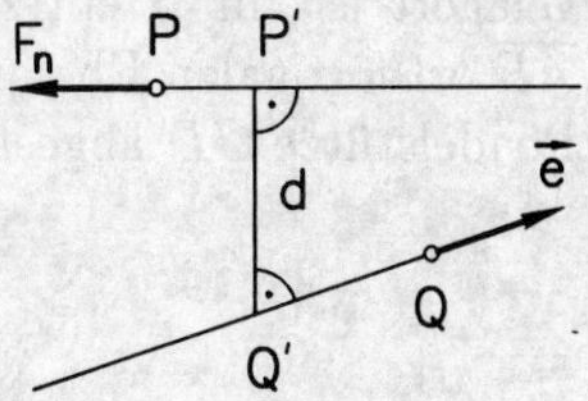

Abbildung 2.78b: Zur Berechnung des Moments $\vec{M}_{\vec{e}}^{(Q)}$

da das der Kraft $\vec{F}_e$ entsprechende Spatprodukt verschwindet. Lediglich die Komponente der Kraft $\vec{F}_n$ liefert also einen Beitrag zu $\vec{M}_{\vec{e}}^{(Q)}$. Die Komponente $\vec{F}_e$ trägt nicht zu diesem Moment bei. Der Betrag von $\vec{M}_e^{(Q)}$ ist also durch

$$| \vec{M}_e^{(Q)} | = d \; | \vec{F}_n | \tag{2.141}$$

gegeben, wobei d gemäß Abb.2.78b der Abstand zwischen der Geraden $Q, \vec{e}$ und der Wirkungslinie von $\vec{F}$ ist.

Nach der Definition (2.136) kann $\vec{M}_{\vec{e}}^{(Q)}$ auch als Komponente des Vektors $\vec{M}^{(Q)}$ in Richtung von $\vec{e}$ gedeutet werden. Aus der Momentengleichung (2.132) folgt damit, daß die Summe der Momente aller Kräfte bezüglich beliebiger durch den Punkt P gehender Achsen gleich Null ist. Es liegt daher nahe, die Gleichgewichstbedingungen

$$\sum \vec{F}_i = \vec{0} \, , \quad \sum \vec{M}_i^{(P)} = \vec{0} \tag{2.142}$$

durch andere Bedingungen der Art

$$\sum M_{\vec{e}_n}^{(B_n)} = 0 \, , \quad n = 1, 2, ..., 6 \tag{2.143}$$

zu ersetzen.

In (2.143) wird das Verschwinden der Momente bezüglich sechs Achsen gefordert. Bei geeigneter Wahl der Achsen erhält man so sechs unabhängige Gleichungen, die es gestatten, sechs Unbekannte zu bestimmen. Eine notwendige Bedingung für die Unabhängigkeit der Gleichung (2.143) ist, daß die Achsen nicht alle in ein und derselben Ebene liegen; sie dürfen auch nicht alle durch ein und denselben Punkt gehen.

Im folgenden behandeln wir vier einfache Bespiele zur räumlichen Statik starrer Körper. Wir betrachten zunächst die Klappe der Abb.2.79, die in A dreiwertig gelagert ist, in B ein zweiwertiges Lager besitzt (das beliebige Kräfte in einer zu $\overline{AB}$ orthogonalen Ebene aufnehmen kann) und außerdem noch im Punkt D über die Pendelstütze CD abgestützt ist.

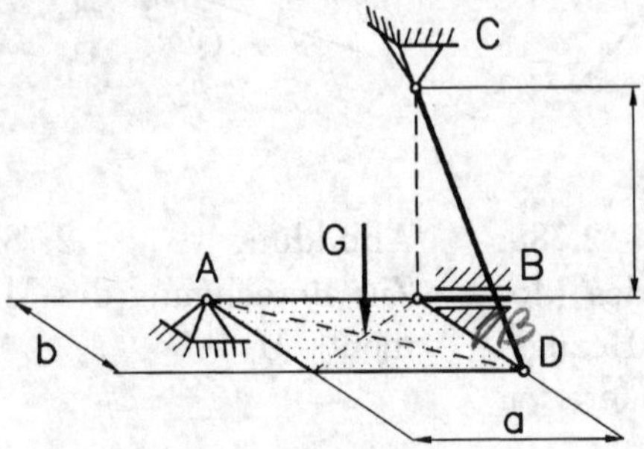

Abbildung 2.79: Räumliches System

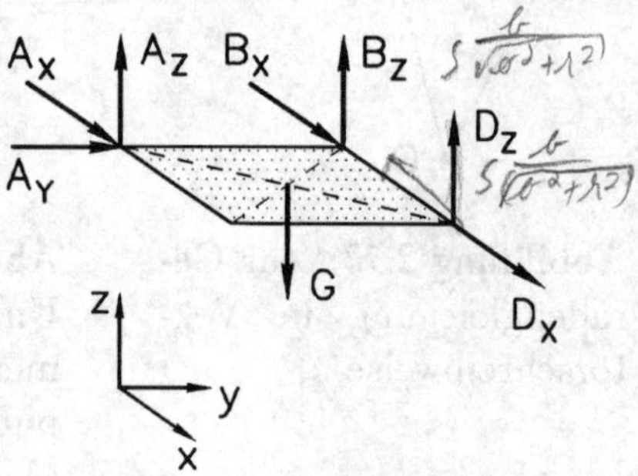

Abbildung 2.80: Freikörperbild zu Abb.2.79

In Abb.2.80 ist die Klappe freigeschnitten; den Ursprung des kartesischen Bezugssystems legen wir dabei in A. Dabei sind die sieben angegebenen Kraftkoordinaten zu bestimmen, die allerdings nicht unabhängig voneinander sind.
Mit dem Einheitsvektor

$$\vec{e}_{DC} = (1/\sqrt{h^2+b^2})(-b, 0, h) \tag{2.144}$$

gilt für die Komponenten der Stabkraft D

$$D_x = D\,(-b/\sqrt{h^2+b^2}), \quad D_y = 0, \quad D_z = D\,(-h/\sqrt{h^2+b^2}) \tag{2.145}$$

und

$$\frac{D_z}{-D_x} = \frac{h}{b}. \tag{2.146}$$

Insgesamt wirkt die folgende Kräftegruppe an dem starren Körper:

$$\vec{r}_A = (\,0\,,\,0\,,\,0)^T \quad , \quad \vec{A} = (\,A_x\,,\,A_y\,,\,A_z)^T\,, \tag{2.147a}$$

$$\vec{r}_B = (\,0\,,\,a\,,\,0)^T \quad , \quad \vec{B} = (\,B_x\,,\,0\,,\,B_z)^T\,, \tag{2.147b}$$

$$\vec{r}_D = (\,b\,,\,a\,,\,0)^T \quad , \quad \vec{D} = (\,D_x\,,\,0\,,\,D_z)^T\,, \tag{2.147c}$$

$$\vec{r}_G = (\,b/2\,,\,a/2\,,\,0)^T \quad , \quad \vec{G} = (\,0,\,0,\,-G)^T\,, \tag{2.147d}$$

wobei die Ortsvektoren der Kraftangriffspunkte vom Punkt A aus gezählt wurden. Die Gleichgewichtsbedingungen sind

$$\sum F_{ix} = 0 : \quad A_x + B_x + D_x = 0 , \tag{2.148a}$$

$$\sum F_{iy} = 0 : \quad A_y = 0 , \tag{2.148b}$$

$$\sum F_{iz} = 0 : \quad A_z + B_z + D_z - G = 0 \tag{2.148c}$$

und

$$\sum \vec{M}_i^{(A)} = \vec{0} : \quad \vec{r}_B \times \vec{B} + \vec{r}_D \times \vec{D} + \vec{r}_G \times \vec{G} = \vec{0} . \tag{2.149}$$

Mit der Determinantenregel schreibt sich (2.149) als

$$\begin{vmatrix} \vec{e}_x & \vec{e}_y & \vec{e}_z \\ 0 & a & 0 \\ B_x & 0 & B_z \end{vmatrix} + \begin{vmatrix} \vec{e}_x & \vec{e}_y & \vec{e}_z \\ b & a & 0 \\ D_x & 0 & D_z \end{vmatrix} + \frac{1}{2} \begin{vmatrix} \vec{e}_x & \vec{e}_y & \vec{e}_z \\ b & a & 0 \\ 0 & 0 & -G \end{vmatrix} = \vec{0} , \tag{2.150}$$

woraus sich in Koordinaten

$$a\,B_z + a\,D_z - \tfrac{1}{2}\,a\,G = 0 , \tag{2.151a}$$

$$-b\,D_z + \tfrac{1}{2}\,b\,G = 0 , \tag{2.151b}$$

$$-a\,B_x - a\,D_x = 0 \tag{2.151c}$$

ergibt. Die Gleichgewichtsbedingungen (2.148), (2.151) bilden zusammen mit (2.146) ein Gleichungssystem in sieben Unbekannten. Es kann ohne allzugroße Schwierigkeiten gelöst werden. Sowohl für die Auswertung der Kreuzprodukte als auch für die numerische Lösung linearer Gleichungssysteme stehen auf Kleinrechnern und z.T. sogar auf Taschenrechnern Rechenprogramme zur Verfügung.

Allerdings ist es hier auch ohne weiteres möglich, die Auflagerkräfte formelmäßig auszurechnen. Das wird besonders einfach, wenn man geeignete Gleichgewichtsbedingungen aufstellt und in geschickter Reihenfolge auswertet. In der ersten Gleichgewichtsbedingung fordern wir, daß die Summe der Momente aller Käfte um die Achse Ay gleich Null ist, d.h.

$$\sum M_{iy}^{(A)} = 0 : \quad \frac{b}{2} G - b\,D_z = 0 \quad \Longrightarrow \quad D_z = G/2 . \tag{2.152}$$

Mit (2.146) ergibt sich daraus

$$D_x = -\frac{G}{2}\frac{b}{h}. \tag{2.153}$$

Ebenso fordern wir

$$\sum M_{ix}^{(A)} = 0: \quad -\frac{a}{2}G + a\,B_z + a\,D_z = 0 \tag{2.154}$$

und erhalten unter Verwendung der schon bekannten Ergebnisse

$$B_z = 0. \tag{2.155}$$

Weiterhin gilt

$$\sum F_{iz} = 0: \quad A_z - G + B_z + D_z = 0 \implies A_z = \tfrac{1}{2}G, \tag{2.156}$$

$$\sum M_{iz}^{(B)} = 0: \quad a\,A_x = 0 \implies A_x = 0, \tag{2.157}$$

$$\sum F_{ix} = 0: \quad A_x + B_x + D_x = 0 \implies B_x = \tfrac{1}{2}\tfrac{b}{h}G, \tag{2.158}$$

$$\sum F_{iy} = 0: \quad A_y = 0. \tag{2.159}$$

Dabei wurden die jeweils vorher bestimmten Ergebnisse verwendet. Die Beträge der Auflagerkräfte in A und D sind schließlich

$$D = \sqrt{D_x^2 + D_z^2}, \quad A = \sqrt{A_x^2 + A_y^2 + A_z^2}. \tag{2.160}$$

Im zweiten Beispiel (Abb.2.81) ist ein Getriebe dargestellt, das über die Antriebswelle von einem Motor angetrieben wird und über die Abtriebswelle mit einer anderen Maschine verbunden ist. Die Antriebswelle stellt die einzige Verbindung zwischen Motor und Getriebe dar.

In der Abbildung wurden Antriebs- und Abtriebswelle schon freigeschnitten. Die an diesen Wellen wirkenden Momente sind durch Doppelpfeile gekennzeichnet, um Verwechslung mit Kräften auszuschließen. Antriebsmoment M_1 und Abtriebsmoment M_2 sind gegeben, die Auflagerkräfte in A, B, C sollen bestimmt werden. Die Momente M_1, M_2 sind eingeprägte Momente, d.h. sie entsprechen Kräftepaaren; in Wirklichkeit sind die Kräfte dieser Kräftepaare natürlich kontinuierlich über die Wellenquerschnitte verteilt (s. TM 2). Auf das Getriebe der Abb.2.82 wirkt die Kräftegruppe:

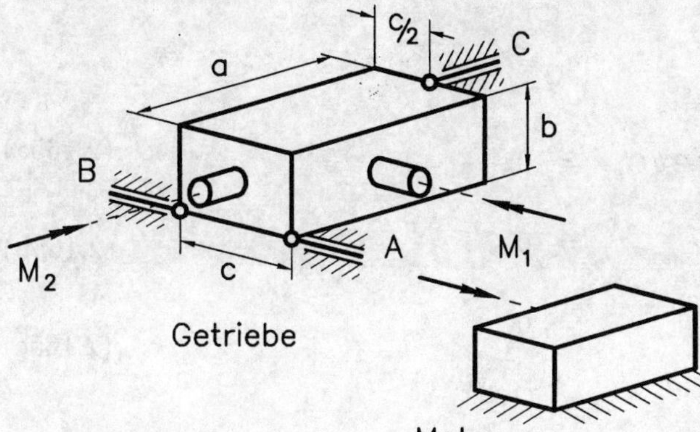

Abbildung 2.81: Räumliches System aus Motor und Getriebe

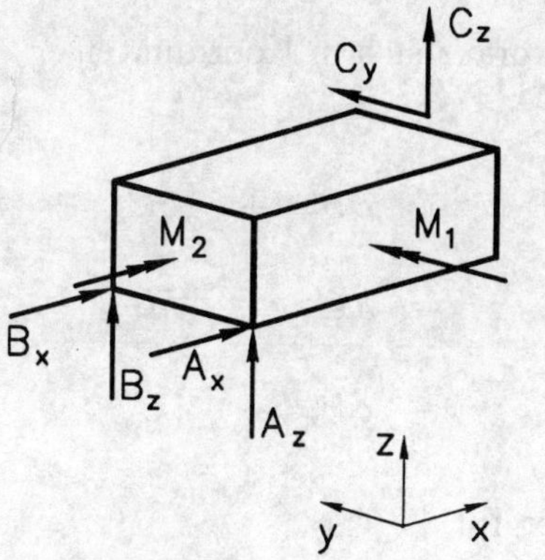

Abbildung 2.82: Freikörperbild des Getriebes

$$\vec{r}_A = (0,\,0,\,0)^T\,, \quad \vec{A} = (A_x,\,0,\,A_z)^T\,, \tag{2.161a}$$

$$\vec{r}_B = (0,\,c,\,0)^T\,, \quad \vec{B} = (B_x,\,0,\,B_z)^T\,, \tag{2.161b}$$

$$\vec{r}_C = (a,\,c/2,\,b)^T\,, \quad \vec{C} = (0,\,C_y,\,C_z)^T\,, \tag{2.161c}$$

$$\vec{M}_1 = (0,\,M_1,\,0)^T\,, \tag{2.161d}$$

$$\vec{M}_2 = (M_2,\,0,\,0)^T\,. \tag{2.161e}$$

$M_{1y}^{(A)}=0: M_1 - C_z a = 0$, $C_z = M_1/a$

$\sum F_{iy}=0: C_y=0$

$\sum M_{iz}^{(A)}=0:$ $-B_x c + C_y a = 0$, $B_x=0$

$\sum F_{ix}=0: A_x+B_x=0$, $A_x=0$

$\sum M_{ix}^{(A)}=0$: $B_z c + M_2 + C_z \frac{c}{2} - C_y b$

$B_z = -\frac{M_2}{c} - \frac{M_1}{2a}$

$A_z = \frac{M_2}{c} - \frac{M_1}{2a}$

Als Gleichgewichtsbedingungen schreiben wir

$$\sum F_{ix} = 0: \quad A_x + B_x = 0\,, \tag{2.162a}$$

$$\sum F_{iy} = 0: \quad C_y = 0\,, \tag{2.162b}$$

$$\sum F_{iz} = 0: \quad A_z + B_z + C_z = 0 \tag{2.162c}$$

und

$$\sum \vec{M}_i^{(A)} = 0: \quad \vec{r}_b \times \vec{B} + \vec{r}_C \times \vec{C} + \vec{M}_1 + \vec{M}_2 = \vec{0}\,. \tag{2.163}$$

Mit der Determinantenregel schreibt sich (2.163) als

$$\begin{vmatrix} \vec{e}_x & \vec{e}_y & \vec{e}_z \\ 0 & c & 0 \\ B_x & 0 & B_z \end{vmatrix} + \begin{vmatrix} \vec{e}_x & \vec{e}_y & \vec{e}_z \\ a & c/2 & b \\ 0 & C_y & C_z \end{vmatrix} + \vec{M}_1 + \vec{M}_2 = \vec{0}\,, \tag{2.164}$$

Für Motor an Getriebe angeflanscht

$M_1=0$, $C_z=C_y=B_x=A_x=0$

$B_z=-\frac{M_2}{c}$, $A_z=\frac{M_2}{c}$

woraus sich in Koordinaten

$$c\,B_z \;+\; \tfrac{1}{2}c\,C_z \;+\; M_2 - b\,C_y \;=\; 0\,, \tag{2.165a}$$

$$-\;\; a\,C_z \;+\; M_1 \;=\; 0\,, \tag{2.165b}$$

$$-\;\; c\,B_x \;+\; a\,C_y \;=\; 0 \tag{2.165c}$$

ergibt

Die sechs Gleichungen (2.162), (2.165) können ohne Schwierigkeiten nach den Auflagerkräften aufgelöst werden. Aus (2.162b), (2.165b) folgt unmittelbar

$$C_y = 0\,, \tag{2.166a}$$

$$C_z = M_1/a\,, \tag{2.166b}$$

mit (2.166a) ergibt sich aus (2.165c)

$$B_x = 0 \tag{2.166c}$$

und damit aus (2.162a)

$$A_x = 0\,. \tag{2.166d}$$

Mit diesen Ergebnissen führt (2.165a) auf

$$B_z = -\frac{M_2}{c} - \frac{M_1}{2a} \tag{2.166e}$$

und damit (2.162c) auf

$$A_z = \frac{M_2}{c} - \frac{M_1}{2a}\,. \tag{2.166f}$$

Mit etwas Übung wird man nicht mehr das gesamte Gleichungssystem aufstellen und anschließend lösen, sondern die Gleichungen in der folgenden Reihenfolge nacheinander aufstellen und unmittelbar nach der einen, jeweils noch auftretenden Unbekannten auflösen: $\sum M_{iy}^{(A)} = 0$, $\sum F_{iy} = 0$, $\sum M_{iz}^{(A)} = 0$, $\sum F_{ix} = 0$, $\sum M_{ix}^{(A)} = 0$, $\sum F_{iz} = 0$. Die Komponenten von $\sum \vec{M}_{iz}^{(A)}$ kann man unmittelbar angeben, ohne die Kreuzprodukte mit der Determinantenregel auszuwerten, wenn man sich vergegenwärtigt, daß es sich dabei um die Momente bezüglich der Achsen Ax, Ay, Az handelt.

Obwohl ein Getriebe offensichtlich nicht ein starrer Körper ist, da sich in seinem Inneren Teile bewegen, wurden hier die für starre Körper hergeleiteten Gleichgewichtsbedingungen benutzt. Dies ist immer dann statthaft, wenn sich das Getriebe im stationären Betrieb befindet, d.h. mit konstanter Drehzahl arbeitet und außerdem die beweglichen Teile im Inneren des Getriebes gewisse Symmetrieeigenschaften besitzen. Die sich um feste Achsen drehenden Teile müssen "ausgewuchtet" sein; eine notwendige Bedingung dazu ist, daß ihre Schwerpunkte auf der jeweiligen Drehachse liegen. Diese Problematik wird in TM 3 ausführlicher untersucht.

Die berechneten Werte der Auflagerkräfte ändern sich, wenn der Motor nicht – wie in Abb.2.80 dargestellt – ein eigenes, starres Fundament besitzt, sondern an das Getriebegehäuse "angeflanscht" ist, d.h. wenn Getriebe- und Motorgehäuse starr verbunden sind und der Motor sonst nicht gegenüber der Umgebung abgestützt ist. Dann gelten die oben aufgestellten Gleichgewichtsbedingungen für das Gesamtsystem Getriebe/Motor, wobei aber in den Gleichungen das Moment M_1 nicht mehr auftritt, da es sich dabei jetzt um ein inneres Moment handelt. Die neuen Auflagerkräfte ergeben sich deshalb aus den schon berechneten, wenn man dort $M_1 = 0$ setzt.

Die Ergebnisse zeigen, daß es möglich ist, durch Messung der Auflagerkräfte in A, B, C die Momente M_1 (und gegebenenfalls M_2) an den Wellen zu bestimmen. Von dieser Möglichkeit zur Messung des Antriebsmomentes eines Motors wird in der Praxis gelegentlich Gebrauch gemacht.

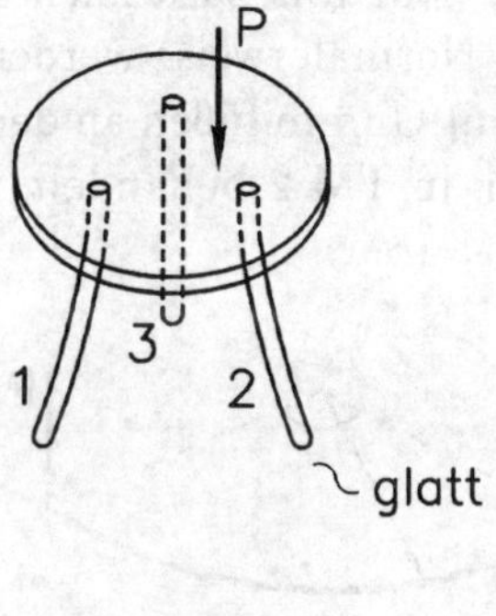

Abbildung 2.83a: Tisch mit drei Beinen

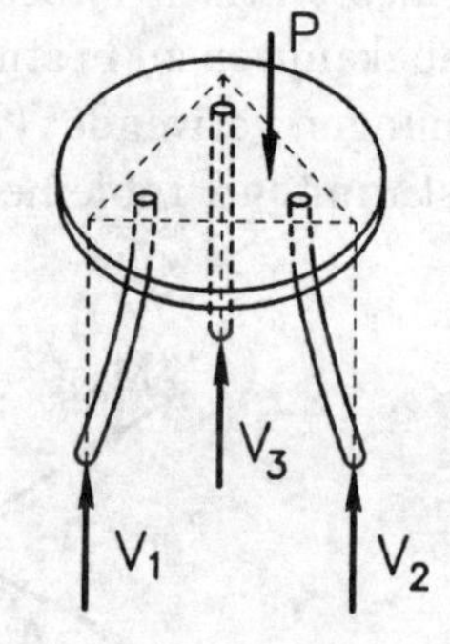

Abbildung 2.83b: Freikörperbild zu Abb.2.83a

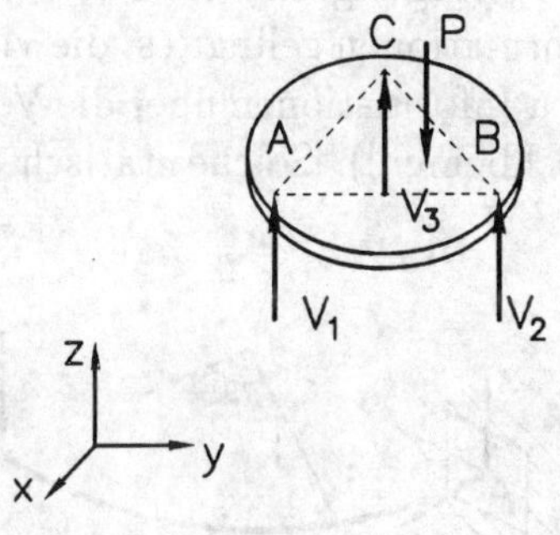

Abbildung 2.84: Zur Aufstellung der Momentengleichung

Im dritten Beispiel berechnen wir die Auflagerkräfte des Tisches der Abb.2.83, der auf einer glatten Ebene ruht und durch die lotrechte Kraft P belastet wird. Da die Berührflächen glatt sind, können nur lotrechte Kräfte übertragen werden. Abb.2.84 zeigt das Freikörperbild, bei dem die in den Aufstandspunkten wirkenden, lotrechten Kräfte in die Ebene der Tischplatte verschoben wurden. Drei der Gleichgewichtsbedingungen sind hier automatisch erfüllt, nämlich

$$\sum F_{ix} = 0\,, \quad \sum F_{iy} = 0\,, \quad \sum M_{iz}^{(O)} = 0\,. \tag{2.167}$$

Es verbleiben drei Gleichgewichtsbedingungen zur Bestimmung der Unbekannten V_1, V_2, V_3. Das System ist offensichtlich statisch bestimmt. Durch geschickte Wahl der Gleichgewichtsbedingungen gelingt es, jeweils eine der Aufstandskräfte aus einer einzigen Gleichung zu bestimmen. Hierzu schreibt man eine Momentengleichung um eine Achse, die die Wirkungslinien der anderen beiden Aufstandskräfte schneidet. Dies ist z.B. die Achse $\overrightarrow{AB}$ bei der Bestimmung von V_3; das Moment von $\vec{V}_1, \vec{V}_2$ um diese Achse ist gleich Null. Entsprechend wird bei der Bestimmung der anderen Aufstandskräfte verfahren, und es gilt

$$\sum M_i^{(\overrightarrow{AB})} = 0 : \implies V_3 , \tag{2.168}$$

$$\sum M_i^{(\overrightarrow{BC})} = 0 : \implies V_1 , \tag{2.169}$$

$$\sum M_i^{(\overrightarrow{AC})} = 0 : \implies V_2 . \tag{2.170}$$

Bei einem Tisch mit *vier* genau gleich langen Beinen auf einer ebenen Bodenfläche ist es nicht mehr möglich, die vier Aufstandskräfte zu berechnen; es stehen ja nur drei unabhängige Gleichgewichtsbedingungen zur Bestimmung der vier Unbekannten zur Verfügung. Dieses Problem ist also statisch unbestimmt. Nur mit zusätzlichen Informationen gelingt es, die vier Unbekannten zu bestimmen. Normalerweise werden dazu Informationen über die Verformungen verwendet (Tisch mit Gummifüßen an den Tischbeinen!). Solche statisch unbestimmten Probleme werden in TM 2 behandelt.

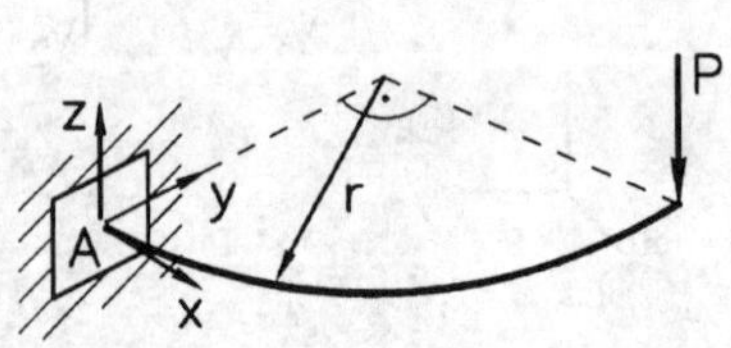

Abbildung 2.85: Kreisförmig gebogener Kragträger

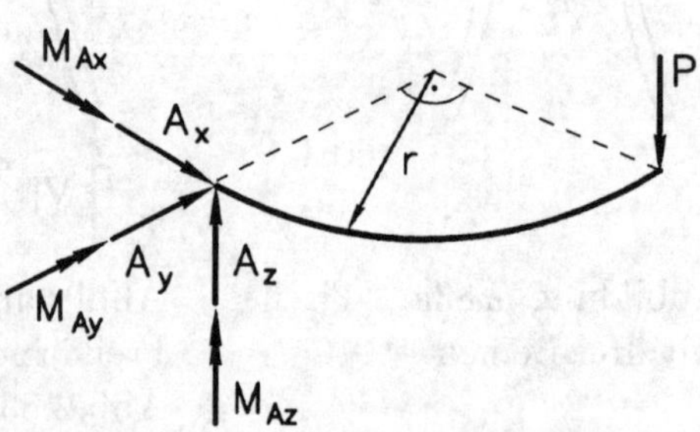

Abbildung 2.86: Freikörperbild zu Abb.2.85

Im letzten Beispiel betrachten wir den kreisförmig gebogenen Kragträger der Abb.2.85. Er wird durch eine lotrechte Kraft P belastet und ist in A eingespannt. Das Freikörperbild ist in Abb.2.86 angegeben. Aus den Gleichgewichtsbedingungen ergeben sich ohne Schwierigkeiten die gesuchten Größen:

$$\sum F_{ix} = 0 : \quad A_x = 0 , \tag{2.171a}$$

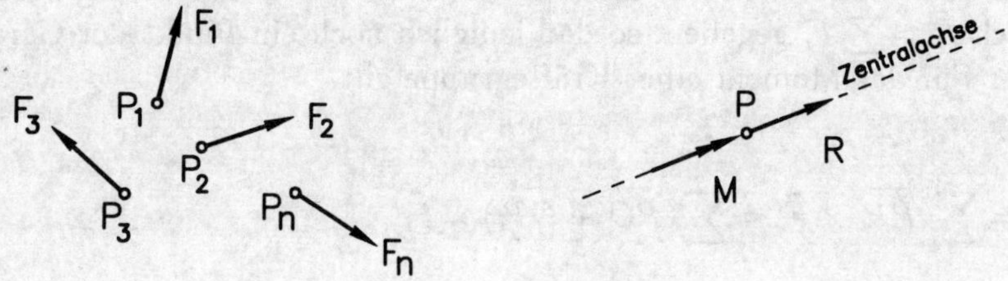

Abbildung 2.87: Zum Begriff der Zentralachse einer räumlichen Kräftegruppe

$$\sum F_{iy} = 0: \quad A_y = 0, \tag{2.171b}$$

$$\sum F_{iz} = 0: \implies A_z = P, \tag{2.171c}$$

$$\sum M_{ix}^{(A)} = 0: \quad M_{Ax} - r\,P = 0 \implies M_{Ax} = r\,P, \tag{2.171d}$$

$$\sum M_{iy}^{(A)} = 0: \quad M_{Ay} + r\,P = 0 \implies M_{Ay} = -r\,P, \tag{2.171e}$$

$$\sum M_{iz}^{(A)} = 0: \quad M_{Az} = 0. \tag{2.171f}$$

2.5.3 Zentralachse, Kraftschraube

Wir greifen hier nochmals das Problem der Reduktion eines räumlichen Kraftsystems auf. Es wurde schon gezeigt, daß eine beliebige räumliche Kräftegruppe immer auf eine Einzelkraft $\vec{R} = \sum \vec{F_i}$ in einem beliebigen Punkt P reduziert werden kann, wobei ein zusätzliches Moment $\vec{M}$ (Kräftepaar) auftritt. Dieses Kräftepaar ergibt sich aus der Summe der Versetzungsmomente und hängt von dem speziellen Punkt P ab. Der Momentenvektor selbst ist allerdings ein freier Vektor, d.h. es macht z.B. keinen Sinn, von seinem Angriffspunkt zu sprechen. In der Regel wird $\vec{M}$ nicht parallel zu $\vec{R}$ sein.

Als *Kraftschraube* (oder *Kraftwinder*) bezeichnet man ein durch eine Kraft $\vec{R}$ und ein Moment $\vec{M}$ gebildetes Paar, bei dem $\vec{R}$ parallel zu $\vec{M}$ ist. Ein beliebiges Kraftsystem $P_i, \vec{F_i}, i = 1, 2, ..., n$ kann immer auf eine Kraftschraube reduziert werden. Die Wirkungslinie von $\vec{R}$ ist dabei eindeutig bestimmt, sie wird als *Zentralachse* bezeichnet.

Wir bestimmen nun die Zentralachse einer gegebenen Kräftegruppe, d.h. wir suchen die Gleichung der Zentralachse in der Form

$$\overrightarrow{OP} = \vec{h} + s\,\vec{k}, \tag{2.172}$$

wobei $\vec{h}, \vec{k}$ konstante Vektoren sind und s ein Parameter ist. Die Richtung der Zentralachse ist durch $\vec{R} = \sum \vec{F}_i$ gegeben, so daß lediglich noch ein Punkt der Geraden zu berechnen ist. Für das Moment einer Kräftegruppe gilt

$$\vec{M}^{(P)} = \sum \overrightarrow{PP_i} \times \vec{F}_i = \sum(\overrightarrow{PO} + \overrightarrow{OP_i}) \times \vec{F}_i$$

$$= \overrightarrow{PO} \times \left(\sum \vec{F}_i\right) + \sum \overrightarrow{OP_i} \times \vec{F}_i = \overrightarrow{PO} \times \vec{R} + \vec{M}^{(O)} . \tag{2.173}$$

Der Punkt P möge jetzt ein Punkt der Zentralachse sein, d.h. $\vec{M}^{(P)}$ und $\vec{R}$ sind parallel:

$$\vec{R} \times \vec{M}^{(P)} = \vec{0} . \tag{2.174}$$

Dann folgt aus (2.173)

$$\vec{0} = \vec{R} \times (\overrightarrow{PO} \times \vec{R}) + \vec{R} \times \vec{M}^{(O)} \tag{2.175}$$

und mit der Identität

$$\vec{a} \times (\vec{b} \times \vec{c}) = (\vec{a} \cdot \vec{c})\vec{b} - (\vec{a} \cdot \vec{b})\vec{c} \tag{2.176}$$

(siehe (1.43)) gilt auch

$$\vec{0} = R^2 \, \overrightarrow{PO} - (\vec{R} \cdot \overrightarrow{PO})\vec{R} + \vec{R} \times \vec{M}^{(O)} . \tag{2.177}$$

$\overrightarrow{OP}$ kann zerlegt werden in eine Komponente orthogonal zu $\vec{R}$ und einen Anteil in Richtung $\vec{R}$. Letzterer ist aber willkürlich und man kann $\overrightarrow{OP} \perp \vec{R}$ setzen, da wir ja nur irgendeinen Punkt der Zentralachse suchen. Damit folgt aus (2.177)

$$\overrightarrow{OP} = \frac{1}{R^2} \vec{R} \times \vec{M}^{(O)} \tag{2.178}$$

und somit liegt ein Punkt P der Zentralachse fest. Zur Beschreibung der Zentralachse gemäß (2.172) kann daher $\vec{h}$ gleich der rechten Seite von (2.178) und $\vec{k} = \vec{R}/R$ gesetzt werden. Damit ist die Zentralachse bestimmt.

Wir drücken nun noch $\vec{M}^{(P)}$ durch $\vec{M}^{(O)}$ aus; einsetzen von (2.178) in (2.173) liefert

$$\vec{M}^{(P)} = \vec{M}^{(O)} + \overrightarrow{PO} \times \vec{R} = \vec{M}^{(O)} + \frac{1}{R^2} \vec{R} \times (\vec{R} \times \vec{M}^{(O)}) =$$

$$= \vec{M}^{(O)} + \frac{1}{R^2} \left[(\vec{R} \cdot \vec{M}^{(O)})\, \vec{R} - (\vec{R} \cdot \vec{R})\, \vec{M}^{(O)}\right] , \tag{2.179}$$

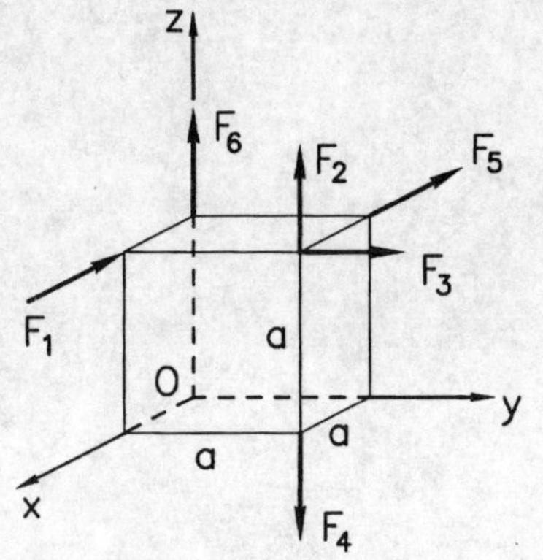

Abbildung 2.88: Beispiel einer räumlichen Kräftegruppe

und daraus folgt

$$\vec{M}^{(P)} = \frac{1}{R^2}(\vec{R}\cdot\vec{M}^{(O)})\,\vec{R}\,. \tag{2.180}$$

Für das Beispiel der Abb.2.88 bestimmen wir die zu der gegebenen Kräftegruppe äquivalente Kraftschraube. Die Kräftegruppe besteht aus sechs gleich großen Kräften $F_i = F$, $i = 1, 2, ..., 6$. Zunächst gilt

$$\vec{R} = \sum_{i=1}^{6} \vec{F}_i = F(-2\,\vec{e}_x + \vec{e}_y + \vec{e}_z)\,, \tag{2.181}$$

$$\vec{M}^{(O)} = \sum_{i=1}^{6} \vec{r}_i \times \vec{F}_i = a\,F(-\vec{e}_x - 2\,\vec{e}_y + 2\,\vec{e}_z)\,. \tag{2.182}$$

Zur Bestimmung eines Punktes der Zentralachse nach (2.178) berechnen wir

$$\vec{R}\times\vec{M}^{(O)} = \begin{vmatrix} \vec{e}_x & \vec{e}_y & \vec{e}_z \\ -2 & 1 & 1 \\ -1 & -2 & 2 \end{vmatrix} F^2\,a = F^2\,a\,(4\,\vec{e}_x + 3\,\vec{e}_y + 5\,\vec{e}_z)\,, \tag{2.183}$$

$$R^2 = F^2\,(4+1+1) = 6\,F^2\,. \tag{2.184}$$

Die Gleichung der Zentralachse kann daher mit dem Parameter s als

$$\overrightarrow{OP} = (\frac{2}{3}\,\vec{e}_x + \frac{1}{2}\,\vec{e}_y + \frac{5}{6}\,\vec{e}_z)\,a + s\,(-2\,\vec{e}_x + \vec{e}_y + \vec{e}_z)\,. \tag{2.185}$$

geschrieben werden. Das Moment bezüglich der Zentralachse ergibt sich gemäß (2.180) als

$$\vec{M}^{(P)} = F\,a\,\frac{1}{3}(-2\,\vec{e}_x + \vec{e}_y + \vec{e}_z)\,, \tag{2.186}$$

und damit sind die Kraftschraube $\vec{R}$, $\vec{M}^{(P)}$ sowie die Lage der Zentralachse bestimmt.

Kapitel 3

Parallele Kräftegruppen, Kräftemittelpunkt, Schwerpunkt

3.1 Schwerpunktbestimmung

In diesem Abschnitt beschäftigen wir uns mit besonderen Eigenschaften paralleler Kräftegruppen; die Gewichtskräfte sind das wichtigste Beispiel von Kräften dieser Art. In der Technik kann nämlich meist die Krümmung der Erdoberfläche vernachlässigt werden, so daß das Schwerefeld dort näherungsweise als gleichförmiges Kraftfeld betrachtet werden kann. Die Gewichtskräfte werden dementsprechend als lotrecht und parallel zueinander angenommen.

Wir betrachten den an einem dünnen Faden im Punkt A aufgehängten starren Körper der Abb.3.1. In der skizzierten Gleichgewichtslage stehen die resultierende Gewichtskraft $\vec{G}$, die sich aus den einzelnen Gewichten der Teile des Körpers ergibt, und die Fadenkraft in A miteinander im Gleichgewicht. Die Wirkungslinie von $\vec{G}$ stimmt also mit der Fadenlinie überein. Hängt man den gleichen Körper in B oder C auf, so stellen sich andere Gleichgewichtslagen ein, bei denen jeweils die Wirkungslinien der Gewichtskräfte mit denen der Fadenkräfte übereinstimmen. Sie sind in Abb.3.1 gestrichelt gezeichnet. Ein Versuch zeigt, daß die gestrichelten Linien sich alle in einem Punkt S schneiden; diesen Punkt bezeichnet man als *Schwerpunkt* des Körpers. Das Moment der verteilten Gewichtskräfte bezüglich des Schwerpunktes ist offensichtlich gleich Null, unabhängig davon, wie man den Körper dreht. Andererseits kann man dies auch so interpretieren, daß bei festgehaltenem Körper stets $\sum \vec{M}_i^{(S)} = \vec{0}$ gilt, wenn man anstelle des Körpers das Kraftfeld dreht.

Im folgenden zeigen wir, daß es in der Tat einen solchen Punkt S für parallele Kräftegruppen gibt und leiten seine Bestimmungsgleichung her. Dazu betrachten wir die parallele Kräftegruppe

$$\vec{F} = F_i \vec{e}, \quad P_i, \quad i = 1, 2, ..., n \tag{3.1}$$

und beziehen uns auf Abb.3.2. Gesucht ist der Ortsvektor $\overrightarrow{OS}$, der die Lage des Schwerpunktes S in Abhängigkeit von $\vec{F}_i$, P_i, $i = 1, 2, ..., n$ bestimmt.

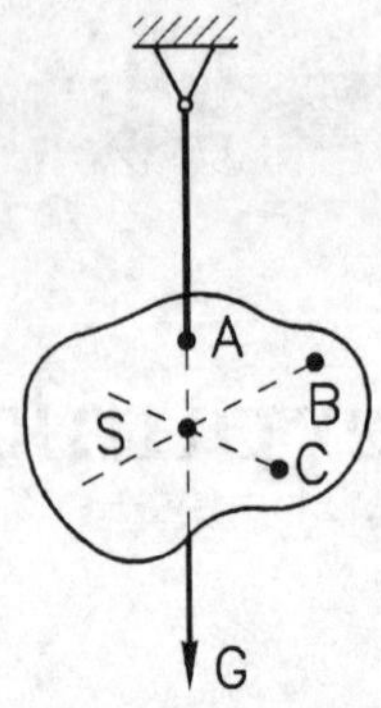

Abbildung 3.1: Zum Begriff des Schwerpunktes

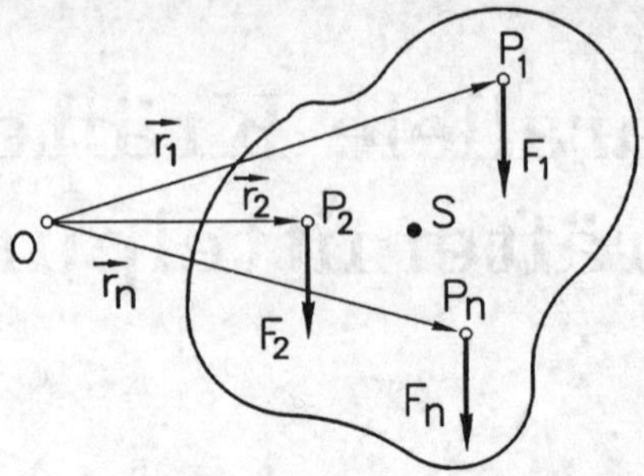

Abbildung 3.2: Zum Kräftemittelpunkt einer ebenen Kräftegruppe

Wir suchen also einen Punkt S, für den

$$\sum \vec{M}_i^{(S)} = \sum \overrightarrow{SP}_i \times F_i \vec{e} = \vec{0} \tag{3.2}$$

gilt, und zwar für beliebige Richtungen des Kraftfeldes, d.h. für beliebige $\vec{e}$. Mit

$$\overrightarrow{OP}_i = \overrightarrow{OS} + \overrightarrow{SP}_i \tag{3.3}$$

führt (3.2) auf

$$\sum (\overrightarrow{OP}_i - \overrightarrow{OS}) \times F_i \vec{e} = \vec{0}, \tag{3.4}$$

was auch als

$$\left[\sum F_i \overrightarrow{OP}_i - \overrightarrow{OS} \sum F_i \right] \times \vec{e} = \vec{0} \tag{3.5}$$

geschrieben werden kann.

Eine Bedingung der Art $\vec{a} \times \vec{b} = \vec{0}$ besagt, daß die Vektoren $\vec{a}$, $\vec{b}$ zueinander parallel sind; daraus folgt nicht notwendigerweise, daß $\vec{a} = \vec{0}$ oder $\vec{b} = \vec{0}$ ist. Gilt allerdings $\vec{a} \times \vec{b} = \vec{0}$ für *alle* $\vec{b}$, so ist sicher $\vec{a} = \vec{0}$. Da (3.5) für beliebige $\vec{e}$ gelten soll, verschwindet der Ausdruck in der eckigen Klammer, und es ist

$$\overrightarrow{OS} = \frac{\sum F_i \overrightarrow{OP}_i}{\sum F_i}. \tag{3.6}$$

Damit ist der Schwerpunkt der gegebenen parallelen Kräftegruppe, auch *Kräftemittelpunkt* genannt, bestimmt. Wir schreiben (3.6) auch als

$$\boxed{\vec{r}_S = \frac{\sum F_i \vec{r}_i}{\sum F_i},} \tag{3.7}$$

Kräftemittelp.

und die kartesischen Koordinaten des Schwerpunktes sind durch

$$x_S = \frac{\sum F_i x_i}{\sum F_i}, \quad y_S = \frac{\sum F_i y_i}{\sum F_i}, \quad z_S = \frac{\sum F_i z_i}{\sum F_i}, \tag{3.8}$$

gegeben.

Falls die Kräfte $\vec{F}_i$ die Gewichte einzelner Massenpunkte sind, gilt

$$F_i = m_i\, g\,, \tag{3.9}$$

und die Fallbeschleunigung g kann in (3.7) aus Zähler und Nenner gekürzt werden. Damit ergibt sich

$$\vec{r}_S = \frac{\sum m_i\, \vec{r}_i}{\sum m_i}\,. \tag{3.10}$$

Da wir in (3.10) mit Massen statt mit Kräften rechnen, sprechen wir hier von einem *Massenmittelpunkt.* Der Massenmittelpunkt eines Körpers hängt von der "Massengeometrie" ab und ist unabhängig vom Kraftfeld. Er ist insbesondere unabhängig von der Annahme der Gleichförmigkeit des Schwerefeldes definiert. In einem zentralen Kraftfeld (Gravitation) gibt es keinen Kräftemittelpunkt, jedoch hat natürlich auch dort jeder Körper einen Massenmittelpunkt.

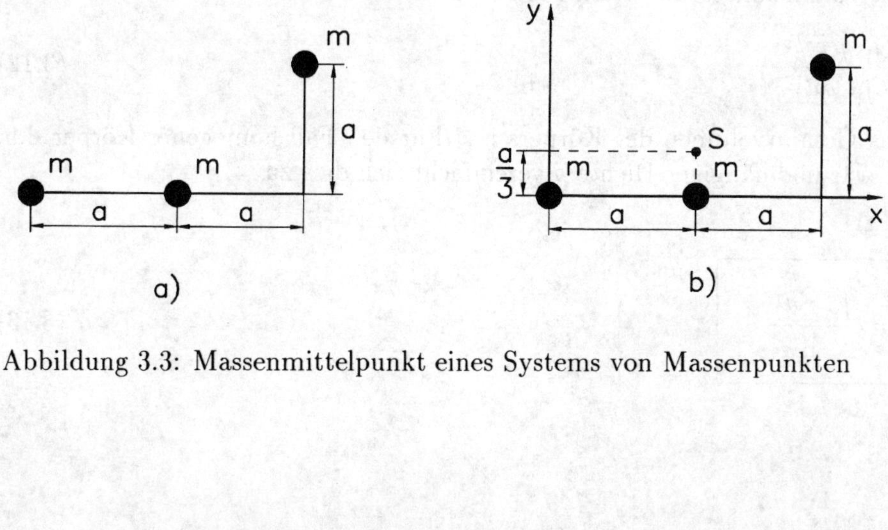

Abbildung 3.3: Massenmittelpunkt eines Systems von Massenpunkten

In einem ersten Beispiel bestimmen wir den Massenmittelpunkt des ebenen Systems der Abb.3.3a, das aus drei Massenpunkten gleicher Masse m besteht, die über Stangen vernachlässigbarer Masse miteinander verbunden sind. Gemäß Abb.3.3b führen wir ein kartesisches Koordinatensystem ein und (3.10) ergibt hier

$$x_S = \frac{\sum m_i x_i}{\sum m_i} = \frac{0 \cdot m + a\,m + 2a\,m}{3m} = a\,, \tag{3.11a}$$

$$y_S = \frac{\sum m_i y_i}{\sum m_i} = \frac{0 \cdot m + 0 \cdot m + a\,m}{3m} = \frac{a}{3}\,. \tag{3.11b}$$

Bisher haben wir *diskrete* parallele Kräftegruppen, d.h. Gruppen von *endlich* vielen Kräften (bzw. ein System von endlich vielen Massenpunkten) behandelt. Wir betrachten nun kontinuierliche räumliche Verteilungen von Kräften und Massen. Dabei ersetzen wir die diskreten Massen m_i in (3.10) durch infinitesimale Massenelemente $dm = \rho\, dV$, wobei ρ die Dichte des Materials und dV das Volumenelement ist.

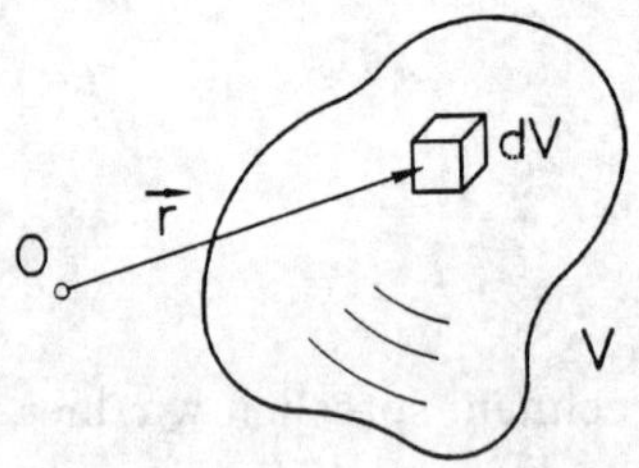

Abbildung 3.4: Schwerpunktsberechnung eines räumlichen Körpers

Die Ortsvektoren $\vec{r}_i$ in (3.10) werden durch Vektoren $\vec{r}$ ersetzt, die die Lage der Volumenelemente beschreiben (siehe Abb.3.4), und anstelle der endlichen Summen ergeben sich Volumenintegrale. Damit folgt

$$\vec{r}_S = \frac{\int_V \rho\, \vec{r}\, dV}{\int_V \rho\, dV}\,, \tag{3.12}$$

wobei V das Gesamtvolumen des Körpers ist. Für den Fall homogener Körper d.h. Körper mit ortsunabhängiger Dichte ρ vereinfacht sich dies zu

$$\boxed{\vec{r}_S = \frac{\int_V \vec{r}\, dV}{V}\,.} \tag{3.13}$$

Ein wichtiger Sonderfall ist der, in dem die Masse nicht kontinuierlich über einen räumlichen Körper, sondern über eine ebene Scheibe verteilt ist. Dies ist beispielsweise in erster Näherung bei einem Körper der Fall, der aus einer Stahlplatte herausgeschnitten wurde. Die diskreten Massen m_i in (3.10) werden dabei durch $dm = \mu \, dA$ ersetzt, wobei μ jetzt eine neue Massendichte (Masse pro Flächeneinheit) ist. Anstelle von (3.12) tritt dann

$$\boxed{\vec{r}_S = \frac{\int_A \mu \vec{r} \, dA}{\int_A \mu \, dA}.} \tag{3.14}$$

Der Ortsvektor $\vec{r}$ beschreibt dabei die Lage des Flächenelementes dA gemäß Abb.3.5. Für homogene Scheiben ($\mu = \text{const}$) vereinfacht sich (3.14) zu

$$\boxed{\vec{r}_S = \frac{\int_A \vec{r} \, dA}{A}.} \tag{3.15a}$$

Man spricht in diesem Fall von einem *Flächenmittelpunkt* oder *Flächenschwerpunkt.* Die kartesischen Koordinaten des Flächenschwerpunktes sind

$$x_S = \frac{\int_A x \, dA}{A}, \quad y_S = \frac{\int_A y \, dA}{A}. \tag{3.15b}$$

Bei der Berechnung der Schwerpunktlage treten Integrale über die Masse, das Volumen und über die Fläche auf. Allgemein begegnet man in der Mechanik und in anderen Bereichen der Physik oft Integralen der Art

$$\int x^n \, d\alpha, \quad \int y^n \, d\alpha, \quad \int z^n \, d\alpha, \tag{3.16}$$

wobei α eine verteilte Größe und n eine natürliche Zahl ist. Diese Integrale werden als *Momente n-ter Ordnung* bezeichnet. Bei den Integralen in diesem Kapitel ist stets $n = 1$ oder $n = 0$; Momente zweiter Ordnung werden uns in TM 2 und TM 3 begegnen.

Wir erinnern hier noch an die Definition der Flächen- und Volumenintegrale und an ihre analytische Berechnung. Soll das Integral einer Funktion $f(x, y)$ über die Figur der Fläche A der Abb.3.6 berechnet werden, so denken wir uns diese zunächst aus vielen endlichen Flächenelementen ΔA_i $i = 1, 2, ..., n$ zusammengesetzt. Aus dem

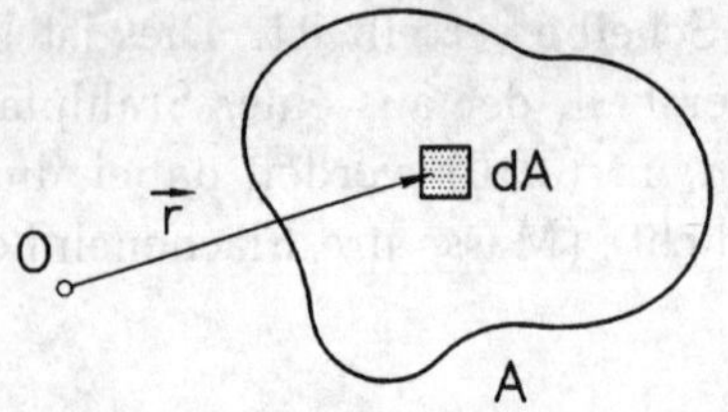

Abbildung 3.5: Zur Berechnung des Flächenschwerpunktes

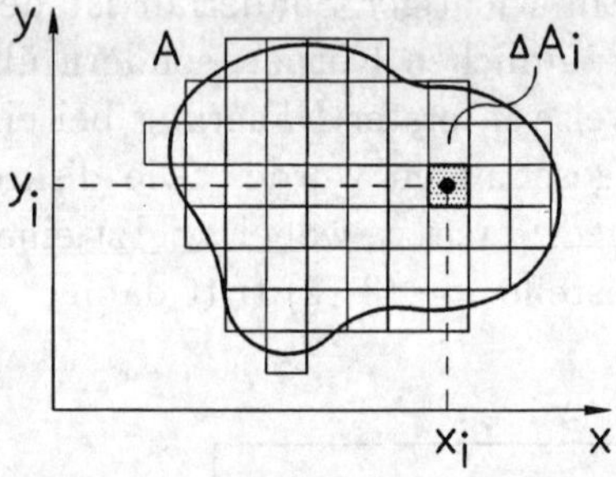

Abbildung 3.6: Zum Begriff des Flächenintegrals

Inneren eines jeden Flächenelementes ΔA_i wählen wir einen Punkt mit den Koordinaten x_i, y_i. Der Wert der Funktion $f(\cdot,\cdot)$ an dieser Stelle wird mit dem Flächeninhalt des Flächenelements multipliziert, und es wird über i summiert. Führt man nun den Grenzübergang $n \to \infty$ durch, wobei man die Größe der Flächenelemente gegen Null gehen läßt, so hängt bei hinreichender Glattheit der Funktion $f(\cdot,\cdot)$ und des Randes des Integrationsgebietes das Ergebnis

$$\int_A f(x,y)\,dA = \lim_{n\to\infty} \sum_{i=1}^{n} f(x_i,y_i)\,\Delta A_i \tag{3.17}$$

nicht mehr von der speziellen Zerlegung und auch nicht von der Wahl der Punkte innerhalb der Flächenelemente ab.

Wir schreiben das Flächenintegral auch als

$$\int_A f(x,y)\,dA = \iint_A f(x,y)\,dx\,dy \tag{3.18}$$

und rufen uns die analytische Berechnung dieser Integrale in Erinnerung. Dabei nehmen wir an, daß das Integrationsgebiet der Abb.3.7 konvex ist. Wir zerlegen den Rand in einen unteren Teil, der durch den Graphen der Funktion $y = h_u(x)$ beschrieben wird, und einen oberen Teil, der durch $y = h_o(x)$ gegeben ist. Bei der Summenbildung über die Produkte aus den Funktionswerten mit den elementaren Flächeninhalten in (3.17) kann man nun die Anteile zunächst spaltenweise addieren (s.Abb.3.6). Beim Grenzübergang $n \to \infty$ entspricht dies einer Integration bezüglich y :

$$\int_{y=h_u(x)}^{y=h_o(x)} f(x,y)\,dy = g(x)\,, \tag{3.19}$$

wobei x als Konstante behandelt wird. Es werden also hier alle Elemente zwischen dem oberen und unteren Rand aufsummiert. Anschließend sind diese Teilsummen noch über die Spalten zu addieren: Im Grenzübergang bedeutet dies, daß das Integral der Funktion $g(x)$ von x_l bis x_r zu berechnen ist. Damit ergibt sich für das Flächenintegral die Berechnungsvorschrift

$$\int_A f(x,y)\,dA = \int_{x_l}^{x_r} \int_{y=h_u(x)}^{y=h_o(x)} f(x,y)\,dy\,dx\,. \tag{3.20}$$

Man wertet also zunächst das innere Integral bezüglich y aus, wobei x konstant gehalten wird; das Ergebnis hängt von x ab. Anschließend führt man die Integration über x aus.

Eine andere Möglichkeit besteht darin, zunächst in (3.17) zeilenweise gemäß Abb.3.6 zu addieren. Dazu teilt man den Rand der Figur gemäß Abb.3.8 in einen linken und rechten Rand ein, die jeweils durch die Funktionen $x = q_l(y)$ und $x = q_r(y)$ gegeben sind. Im Grenzübergang entspricht die Addition über eine Zeile der Integration bezüglich x:

$$\int_{x=q_l(y)}^{x=q_r(y)} f(x,y)\,dx = p(y)\,, \tag{3.21}$$

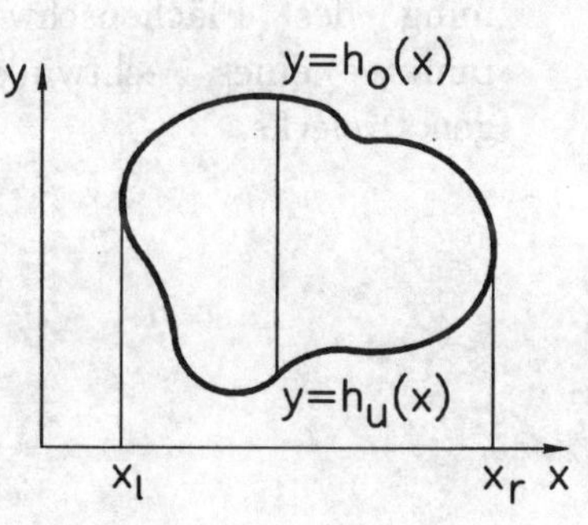

Abbildung 3.7: Zur Berechnung des Flächenintegrals nach (3.20)

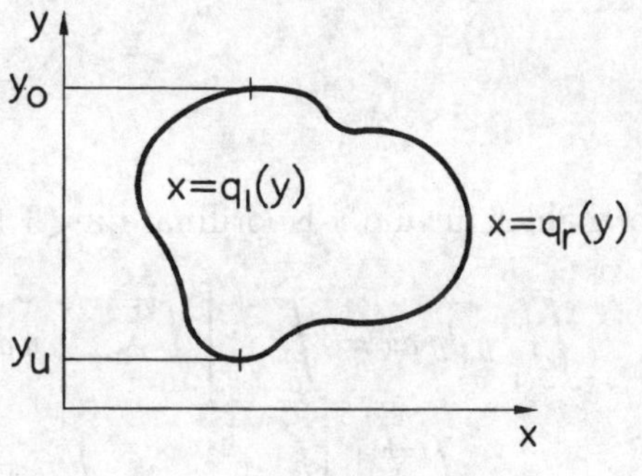

Abbildung 3.8: Zur Berechnung des Flächenintegrals nach (3.22)

wobei y jeweils konstant gehalten wird. Anschließend ist noch über die verschiedenen Zeilen zu summieren, was einer Integration bezüglich y entspricht. Man gelangt somit zu der Darstellung

$$\int_A f(x,y)\,dA = \int_{y_u}^{y_o} \int_{x=q_l(y)}^{x=q_r(y)} f(x,y)\,dx\,dy\,. \tag{3.22}$$

Hier ist zuerst das innere Integral bezüglich x auszuführen, wobei y konstant gehalten wird, und anschließend wird noch über y integriert.

Wir berechnen nun den Flächenschwerpunkt des rechtwinkligen Dreiecks der Abb.3.9a. Zunächst führen wir gemäß Abb.3.9b ein kartesisches Koordinatensystem ein und bestimmen Zähler und Nenner von (3.15b). Obwohl der Nenner, d.h. die Fläche $A = bh/2$ des Dreiecks natürlich bekannt ist, berechnen wir sie zur Übung nochmals durch Integration:

$$A = \iint_A dy\,dx = \int_0^{x=b} \left[\int_0^{y=hx/b} dy \right] dx = \int_0^{x=b} \left[\frac{hx}{b} \right] dx = \frac{h}{b}\,\frac{x^2}{2}\bigg|_0^b = \frac{h\,b}{2}. \tag{3.23}$$

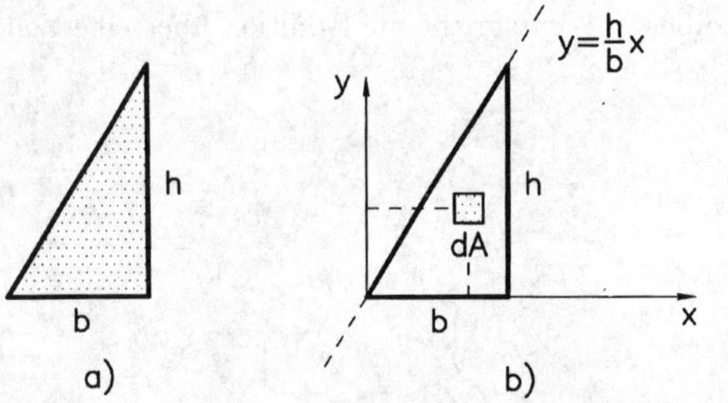

Abbildung 3.9: Zur Berechnung des Flächenschwerpunktes eines rechtwinkligen Dreiecks

Der Zähler für die y-Koordinate in (3.15b) ist

$$\iint_A y\,dy\,dx = \int_0^{x=b} \left[\int_0^{y=hx/b} y\,dy \right] dx =$$

$$= \int_0^{x=b} \frac{1}{2} \left[\frac{h}{b} x \right]^2 dx = \frac{h^2}{2b^2}\,\frac{x^3}{3}\bigg|_0^b = \frac{bh^2}{6}. \tag{3.24}$$

Damit folgt aus (3.15b) für das Dreieck

$$y_S = \frac{bh^2/6}{bh/2} = \frac{h}{3}. \tag{3.25}$$

Der Flächenschwerpunkt liegt demnach auf einem Drittel der Gesamthöhe des Dreiecks. Da man beim rechtwinkligen Dreieck der Abb.3.9a Breite und Höhe vertauschen kann, liegt der Schwerpunkt sicherlich auch in einer Entfernung $b/3$ von der Seite mit der Länge h. Die Lage des Flächenschwerpunktes des rechtwinkligen Dreiecks ist damit bestimmt.

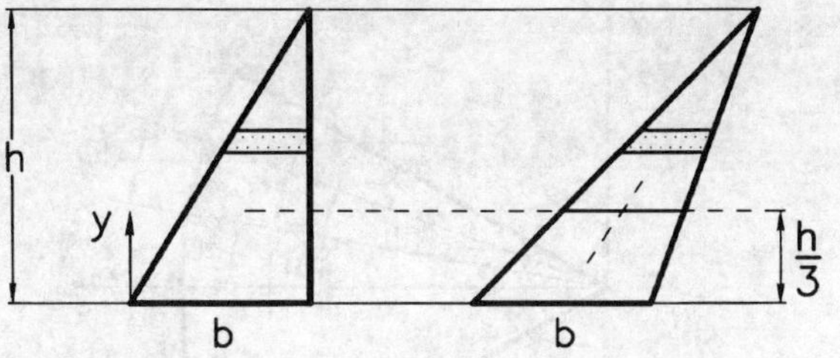

Abbildung 3.10: Zum Flächenschwerpunkt eines schiefwinkligen Dreiecks

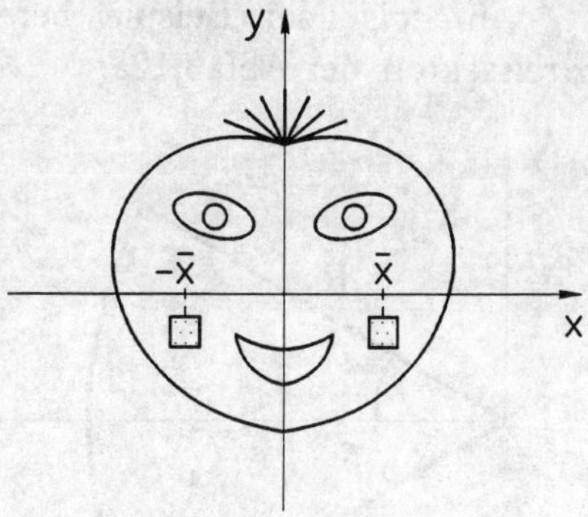

Abbildung 3.11: Zum Flächenschwerpunkt einer ebenen, symmetrischen Figur

Es ist nicht schwierig, daraus die Schwerpunktkoordinaten eines beliebigen (nicht rechtwinkligen) Dreiecks zu gewinnen. Hierzu denken wir uns das linke Dreieck der Abb.3.10 in viele zur Basis b parallele Flächenstreifen zerlegt. Vom rechtwinkligen gelangen wir zum schiefwinkligen Dreieck durch Verschieben der einzelnen Streifen, ohne daß sich dadurch die Gesamtfläche ändert. Bei der Bestimmung der y-Koordinate des Schwerpunktes des Dreiecks spielt lediglich die y-Koordinate der Flächenelemente eine Rolle, die x-Koordinate geht überhaupt nicht ein. Daher besitzen die Schwerpunkte beider Dreiecke der Abb.3.10 die gleiche y-Koordinate. Der Flächenschwerpunkt eines Dreiecks liegt also immer in der Höhe $h_i/3$ von der Seite b_i entfernt ($i = 1, 2, 3$). Damit ist die Schwerpunktlage für beliebige Dreiecke bestimmt.

Häufig kann man aus den Symmetrieeigenschaften einer Figur direkte Rückschlüsse auf die Lage des Schwerpunktes ziehen. Wir betrachten zunächst die ebene Figur der Abb.3.11, bei der wir die y-Achse in die Symmetrieachse gelegt haben. Zu jedem Flächenelement an der Stelle $\overline{x}$ gibt es ein äquivalentes Flächenelement an der Stelle $-\overline{x}$ mit der gleichen y-Koordinate, und daraus folgt unmittelbar

$$\int_A x\,dA = 0\,. \tag{3.26}$$

Somit ist

$$x_S = \frac{\int_A x\,dA}{A} = 0\,, \tag{3.27}$$

und *der Schwerpunkt liegt auf der Symmetrieachse.* Entsprechendes gilt für räumliche Körper: Besitzt ein Körper eine Symmetrieebene, so liegt S auf dieser Ebene.

Im folgenden Beispiel berechnen wir die Lage des Flächenschwerpunkts des Kreissektors der Abb.3.12a.

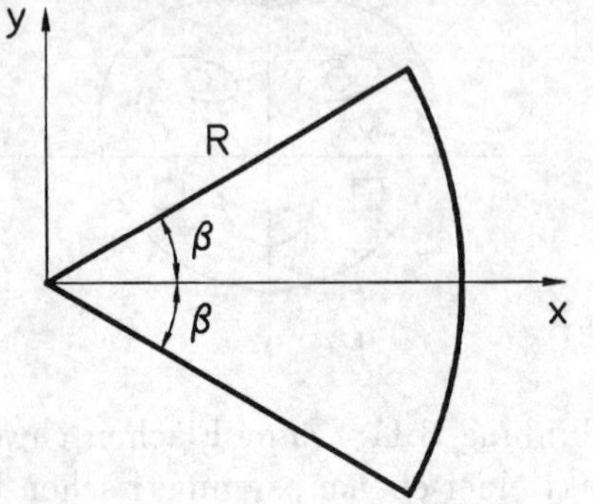

Abbildung 3.12a: Zum Flächenschwerpunkt eines Kreissektors

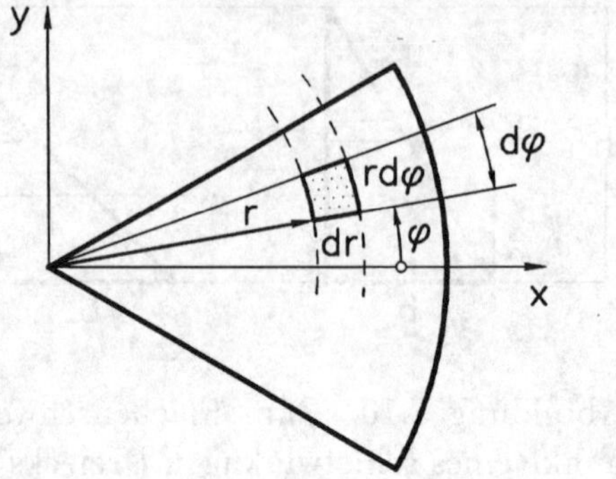

Abbildung 3.12b: Berechnung des Flächenintegrals in Polarkoordinaten

Die Figur besitzt eine Symmetrieachse und dies legt die Wahl der Koordinatenachsen gemäß Abb.3.12a nahe. Damit folgt automatisch $y_S = 0$, so daß lediglich noch x_S zu bestimmen bleibt. Die Fläche des Kreissektors

$$A = R^2 \beta \tag{3.28}$$

setzen wir als bekannt voraus, wobei der halbe Öffnungswinkel β im Bogenmaß angegeben ist. Die Berechnung des Flächenintegrals $\int x\,dA$ in kartesischen Koordinaten führt hier mit

$$q_l(y) = y \cot\beta \text{ für } y \geq 0\,, \quad q_l(0) = -\,y \cot\beta \text{ für } y < 0\,, \quad q_r(y) = \sqrt{R^2 - y^2} \tag{3.29}$$

auf etwas umständliche Ausdrücke und ist unpraktisch: Günstiger ist es, in *Polarkoordinaten* r, φ zu arbeiten. Gemäß Abb.3.12b gilt

$$x = r\, cos\varphi\,, \tag{3.30}$$

$$dA = r\, d\varphi\, dr\,, \tag{3.31}$$

und damit ergibt sich das Flächenintegral

$$\int_A x\,dA = \int_{\varphi=-\beta}^{\varphi=+\beta} \int_{r=0}^{r=R} (r\,\cos\varphi)\, r\, d\varphi\, dr =$$

$$= \int_{-\beta}^{+\beta} \cos\varphi \left[\int_{r=0}^{r=R} r^2\, dr\right] d\varphi = \frac{R^3}{3}\,[\sin\varphi]_{-\beta}^{+\beta} = \frac{2\,R^3}{3}\,\sin\beta\,. \tag{3.32}$$

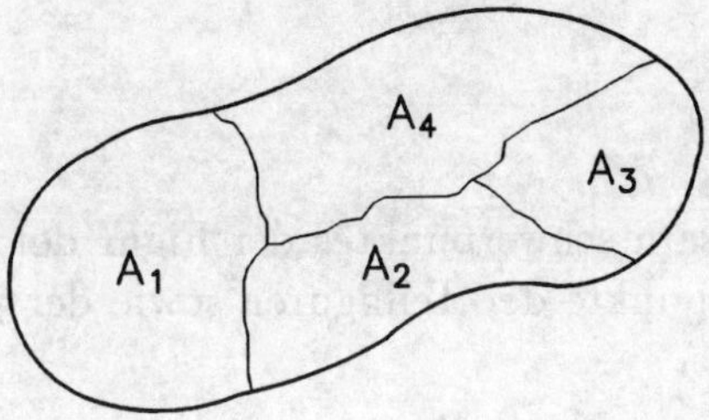

Abbildung 3.13: Zur Schwerpunktsbestimmung einer zusammengesetzten Figur

Die x-Koordinate des Schwerpunktes ist daher

$$x_S = \frac{2}{3}\,R\,\frac{\sin\beta}{\beta}\,. \tag{3.33}$$

Oft ist die analytische oder numerische Berechnung der Schwerpunktkoordinaten mit Hilfe von Mehrfachintegralen nicht notwendig, da die Schwerpunkte für einfache Figuren in Tabellenwerken und Handbüchern angegeben sind. Die Schwerpunkte einiger ebener Figuren und räumlicher Körper sind in einer Tabelle im Anhang dieses Buches zu finden. Damit ist es dann auch möglich, die Schwerpunkte von ebenen Figuren oder räumlichen Körpern zu bestimmen, die sich aus einfacheren Figuren oder Körpern mit bekannter Schwerpunktlage zusammensetzen lassen. Wir betrachten die Figur der Abb.3.13, die aus Teilfiguren zusammengesetzt werden kann. Ein Flächenintegral über das gesamte Integrationsgebiet kann gemäß

$$\int_A x\,dA = \sum_i \int_{A_i} x\,dA \tag{3.34}$$

als Summe der Flächenintegrale über die Teilgebiete bestimmt werden. Diese Formel bedeutet anschaulich, daß man bei der Summe über die Elemente in Abb.3.6 einzelne Elementgruppen bilden kann, über die jeweils Teilsummen gebildet werden.

Für die x-Koordinaten der Schwerpunkte der Teilflächen gilt aber

$$x_{Si} = \frac{1}{A_i}\int_{A_i} x\,dA\,, \tag{3.35}$$

und (3.34) kann daher auch als

$$\int_A x\,dA = \sum_i x_{Si}\,A_i \tag{3.36}$$

geschrieben werden. Einsetzen von (3.35) in diese Gleichung liefert

$$x_S = \frac{\sum x_{Si}\,A_i}{A}\,. \tag{3.37}$$

Analog kann natürlich mit der y-Koordinate verfahren werden, so daß sich für den Ortsvektor des Flächenschwerpunktes

$$\vec{r}_S = \frac{\sum A_i \vec{r}_{Si}}{A} \tag{3.38}$$

ergibt. Zur Berechnung der Lage des Gesamtschwerpunktes der Figur der Abb.3.13 ist also lediglich die Kenntnis der Schwerpunkte der Teilfiguren sowie der jeweiligen Flächeninhalte notwendig.

Ganz analog kann man bei der Bestimmung des Massenmittelpunktes eines aus einfachen Körpern zusammengesetzten räumlichen Körpers vorgehen und erhält

$$\vec{r}_S = \frac{\sum m_i \vec{r}_{Si}}{m} . \tag{3.39}$$

Hierbei ist $\vec{r}_{Si}$ der Ortsvektor des Massenmittelpunktes und m_i die Masse des i-ten Teilkörpers. Bei der Berechnung des Massenmittelpunktes kann demnach die kontinuierliche Massenverteilung durch entsprechende Punktmassen in den Massenmittelpunkten der jeweiligen Teilkörper ersetzt werden.

Als Beispiel berechnen wir den Flächenschwerpunkt der Figur der Abb.3.14a, die wir uns gemäß Abb.3.14b zusammengesetzt denken. Hier gilt

$$x_S = \frac{\sum A_i x_{Si}}{\sum A_i} = \frac{a(b-c)\,\frac{b-c}{2} + c(a-d)\,\left[(b-c) + \frac{c}{2}\right]}{a(b-c) + c(a-d)} , \tag{3.40a}$$

$$y_S = \frac{\sum A_i y_{Si}}{\sum A_i} = \frac{a(b-c)\frac{a}{2} + c(a-d)\,\frac{a-d}{2}}{a(b-c) + c(a-d)} . \tag{3.40b}$$

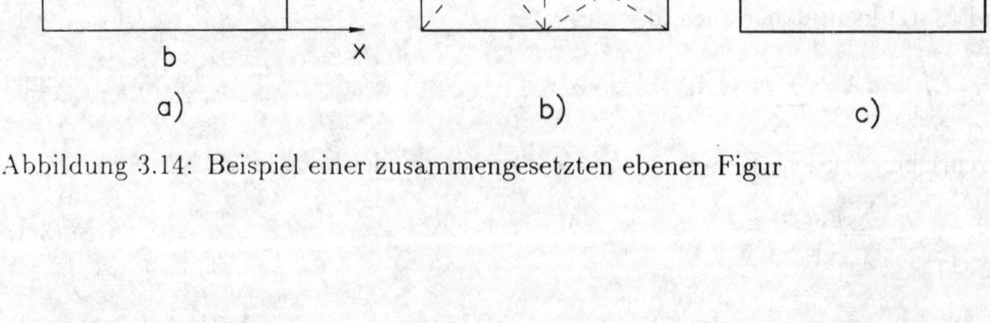

Abbildung 3.14: Beispiel einer zusammengesetzten ebenen Figur

Andererseits können wir uns die Figur der Abb.3.14a auch dadurch entstanden denken, daß wir von einem Rechteck mit Kantenlängen a, b ein kleineres Rechteck mit Kantenlängen d, c herausschneiden. Dies entspricht in unseren Formeln einem „negativen" Flächeninhalt $-cd$. Entsprechend Abb.3.14c führt dies auf die Schwerpunktkoordinaten

$$x_S = \frac{a\,b\,\frac{b}{2} - c\,d\,(b - \frac{c}{2})}{a\,b - c\,d}\,, \tag{3.41a}$$

$$y_S = \frac{a\,b\,\frac{a}{2} - c\,d(a - \frac{d}{2})}{a\,b - c\,d}\,. \tag{3.41b}$$

Ein Vergleich mit (3.40) zeigt, daß die Ergebnisse übereinstimmen.

Als weiteres Beispiel berechnen wir die Schwerpunktlage einer homogenen Halbkugel. Dazu denken wir sie uns gemäß Abb.3.15 aus Kreisscheiben zusammengesetzt, über die wir summieren, bzw. integrieren.

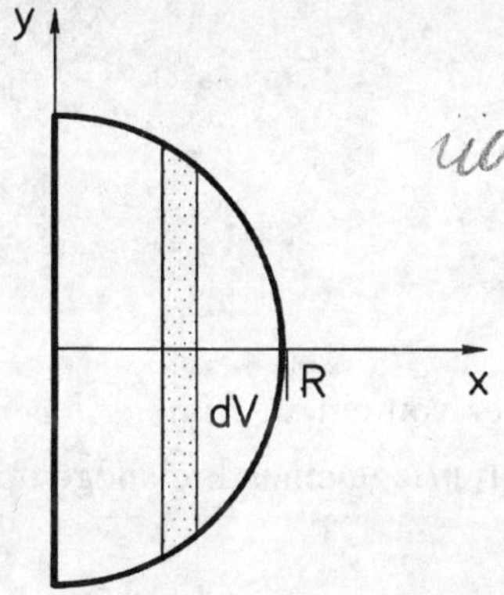

Abbildung 3.15: Zum Schwerpunkt einer Halbkugel

Der Schwerpunkt liegt auf der Symmetrieachse, die hier mit der x-Achse übereinstimmt, so daß lediglich x_S zu berechnen ist. Das Volumen einer elementaren Kreisscheibe mit Radius y und Dicke dx ist wegen $R^2 = y^2 + x^2$

$$dV = \pi\,y^2\,dx = \pi\,(R^2 - x^2)\,dx\,, \tag{3.42}$$

und es gilt

$$\int_V x\,dV = \pi \int_0^R \left[R^2 x - x^3\right]\,dx = \pi \left[R^2\,\frac{x^2}{2} - \frac{x^4}{4}\right]_0^R = \frac{1}{4}\,\pi\,R^4\,, \tag{3.43}$$

$$\int_V dV = \pi \int_0^R \left[R^2 - x^2\right]\,dx = \pi \left[R^2\,x - \frac{x^3}{3}\right]_0^R = \frac{2}{3}\pi\,R^3\,. \tag{3.44}$$

Damit folgt

$$x_S = \frac{1}{V}\int_V x\,dV = \frac{3}{8}R\,. \tag{3.45}$$

Aus dem Dreifachintegral haben wir hier ein Einfachintegral gemacht, indem wir die Volumenelemente mit konstanter x-Koordinate in (3.42) schon in dem Volumen einer Kreisscheibe zusammengefaßt haben; dies entspricht einer zweifachen Integration.

Bisher haben wir ebene und räumliche Massenverteilungen behandelt. Wir betrachten nun noch den Fall, in dem die Massen längs einer (räumlichen) Linie verteilt sind. Dabei kann es sich zum Beispiel um ein Gebilde aus Draht handeln, dessen Schwerpunktlage wir berechnen wollen. Mit der Massendichte ν (Masse pro Längeneinheit) und der Bogenlänge s schreiben wir das Massenelement gemäß Abb.3.16 als

$$dm = \nu\,ds\,. \tag{3.46}$$

Anstelle von (3.12) ergibt sich nun

$$\vec{r}_S = \frac{\int_l \vec{r}(P)\,\nu\,ds}{\int_l \nu\,ds}\,, \tag{3.47}$$

und für $\nu = const$ folgt

$$\vec{r}_S = \frac{1}{l}\int_l \vec{r}\,ds\,, \tag{3.48}$$

mit l als der Länge der Linie. Man spricht hier von einem *Linienschwerpunkt.*

Als Beispiel berechnen wir die Schwerpunktlage eines kreisbogenförmigen Drahtes gemäß Abb.3.17. Hier gilt

$$x = R\cos\varphi\,, \quad ds = R\,d\varphi \tag{3.49}$$

und

$$\int_0^l x\,ds = \int_{\varphi=-\beta}^{\varphi=+\beta} [R\,(\cos\varphi)\,R]\,d\varphi = 2\,R^2\,\sin\beta\,, \tag{3.50}$$

$$l = \int_0^l ds = \int_{-\beta}^{+\beta} R\,d\varphi = 2R\,\beta\,. \tag{3.51}$$

Daraus folgt die Schwerpunktkoordinate

$$x_S = \frac{1}{l}\int_0^l x\,ds = R\,\frac{\sin\beta}{\beta}\,. \tag{3.52}$$

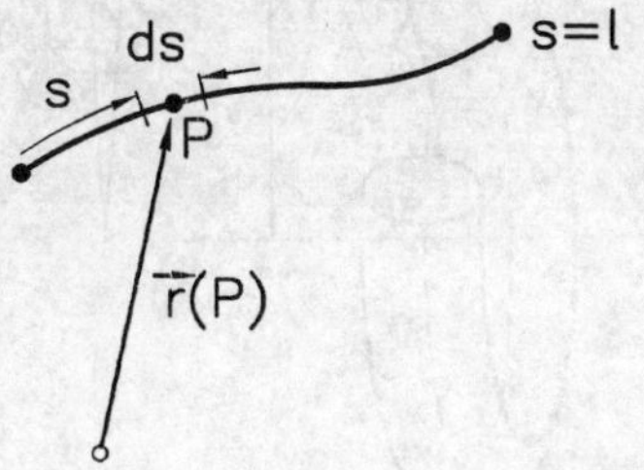

Abbildung 3.16: Zum Linienschwerpunkt

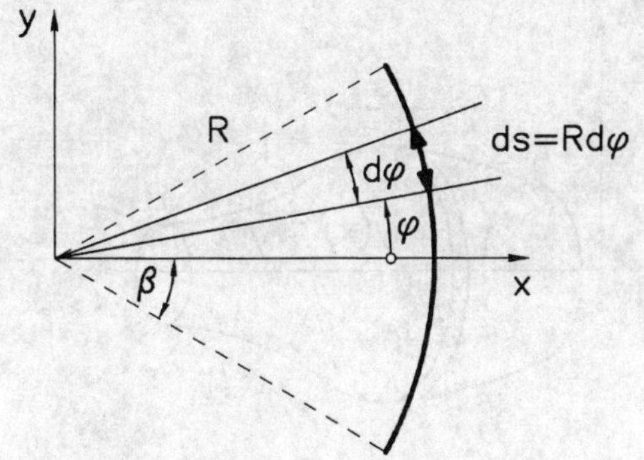

Abbildung 3.17: Berechnung der Schwerpunktlage eines Kreisbogens

3.2 PAPPUS-GULDINsche Regeln

Linien- und Flächenschwerpunkte können bei der Berechnung der Oberfläche F und des Volumens V von *Rotationskörpern* von Nutzen sein. Wir betrachten den Rotationskörper der Abb.3.18, dessen Oberfläche durch die Rotation des ebenen Kurvenstückes AB der Länge l um die x-Achse entsteht. Die Kurve AB liege in der x-y-Ebene und möge die x-Achse nicht schneiden. Wir stellen uns die Oberfläche F des Rotationskörpers ohne die Deckflächen als zusammengesetzt aus den Mantelflächen dF vieler Kegelstümpfe oder Zylinder mit Radius $y(x)$ und Höhe ds vor. Dann gilt

$$dF = 2\pi\, y\, ds\,, \tag{3.53}$$

$$F = \int_F dF = 2\pi \int_l y\, ds\,. \tag{3.54}$$

Der Linienschwerpunkt des Kurvenstücks ist aber durch (3.48) definiert, so daß man das Integral in (3.54) durch das Produkt $y_S \cdot l$ ausdrücken kann. Damit ergibt sich die *erste* PAPPUS-GULDIN*sche Regel* [21]

$$\boxed{F = 2\pi\, y_S\, l} \tag{3.55}$$

für die Oberfläche eines Rotationskörpers (y_S ist darin die y-Koordinate des Linienschwerpunktes von AB).

[21] Nach dem griechischen Mathematiker PAPPUS von Alexandria um 300 n. Chr. und dem schweizerischen Mathematiker Paul GULDIN, * 1577 in Sankt Gallen, † 1643 in Graz.

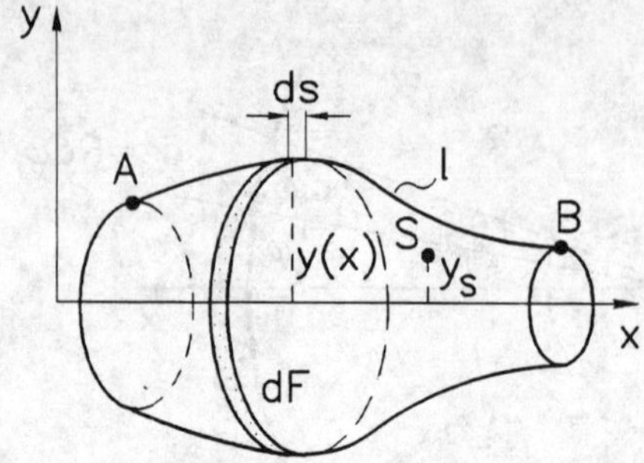

Abbildung 3.18: 1. PAPPUS-GULDINsche Regel (für Oberflächen)

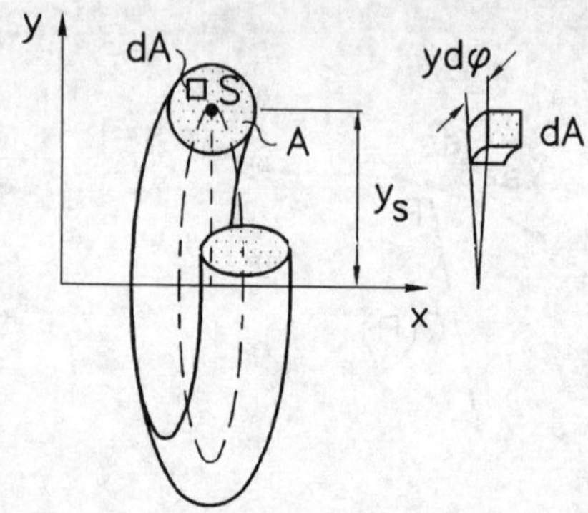

Abbildung 3.19: 2. PAPPUS-GULDINsche Regel (für Volumina)

Wir betrachten nun den rotationssymmetrischen Körper der Abb.3.19, der durch die Rotation der in der x-y-Ebene liegende Figur der Fläche A entsteht, die die x-Achse nicht schneidet. Das Gesamtvolumen dieses rotationssymmetrischen Körpers denken wir uns zusammengesetzt aus den Volumina vieler Ringe mit Radius y und Querschnittsfläche dA, so daß

$$dV = 2\pi\, y\, dA\,, \tag{3.56}$$

$$V = \int_V dV = 2\pi \int_A y\, dA \tag{3.57}$$

gilt. Der Flächenschwerpunkt der ebenen Figur ist aber durch

$$y_S = \frac{1}{A} \int_A y\, dA \tag{3.58}$$

gegeben, so daß man das Integral in (3.57) durch das Produkt $A \cdot y_S$ ausdrücken kann. Damit erhält man die *zweite* PAPPUS-GULDIN*sche Regel*

$$\boxed{V = 2\pi\, A\, y_S} \tag{3.59}$$

für das Volumen des Rotationskörpers.

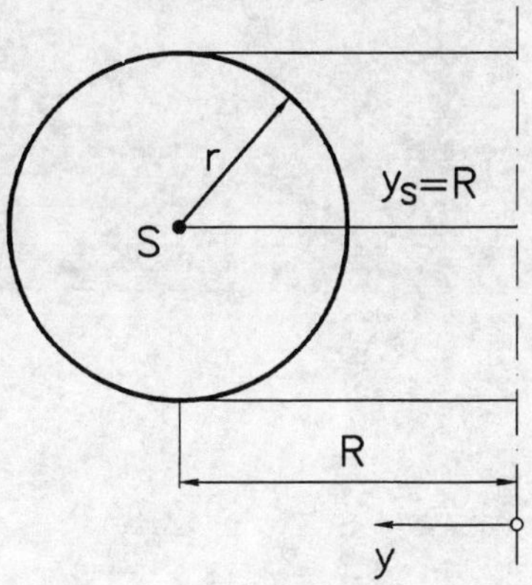

Abbildung 3.20: Bestimmung der Oberfläche und des Volumens eines Torus

Als Beispiel bestimmen wir Oberfläche und Rauminhalt eines Torus gemäß Abb.3.20. Aus der Länge $2\pi r$ des Kreises und mit $y_S = R$ ergibt sich mit der ersten PAPPUS-GULDINschen Regel die Oberfläche

$$F = 2\pi\, l\, y_S = 2\pi\, 2\pi r\, R = 4\pi^2\, Rr\,. \tag{3.60}$$

Ganz entsprechend folgt mit dem Radius R des Flächenschwerpunktes und der Fläche $r^2\pi$ des Kreises aus der zweiten PAPPUS-GULDINschen Regel der Rauminhalt

$$V = 2\pi\, A\, y_S = 2\pi\, r^2\, \pi\, R = 2\pi^2\, R\, r^2. \tag{3.61}$$

Kapitel 4

Haftung und Reibung

4.1 Reibung zwischen starren Körpern

In diesem Kapitel untersuchen wir die zwischen zwei Körpern auftretenden *Berühr-* oder *Kontaktkräfte*. Dabei nehmen wir zunächst an, daß die Körper sich gemäß Abb.4.1a in nur einem Punkt K berühren und daß die Oberflächen der Körper an dieser Stelle eine eindeutig bestimmte, gemeinsame Tangentialebene besitzen. Die im Freikörperbild der Abb.4.1a freigelegten Kontaktkräfte $\vec{F}$ und $-\vec{F}$ (s.Abb.4.1b) treten natürlich immer paarweise als actio & reactio auf; wir werden uns im folgenden auf eine dieser Kräfte konzentrieren.

Bei der Berührung von Körpern hatten wir bisher stets glatte Kontaktflächen angenommen, d.h. die Tangentialkomponente $\vec{T}$ der in Abb.4.1 freigelegten Berührkraft $\vec{F}$ war gleich Null. Lediglich die Normalkomponente $\vec{N}$ der Kontaktkraft konnte Werte ungleich Null annehmen. In diesem Kapitel behandeln wir Probleme, bei denen $\vec{T} \neq \vec{0}$ ist (wir bezeichnen die Oberflächen dann als " rauh ").

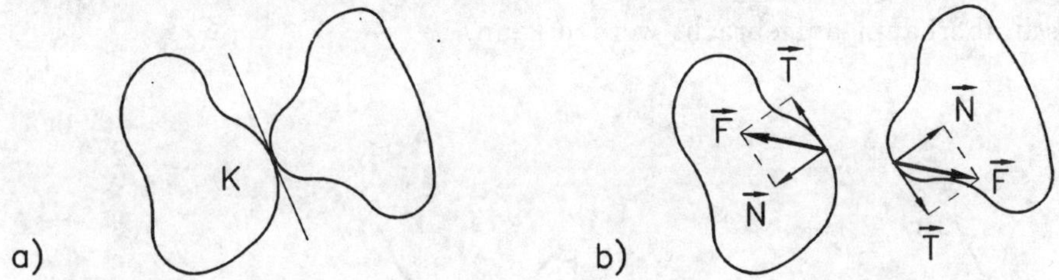

Abbildung 4.1: Berührkräfte am starren Körper

Die Normalkomponente $\vec{N}$ ist eine Zwangskraft, die das gegenseitige Durchdringen (Zwangsbedingung) der starren Körper verhindert; sie wird in der Statik aus den Gleichgewichtsbedingungen bestimmt. Die Tangentialkomponente $\vec{T}$, ist von Fall zu Fall entweder Zwangskraft oder eingeprägte Kraft. Haften die Körper aneinander, d.h. ist $\vec{T}$ groß genug, um eine Relativbewegung zwischen den Körpern zu verhindern,so spricht man von einer *Haftungskraft* und schreibt

$$\vec{T} = \vec{H} \,. \tag{4.1}$$

Das Aneinanderhaften der Körper entspricht einer Zwangsbedingung, die Haftungskraft $\vec{H}$ ist demnach eine Zwangskraft; sie wird ebenso wie $\vec{N}$ aus den Gleichgewichtsbedingungen bestimmt. Physikalisch kann die Zwangsbedingung des Haftens auf unterschiedliche Art und Weise realisiert werden. Man kann sich zum Beispiel die rauhe Oberfläche der Körper mikroskopisch so verzahnt denken, daß die Übertragung beliebig großer Tangentialkräfte ermöglicht wird. Üblicherweise hängt aber die an den Berührstellen rauher Körper übertragbare Haftungskraft $\vec{H}$ von der Normalkraft $\vec{N}$ ab. Bei gegebener Normalkraft $\vec{N}$ folgt dann zwar $\vec{H}$ aus den Gleichgewichtsbedingungen der Statik, die Zwangsbedingung des Haftens ist jedoch nur für

$$| \vec{H} | \leq \mu_0 \, | \vec{N} | \tag{4.2}$$

erfüllbar. Der darin auftretende Parameter μ_0 ist der *Haftungskoeffizient*, er hängt u.a. von der Materialpaarung und dem Oberflächenzustand ("mehr oder weniger rauh") ab. Ist also etwa μ_0 in dem System der Abb.4.2a gegeben und wird die Frage "Ist Gleichgewicht möglich?" gestellt, so geht man folgendermaßen vor. Man nimmt zunächst an, daß die an dem starren Körper wirkenden Kräfte im Gleichgewicht stehen und bestimmt $\vec{H}$ und $\vec{N}$ aus den Gleichgewichtsbedingungen unter Verwendung des Freikörperbildes der Abb.4.2b. Anschließend überprüft man, ob die so ermittelten Werte von $\vec{H}, \vec{N}$ der Ungleichung (4.2) genügen, d.h. ob die erforderliche Zwangskraft $\vec{H}$ physikalisch überhaupt aufgebracht werden kann.

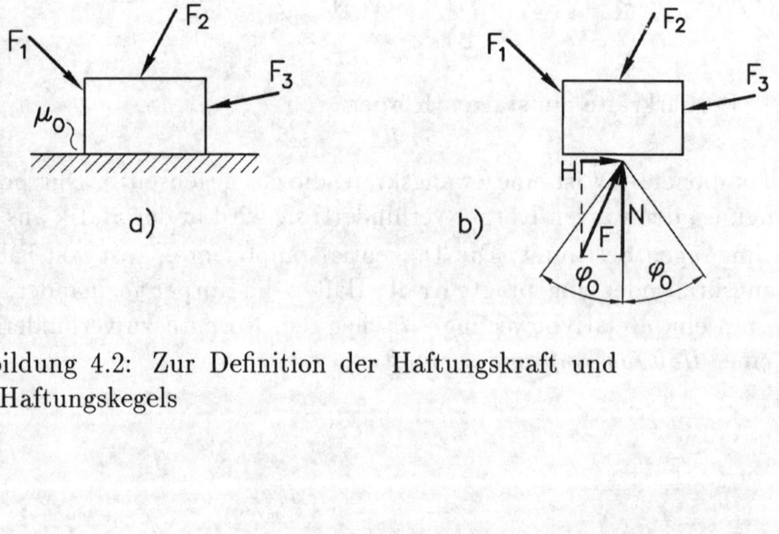

Abbildung 4.2: Zur Definition der Haftungskraft und des Haftungskegels

Anschaulich läßt sich (4.2) mit Einführung des über

$$\boxed{\mu_0 = \tan\varphi_0} \tag{4.3}$$

definierten *Haftungswinkels* φ_0 deuten. Die Ungleichung (4.2) besagt, daß $|\vec{H}/\vec{N}| \leq \tan\varphi_0$ gelten muß, d.h. daß die Wirkungslinie der Kontaktkraft innerhalb des *Haftungskegels* der Abb.4.2b liegen muß, damit Gleichgewicht möglich ist. Der Öffnungswinkel des Haftungskegels ist $2\varphi_0$.

In dem Fall der Abb.4.2 liegt natürlich keine Punktberührung zwischen den beiden Körpern (dem Quader und seiner Unterlage) vor. Die in Wirklichkeit über die Berührfläche kontinuierlich verteilte Normalkomponente und auch die verteilte Haftungskraft wurden dabei in Abb.4.2b als Einzelkräfte an einem Punkt der Kontaktfläche angetragen.

Wir wenden uns nun dem Fall zu, in dem die Körper aufeinander gleiten, d.h. in dem die Relativgeschwindigkeit zwischen den Berührpunkten der Körper ungleich Null ist. Die Tangentialkomponente der Berührkraft wird in diesem Fall als *Reibungs-* oder *Gleitreibungskraft* bezeichnet und man schreibt

$$\vec{T} = \vec{R}\,. \tag{4.4}$$

Es gilt dann näherungsweise ein Zusammenhang der Art

$$\boxed{|\vec{R}| = \mu\ |\vec{N}|\,,} \tag{4.5}$$

wobei der Parameter μ als *Reibungskoeffizient* bezeichnet wird. Im allgemeinen gilt $\mu \leq \mu_0$.

Die Reibungskraft $\vec{R}$ ist keine Zwangskraft, sondern eine eingeprägte Kraft. Sie ergibt sich nämlich nicht direkt aus den Gleichgewichtsbedingungen der Statik, sondern wird anders bestimmt. Ihr Betrag ist durch (4.5) gegeben, Richtung und Richtungssinn sind der Geschwindigkeit $\vec{v}$, mit der die Körper aufeinander gleiten, entgegengerichtet. Wenn wir hier von Geschwindigkeit sprechen, so nehmen wir immer an, daß die *Beschleunigungen* gleich Null sind. In diesem Fall verschwinden die im NEWTONschen Grundgesetz auftretenden Trägheitsterme, und es gelten die Gleichgewichtsbedingungen der Statik, obwohl die Körper nicht ruhen, sondern sich bewegen.

Ist die Geschwindigkeit $\vec{v}$ des Quaders der Abb.4.3a ungleich Null und fragt man nach der Berührkraft, so bestimmt man zunächst $\vec{N}$ aus den Gleichgewichtsbedingungen der Statik und $\vec{R}$ dem Betrage nach aus (4.5). Richtung und Richtungssinn von $\vec{R}$

sind der Geschwindigkeit $\vec{v}$ entgegen gerichtet. Analog zum Haftungswinkel φ_0 führt man über

$$\boxed{\mu = \tan\varphi} \tag{4.6}$$

den *Reibungswinkel* φ ein. Die Berührkraft $\vec{F}$ mit den Komponenten $\vec{N}, \vec{R}$ liegt dann genau auf dem Mantel des *Reibungskegels* der Abb.4.3b (bei Haftung liegt die Kontaktkraft im Inneren des Haftungskegels).

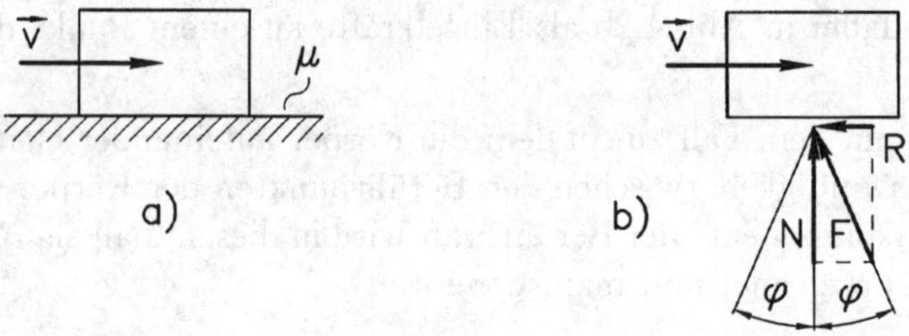

Abbildung 4.3: Zur Definition der Reibkraft und des Reibungskegels

Die Beziehungen (4.2) und (4.5) werden als COULOMBsches *Haftungs-* bzw. *Reibungsgesetz*[22] bezeichnet. Sie geben nur eine grobe Beschreibung der in Wirklichkeit bei der Berührung fester Körper auftretenden Phänomene. Dabei sind μ und μ_0 keineswegs Materialkonstanten, sondern hängen von der Oberflächenrauhigkeit, dem Schmierzustand, der Temperatur und auch von der Flächenpressung ab. Der Reibungskoeffizient ist in Wirklichkeit außerdem auch noch eine Funktion der Geschwindigkeit v. Da diese Abhängigkeiten aber kaum zu erfassen sind, behilft man sich in der Technik meist mit der einfachen Beschreibung durch die COULOMBschen Gesetze. In Handbüchern sind Werte des Haftungs- und des Reibungskoeffizienten für verschiedene Materialpaarungen und Arbeitsbedingungen zu finden, die allerdings nur als Orientierungswerte verwendet werden sollten. Die Größen μ, μ_0 können beispielsweise für Stahl auf Stahl etwa Werte von 0,1 bis 0,5, für einen Autoreifen auf der Fahrbahn Werte von 0,5 bis 0,9 annehmen. Es sind aber durchaus Werte $\mu, \mu_0 > 1$ möglich; dies bedeutet, daß der Haftungs- bzw. der Reibungswinkel größer als 45° sein kann. Bei den für Autorennen verwendeten Reifen ist dies z.B. der Fall: Hier können die Reibungskräfte größer als die Normalkomponenten der Kontaktkräfte sein.

[22] Nach dem französischen Physiker Charles Augustin de COULOMB, * 1736 in Angoulême, † 1806 in Paris.

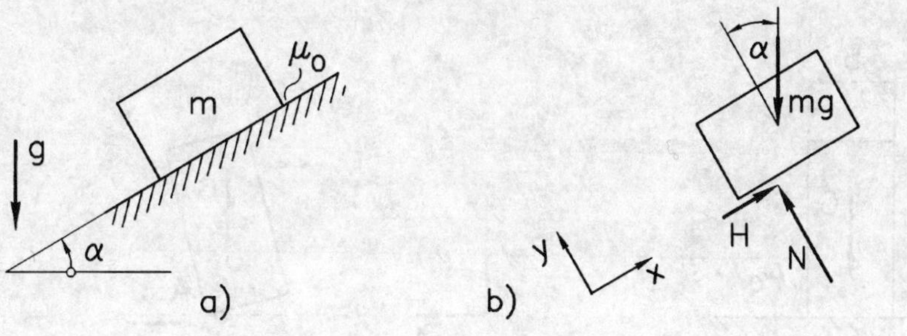

Abbildung 4.4: Körper auf schiefer Ebene

Als erstes Beispiel behandeln wir den Körper auf der schiefen Ebene gemäß Abb.4.4a. Es soll untersucht werden, ob Gleichgewicht möglich ist, d.h. ob der Körper auf der schiefen Ebene liegen bleiben kann. Zunächst wird das Freikörperbild der Abb.4.4b erstellt. Da $\vec{H}, \vec{N}$ Zwangskräfte sind, die aus den Gleichgewichtsbedingungen der Statik folgen, kann dabei der Richtungssinn der entsprechenden Pfeile in Abb.4.4b beliebig gewählt werden. Anschaulich ist allerdings klar, daß die Kräfte jeweils in der angenommenen Richtung wirken. Die Gleichgewichtsbedingungen ergeben

$$\sum F_{ix} = 0 : \quad \Longrightarrow \quad H = mg \sin\alpha \,, \tag{4.7a}$$

$$\sum F_{iy} = 0 : \quad \Longrightarrow \quad N = mg \cos\alpha . \tag{4.7b}$$

Auf die Momentengleichung kann hier verzichtet werden, sie liefert lediglich eine Aussage über die Lage der Wirkungslinie der resultierenden Berührkraft. Es ist nun zu überprüfen, ob die berechneten Kräfte $\vec{H}, \vec{N}$ der Haftungsbedingung genügen; (4.2) führt auf

$$\frac{|\,\vec{H}\,|}{|\,\vec{N}\,|} = \frac{H}{N} = \tan\,\alpha \leq \mu_0 = \tan\,\varphi_0 \,. \tag{4.8}$$

Man erkennt, daß Gleichgewicht möglich ist, sofern

$$\alpha \leq \varphi_0 = \arctan\,\mu_0 \tag{4.9}$$

gilt, d.h. sofern die schiefe Ebene nicht zu stark gegen die Waagrechte geneigt ist.

In einem zweiten Beispiel wird der Quader der Abb.4.5a untersucht. Mit $F = 0$ herrscht Gleichgewicht, und auch für hinreichend kleine Werte von F wird Gleichgewicht möglich sein. Es gibt einen Grenzwert für F, für den der Quader beginnt entweder um seine rechte, untere Ecke zu kippen oder aber auf der waagrechten Auflagerfläche zu rutschen. Es soll untersucht werden, unter welchen Bedingungen Kippen bzw. Rutschen auftritt.

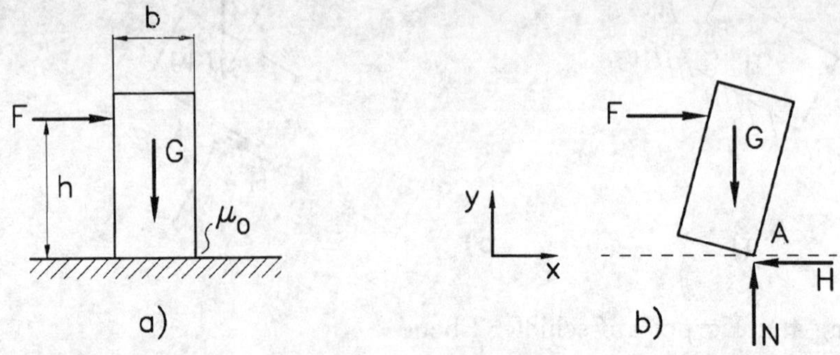

Abbildung 4.5: Quader auf rauher Unterlage

Wir nehmen zunächst an, daß der Quader um seine rechte untere Kante kippt, d.h. er haftet am Kontaktpunkt A. Das entsprechende Freikörperbild ist in Abb.4.5b angegeben. An der Ecke des Quaders ist die Tangentialebene an die Quaderoberfläche nicht eindeutig definiert. Es gibt aber nur eine einzige gemeinsame Tangentialebene an die sich berührenden Oberflächen. Die Gleichgewichtsbedingungen liefern:

$$\sum M_i^{(A)} = 0 : \quad G\frac{b}{2} - F\,h = 0 \quad\Longrightarrow\quad F = \frac{b}{2h}G\,, \tag{4.10a}$$

$$\sum F_{ix} = 0 : \quad F - H = 0 \quad\Longrightarrow\quad H = F = \frac{b}{2h}G\,, \tag{4.10b}$$

$$\sum F_{iy} = 0 : \quad -G + N = 0 \quad\Longrightarrow\quad N = G\,. \tag{4.10c}$$

Mit den so berechneten Werten von H, N überprüfen wir die Haftungsbedingung

$$\frac{H}{N} = \frac{b}{2h} \le \mu_0\,. \tag{4.11}$$

Sie ist erfüllt für $h \ge b/(2\mu_0)$; in diesem Fall kann der Quader an der rechten unteren Ecke haften und beginnt zu kippen, bevor er rutscht. Ist dagegen $h < b/(2\mu_0)$, so wird der Quader nicht kippen, sondern gleiten.

Als nächstes Beispiel behandeln wir das System der Abb.4.6a, das eine idealisierte Trommelbremse darstellt. Dabei nehmen wir zunächst an, daß die Bremstrommel sich unter Wirkung eines Antriebsmomentes M, das mit dem Bremsmoment im Gleichgewicht steht, mit konstanter Winkelgeschwindigkeit im *Uhrzeigersinn* dreht. Gesucht ist die am Ende des Hebels aufzubringende Kraft F, die notwendig ist, um die sich drehende Trommel abzubremsen. Dazu muß das Moment der Reibungskräfte an der Trommel mindestens so groß sein wie das vorgegebene Antriebsmoment M.

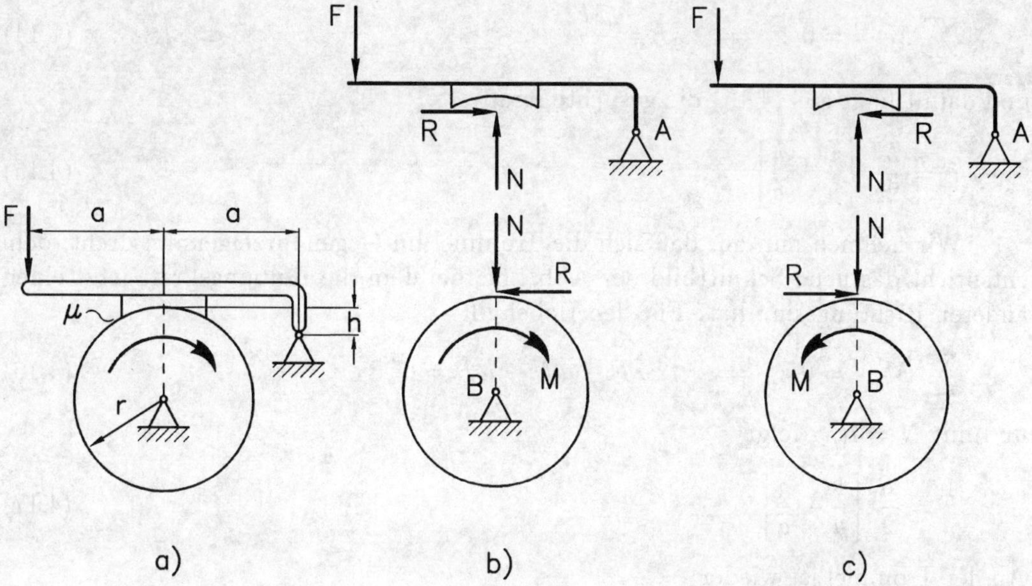

Abbildung 4.6: Die Trommelbremse

Abb.4.6b zeigt das Schnittbild zu Abb.4.6a. Die Lager wurden dabei nicht freigeschnitten, und somit können wir nur Momentengleichungen um die Punkte A, B schreiben. Für den Hebel gilt

$$\sum M_i^{(A)} = 0 : \quad 2\,a\,F - a\,N - h\,R = 0 . \tag{4.12}$$

Weiterhin ist aber noch $\mid R \mid = \mu \mid N \mid$, was wir durch $N = R/\mu$ ersetzen, da uns die Anschauung sagt, daß $\vec{N}, \vec{R}$ gemäß Abb.4.6b wirken und demnach die Größen N, R positiv sind. Damit folgt dann aus (4.12)

$$F = \frac{R}{2}\left[\frac{1}{\mu} + \frac{h}{a}\right] . \tag{4.13}$$

Man beachte, daß man zu falschen Ergebnissen gelangt, wenn man die Reibungskraft $\vec{R}$ im Schnittbild entgegengesetzt zu dem von uns angenommenen Richtungssinn wählt. Durch Verwendung der Beziehung $R = \mu\,N$ (anstelle von $|R| = \mu\,|N|$) legt man nämlich einen linearen Zusammenhang zwischen N und R fest, und die Rechnung kann das für R falsch gewählte Vorzeichen nicht mehr korrigieren! Es ist zweckmäßig, im Schnittbild immer die Reibungskraft mit ihrem tatsächlichen Richtungsinn einzutragen, soweit dieser anschaulich zu erkennen ist, wie es hier der Fall war. Ist der Richtungssinn von $\vec{R}$ nicht von vornherein erkennbar, so muß die Gleichung $|R| = \mu\,|N|$ für unterschiedliche Vorzeichen ausgewertet werden.

Für die Bremstrommel gilt

$$\sum M_i^{(B)} = 0 : \quad \Longrightarrow \quad R = \frac{M}{r} , \tag{4.14}$$

und damit folgt aus (4.13) die gesuchte Kraft

$$F = \frac{M}{2r} \left[\frac{1}{\mu} + \frac{h}{a} \right] . \tag{4.15}$$

Wir nehmen nun an, daß sich die Trommel im Gegenuhrzeigersinn dreht; dem entspricht das neue Schnittbild der Abb.4.6c, bei dem die Reibungskraft jetzt einen anderen Richtungssinn hat. Für den Hebel gilt

$$\sum M_i^{(A)} = 0 : \quad \Longrightarrow \quad 2\,a\,F - a\,N + h\,R = 0 \tag{4.16}$$

und mit $N = R/\mu$ folgt

$$F = \frac{R}{2} \left[\frac{1}{\mu} - \frac{h}{a} \right] . \tag{4.17}$$

An der Trommel ist wieder

$$\sum M_i^{(B)} = 0 : \quad \Longrightarrow \quad R = \frac{M}{r} , \tag{4.18}$$

woraus sich mit (4.17) die Kraft

$$F = \frac{M}{2r} \left[\frac{1}{\mu} - \frac{h}{a} \right] \tag{4.19}$$

ergibt.

Ein Vergleich von (4.15) mit (4.19) zeigt, daß die Wirkung der Bremse von der Drehrichtung der Trommel abhängt. Lediglich für $h = 0$ ist die Bremswirkung richtungsunabhängig. Der Ausdruck in der Klammer in (4.19) wird für $h/a > 1/\mu$ negativ, so daß dann Gleichgewicht am Hebel nur für negative Werte von F möglich ist. Anschaulich erkennt man auch im Schnittbild des Hebels in Abb.4.6c, daß das Moment von $\vec{R}$ bzgl. A die Wirkung von $\vec{F}$ unterstützt, und zwar umso mehr, je größer das Verhältnis h/a ist. Bei hinreichend großem Wert von h/a ist offensichtlich keine Kraft F mehr notwendig, um beliebig große Bremsmomente zu erzeugen. Mit $F = 0$ folgt $N = R(h/a)$ aus (4.16), und es gilt $M = Rr$. Nimmt man $\mu_0 = \mu$ an, so liegt hier die Berührkraft im Inneren des Haftungskegels, eine Bewegung des Systems ist unmöglich!

Dieses Phänomen bezeichnet man als *Selbsthemmung.* In Wirklichkeit verursachen die bei Selbsthemmung auftretenden sehr großen Kräfte Verformungen an den bisher als starr angenommenen Körpern, so daß sich die Koeffizienten in den Gleichgewichtsbedingungen ändern. Bei hinreichend großem Antriebsmoment M kommt es

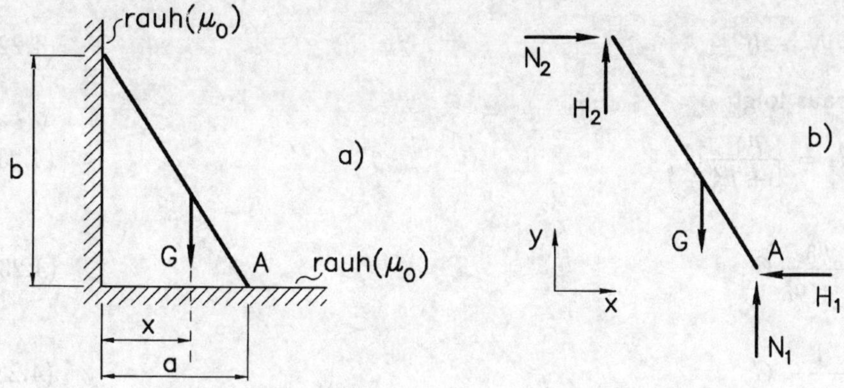

Abbildung 4.7: Die Stehleiter

dann unter Umständen doch wieder zu Bewegungen, spätestens wenn die Bremse zu Bruch geht. In der Technik macht man sich die Selbsthemmung z.B. im Freilauf eines Fahrrades zunutze.

In einem weiteren Beispiel betrachten wir die Leiter der Abb.4.7a, die auf dem rauhen Boden steht und gegen eine rauhe Wand gelehnt ist. Ein Student mit Gewicht G steht auf der Leiter an der durch die Koordinate x gekennzeichneten Stelle. Gesucht ist der kleinste Wert von x, für den Gleichgewicht möglich ist. Das Freikörperbild ist in Abb.4.7b dargestellt. Die Statik liefert:

$$\sum F_{ix} = 0 : \quad -H_1 + N_2 = 0 \implies H_1 = N_2 , \tag{4.20a}$$

$$\sum F_{iy} = 0 : \quad N_1 + H_2 - G = 0 , \tag{4.20b}$$

$$\sum M_i^{(A)} = 0 : \quad G(a-x) - N_2\, b - H_2\, a = 0 , \tag{4.20c}$$

mit den unbekannten Kräften N_1, H_1, N_2, H_2 und dem zu bestimmenden Abstand x. Im Grenzfall gilt

$$| H_2 | = \mu_0 \, | N_2 | , \quad | H_1 | = \mu_0 \, | N_1 | , \tag{4.21}$$

wenn wir annehmen, daß an Wand und Boden die Grenzbedingungen gleichzeitig erfüllt werden. Geht man weiterhin davon aus, daß die in Abb.4.7b für die Haftungskräfte eingetragenen Richtungspfeile den Richtungssinn dieser Kräfte richtig wiedergeben, so kann man (4.21) mittels (4.20a,b) durch

$$N_1 + \mu_0 N_2 = G\,, \tag{4.22a}$$

$$\mu_0 N_1 - N_2 = 0 \tag{4.22b}$$

ersetzen. Daraus folgt

$$N_2 = H_1 = \frac{\mu_0}{1+\mu_0^2}\, G\,, \tag{4.23a}$$

$$H_2 = \frac{\mu_0^2}{1+\mu_0^2}\, G\,, \tag{4.23b}$$

$$N_1 = \frac{1}{1+\mu_0^2}\, G\,. \tag{4.23c}$$

Durch Einsetzen in (4.20c) erhält man

$$x = x_{min} = \frac{a - \mu_0 b}{1+\mu_0^2}\,. \tag{4.23d}$$

Allerdings ergeben sich für $\mu_0 > a/b$ Werte, die nicht die Ungleichung $0 \leq x \leq a$ erfüllen, wie man eigentlich erwarten würde. Probleme dieser Art, bei denen Haftbedingungen an verschiedenen Stellen auftreten, sind meist statisch unbestimmt, und die Annahme des gleichzeitigen Auftretens des Grenzfalls an den verschiedenen Kontaktpunkten ist problematisch. Eine vernünftige Lösung im Rahmen der Mechanik starrer Körper und unter Verwendung der COULOMBschen Gesetze läßt sich oft nur unter der Annahme $\mu = \mu_0$ finden.

Die statische Unbestimmtheit läßt sich bei einer zeichnerischen Lösung leichter erkennen, als es anhand der Gleichungen der Fall ist. In Abb.4.8 haben wir die Haftungskegel zu den auf die Leiter wirkenden Berührkräften an Wand und Fußboden eingezeichnet. Die Wirkungslinien der in A und B wirkenden Berührkräfte müssen sich in einem Punkt in dem gekennzeichneten Bereich der Abbildung schneiden. Damit Gleichgewicht möglich ist, muß auch die Wirkungslinie der dritten Kraft, nämlich der Gewichtskraft $\vec{G}$, durch diesen Punkt gehen. Die Wirkungslinie von $\vec{G}$ muß den gekennzeichneten Bereich also schneiden oder zumindest berühren. Die Größe x_{min} kann daher direkt aus Abb.4.8 abgelesen werden.

Wenn allerdings der Haftungswinkel sehr groß ist, kann es passieren, daß die gesamte Strecke $\overline{AB}$ innerhalb des gekennzeichneten Bereiches liegt. Dann ist Selbsthemmung möglich. Die Leiter kann in die Ecke "geklemmt" werden, d.h. das System ist dann vorgespannt und selbst mit $G = 0$ können sehr große Kräfte in A, B vorhanden sein. Der Grenzfall des Haftens wird dann lediglich für negative Werte von G erreicht, oder für Werte von x, die außerhalb des angegebenen Intervalls liegen.

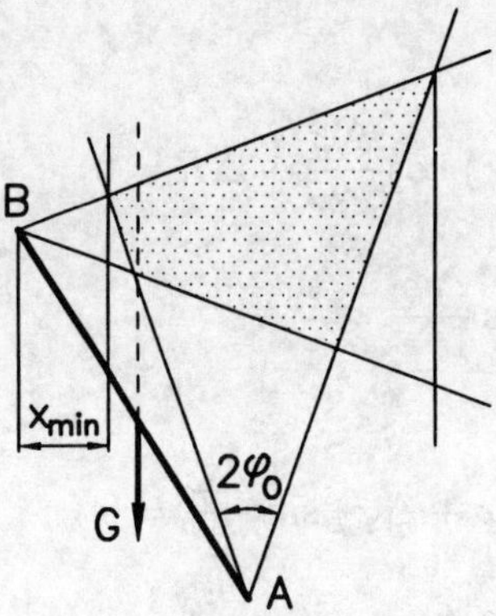

Abbildung 4.8: Haftungskegel zu den Kontaktpunkten A und B der Stehleiter

4.2 Seilreibung

In diesem Abschnitt befassen wir uns mit *Seilreibung* und *Seilhaftung*, d.h. mit der Reibung und Haftung zwischen einem Seil und einem festen Körper. Wir betrachten ein idealisiertes Seil, das nur Zugkräfte und keine Momente übertragen kann. Gemäß Abb.4.9a möge es auf einem starren, rauhen, festgehaltenen Zylinder von rechts nach links gleiten, so daß die Seilkraft S_2 (auf der linken Seite) größer ist als S_1. Zu einem gegebenen Wert von S_1 soll S_2 bestimmt werden.

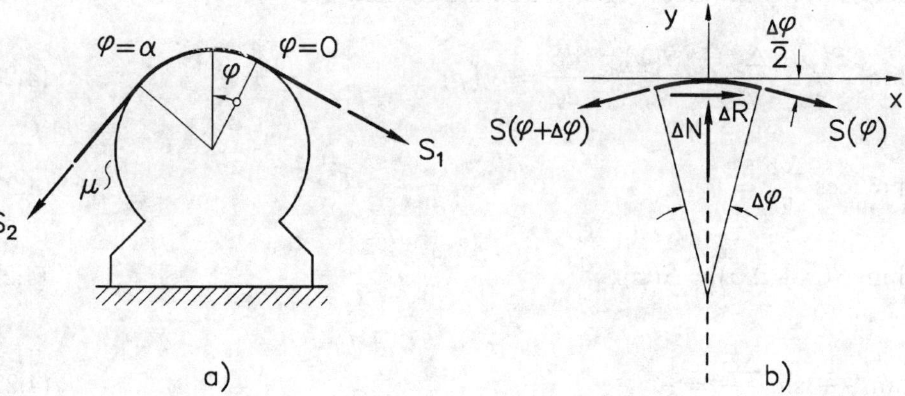

Abbildung 4.9: Zum Problem der Seilreibung

Dazu betrachten wir das Freikörperbild für ein Seilelement gemäß Abb.4.9b. Die Seilkraft ändert sich infolge der Reibung stetig mit dem Winkel φ, und es gelten die Gleichgewichtsbedingungen

$$\sum F_{ix} = 0 : \quad S(\varphi)\cos\frac{\Delta\varphi}{2} - S(\varphi+\Delta\varphi)\cos\frac{\Delta\varphi}{2} + \Delta R = 0$$

$$\Longrightarrow \quad \Delta R = [S(\varphi+\Delta\varphi) - S(\varphi)]\cos\frac{\Delta\varphi}{2}\,, \tag{4.24a}$$

$$\sum F_{iy} = 0 : \quad \Delta N - S(\varphi)\sin\frac{\Delta\varphi}{2} - S(\varphi+\Delta\varphi)\sin\frac{\Delta\varphi}{2} = 0$$

$$\Longrightarrow \quad \Delta N = [S(\varphi+\Delta\varphi) + S(\varphi)]\sin\frac{\Delta\varphi}{2}\,, \tag{4.24b}$$

bis auf kleine Terme höherer Ordnung, sowie das COULOMBsche Reibungsgesetz am Element

$$\Delta R = \mu\,\Delta N\,. \tag{4.25}$$

Einsetzen von $\Delta R, \Delta N$ aus (4.24) in (4.25) und Division durch $\Delta\varphi$ führt auf

$$\frac{S(\varphi+\Delta\varphi) - S(\varphi)}{\Delta\varphi}\cos\frac{\Delta\varphi}{2} = \mu\,[S(\varphi+\Delta\varphi) + S(\varphi)]\,\frac{\sin\frac{\Delta\varphi}{2}}{\Delta\varphi}\,. \tag{4.26}$$

Wir lassen nun auf beiden Seiten dieser Gleichung $\Delta\varphi$ gegen Null gehen. Für die einzelnen Faktoren in (4.26) ergeben sich die Grenzwerte

$$\lim_{\Delta\varphi\to 0}\frac{S(\varphi+\Delta\varphi) - S(\varphi)}{\Delta\varphi} = \frac{dS}{d\varphi} = S'(\varphi)\,, \tag{4.27a}$$

$$\lim_{\Delta\varphi\to 0}\cos\frac{\Delta\varphi}{2} = 1\,, \tag{4.27b}$$

$$\lim_{\Delta\varphi\to 0} S(\varphi+\Delta\varphi) = S(\varphi)\,, \tag{4.27c}$$

$$\lim_{\Delta\varphi\to 0}\frac{1}{\Delta\varphi}\sin\frac{\Delta\varphi}{2} = \frac{1}{2}. \tag{4.27d}$$

Einsetzen in (4.26) liefert schließlich

$$\boxed{S'(\varphi) = \mu\,S(\varphi)\,.} \tag{4.28}$$

Gleichungen, die eine zu bestimmende Funktion und deren Ableitungen enthalten, bezeichnet man als *Differentialgleichungen.* Die Ordnung der Differentialgleichung entspricht der höchsten vorkommenden Ableitung; (4.28) ist demnach eine Differentialgleichung erster Ordnung. Durch Einsetzen kann man leicht prüfen, daß

$$S(\varphi) = C\, e^{\mu\varphi} \tag{4.29}$$

für beliebige Werte der Konstanten C eine Lösung von (4.28) ist. Die Funktion e^x ist dabei die *Exponentialfunktion*, sie hat die Eigenschaft $\frac{d}{dx}e^x = e^x$ und die *natürliche Zahl* e ist $e = 2,7182...$ Man kann zeigen, daß *jede* Lösung von (4.28) die Form (4.29) hat und bezeichnet deswegen (4.29) auch als die *allgemeine Lösung* von (4.28).

Die Integrationskonstante C kann man aus der Bedingung $S(0) = S_1$ bestimmen. In (4.29) ergibt sich damit $C = S_1$. Die Seilkraft ist daher durch

$$S(\varphi) = S_1\, e^{\mu\varphi} \tag{4.30}$$

gegeben. Mit dem in Abb.4.9a definierten Umschlingungswinkel α ergibt sich dabei insbesondere die Seilkraft

$$\boxed{S_2 = S(\alpha) = S_1\, e^{\mu\alpha}} \tag{4.31}$$

auf der linken Seite der Trommel. Wir erinnern uns daran, daß diese Beziehung für Gleiten in Richtung von S_2 gilt, wobei $S_2 > S_1$ ist. Falls das Seil haftet, ergibt sich analog $S_2 < S_1\, e^{\mu_0\alpha}$. Es muß aber auch $S_2 > S_1\, e^{-\mu_0\alpha}$ erfüllt sein, da das Seil sonst in Richtung von S_1 rutschen kann. Somit gilt bei Haften

$$\boxed{S_1\, e^{-\mu_0\alpha} \le S_2 \le S_1\, e^{\mu_0\alpha}\,.} \tag{4.32}$$

Zu Beginn der Herleitung hatten wir angenommen, daß das Seil über einen *Kreis*zylinder gleitet. Die Form des Zylinders spielt jedoch keine Rolle, es kommt lediglich auf den Umschlingungswinkel an, wie man unmittelbar an der Rechnung erkennt.

Aus (4.30) folgt, daß die Seilkraft mit dem Winkel φ exponentiell wächst. Von dieser Eigenschaft macht man in der Technik öfter Gebrauch. So kann man z.B. beim Anlegen eines Schiffes beobachten, wie das Haltetau um einen zylindrischen “Poller” gewickelt wird, wobei dann ein Mann ohne Mühe das Schiff halten kann. In Abb.4.10 möge das Schiff eine Kraft S_2 auf das Seil ausüben; wir bestimmen die Kraft S_1, die der Hafenarbeiter dabei anwenden muß. Der Umschlingungswinkel ist $\alpha = n2\pi$, wobei n die Anzahl der Umschlingungen ist. Für $n = 3$ und $\mu = 0,3$ ergibt sich z.B. $S_2 \approx 286\, S_1$! Der Hafenarbeiter hat also nur etwa ein Dreihundertstel derjenigen Kraft zu halten, mit der das Schiff zieht.

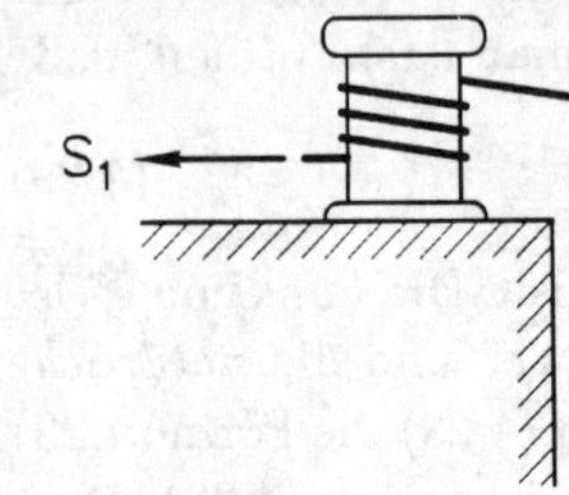

Abbildung 4.10: Schiffspoller

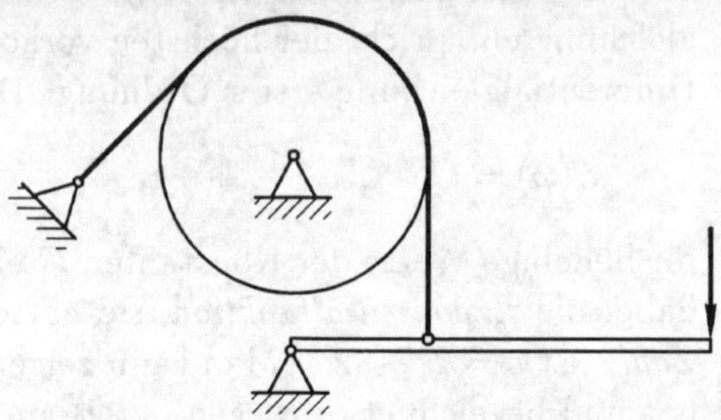

Abbildung 4.11: Bandbremse

Eine andere technische Anwendung ist die *Bandbremse*, die man gelegentlich bei Hebezeugen und auch bei Landmaschinen beobachten kann. Sie ist in Abb.4.11 skizziert, Abb.4.12 zeigt die Ausführung als *Differentialbremse*. Dabei ist ein mit einem Bremsbelag beschichtetes Stahlband um eine Trommel gewickelt, auf die ein Antriebsmoment M wirkt. Das Stahlband ist so dünn, daß es in guter Näherung als ideales Seil behandelt werden kann. Es soll ein Bremsmoment erzeugt werden, das den gleichen Betrag wie das vorgegebene Antriebsmoment M hat. Gesucht ist die Größe der dazu notwendigen Kraft F.

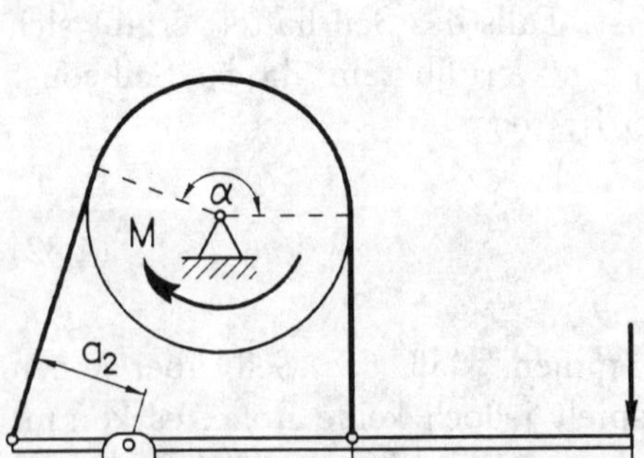

Abbildung 4.12: Differentialbremse

Abbildung 4.13: Schnittbild zu Abb.4.12

Für die Differentialbremse der Abb.4.12 ergibt sich das Schnittbild der Abb.4.13, und für die Trommel gilt

$$\sum M_i^{(O)} = 0 : \implies M = (S_2 - S_1)\, r\,. \tag{4.33}$$

Für den Hebel folgt

$$\sum M_i^{(A)} = 0 : \quad -Fb + S_1 a_1 - S_2 a_2 = 0 \quad \Longrightarrow \quad F = \frac{1}{b}(S_1 a_1 - S_2 a_2) \,. \tag{4.34}$$

Man erkennt an den Gleichungen, aber auch im Schnittbild, daß die Kraft S_2 die Wirkung von F unterstützt. Bei der angenommenen Drehrichtung der Trommel im Uhrzeigersinn ist $S_2 > S_1$, und es gilt

$$S_2 = S_1 \, e^{\mu\alpha} \,. \tag{4.35}$$

Einsetzen in (4.33) liefert

$$M = S_1 \, (e^{\mu\alpha} - 1) \, r \,. \tag{4.36}$$

Die Seilkräfte ergeben sich damit zu

$$S_1 = \frac{M}{r} \frac{1}{e^{\mu\alpha} - 1} \,, \tag{4.37a}$$

$$S_2 = \frac{M}{r} \frac{e^{\mu\alpha}}{e^{\mu\alpha} - 1} \,, \tag{4.37b}$$

und (4.34) liefert

$$F = \frac{M}{rb} \frac{a_1 - a_2 \, e^{\mu\alpha}}{e^{\mu\alpha} - 1} \,. \tag{4.38}$$

Auch hier ist Selbsthemmung möglich: Die Differentialbremse ist für $a_1 \le a_2 \, e^{\mu\alpha}$ selbsthemmend.

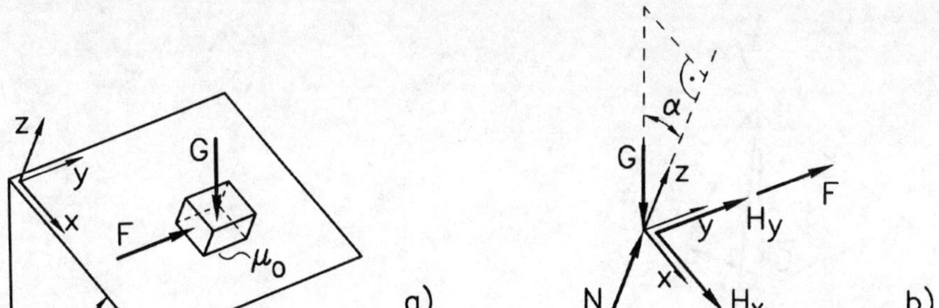

Abbildung 4.14: Körper auf einer rauhen, schiefen Ebene

Als letztes Beispiel zur Reibung und Haftung behandeln wir noch ein räumliches Problem. Dabei betrachten wir den Körper der Abb.4.14, der auf einer rauhen, schiefen Ebene liegt und durch die eingeprägten Kräfte $\vec{G}$ und $\vec{F}$ belastet wird. Das Freikörperbild mit der Normalkraft $\vec{N}$ und den beiden Komponenten H_x, H_y der Haftungskraft ist in Abb.4.14b wiedergegeben. Die Abmessungen des Körpers wurden dabei als klein angenommen, so daß alle Kräfte den gleichen Angriffspunkt haben. Es gilt

$$\sum F_{ix} = 0 : \implies H_x = -G \sin\alpha, \tag{4.39a}$$

$$\sum F_{iy} = 0 : \implies H_y = -F, \tag{4.39b}$$

$$\sum F_{iz} = 0 : \implies N = G \cos\alpha. \tag{4.39c}$$

und

$$H = \sqrt{H_x^2 + H_y^2}. \tag{4.40}$$

Die Haftungsbedingung $|H| \leq \mu_0 |N|$ liefert hier

$$\sqrt{G^2 \sin^2\alpha + F^2} \leq \mu_0 G \cos\alpha \tag{4.41}$$

und Auflösung nach F ergibt

$$F^2 \leq G^2 \left(\mu_0^2 \cos^2\alpha - \sin^2\alpha\right). \tag{4.42}$$

Da in (4.41) beide Seiten der Ungleichung positiv sind, geht hier durch das Quadrieren keine Information verloren. In Abb.4.15 ist der Reibungskegel angegeben. Falls $\vec{F}+\vec{G}$ innerhalb des Haftungskegels oder auf dessen Mantel liegt, ist Gleichgewicht möglich.

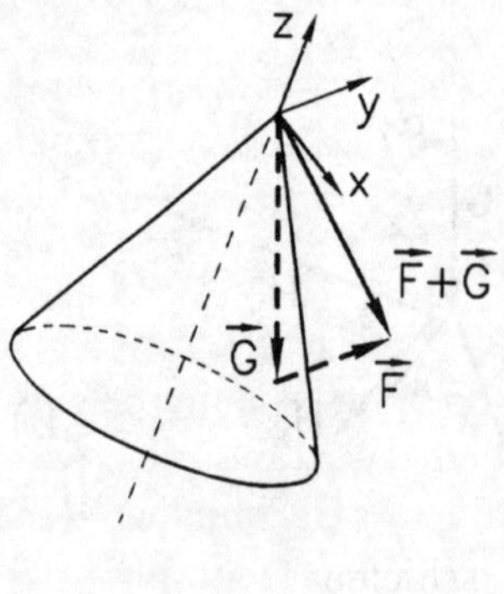

Abbildung 4.15: Haftungskegel zu Abb.4.14

Kapitel 5

Fachwerke

Als *Fachwerke* bezeichnet man Tragwerke, die aus gelenkig miteinander verbundenen, geraden Stäben bestehen. Die Gelenke werden auch als Knoten bezeichnet. Von einem *idealen Fachwerk* spricht man, wenn die Gelenke reibungsfrei sind und Lasten nur in den Knoten wirken. Dann können die Stäbe nur Kräfte längs der Verbindungslinien der Knoten übertragen, und die Berechnung dieser Stabkräfte ist sehr einfach.

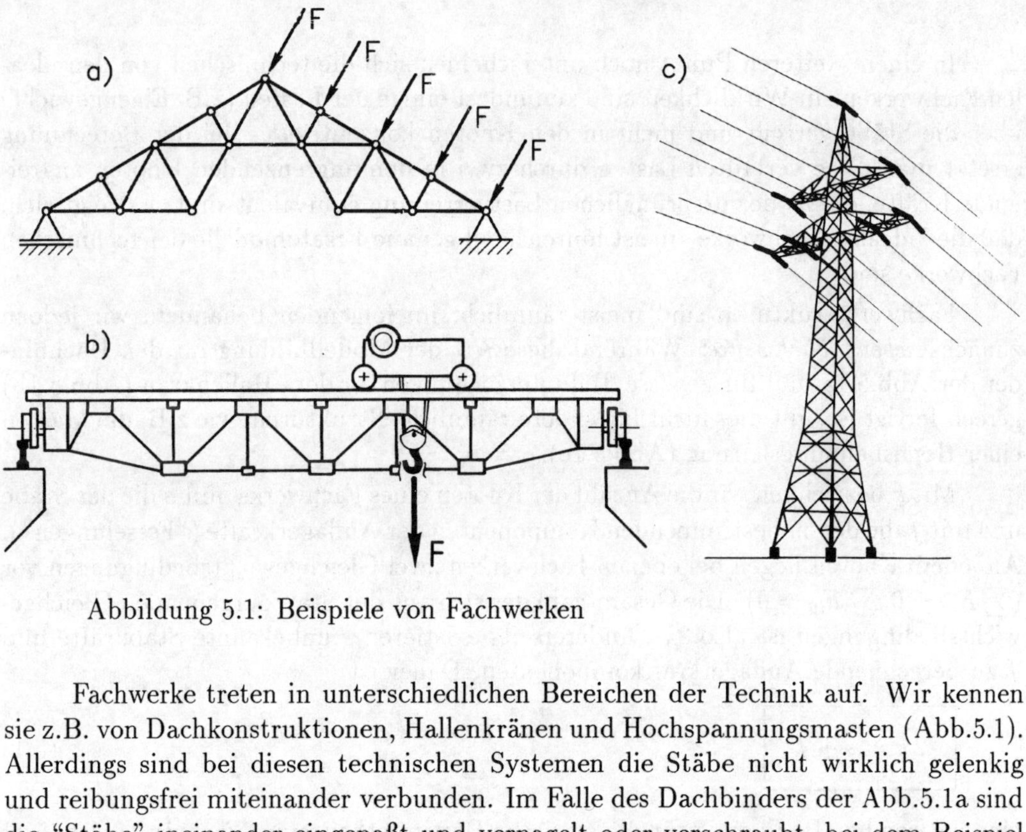

Abbildung 5.1: Beispiele von Fachwerken

Fachwerke treten in unterschiedlichen Bereichen der Technik auf. Wir kennen sie z.B. von Dachkonstruktionen, Hallenkränen und Hochspannungsmasten (Abb.5.1). Allerdings sind bei diesen technischen Systemen die Stäbe nicht wirklich gelenkig und reibungsfrei miteinander verbunden. Im Falle des Dachbinders der Abb.5.1a sind die "Stäbe" ineinander eingepaßt und vernagelt oder verschraubt, bei dem Beispiel des Hallenkranes (Abb.5.1b) oder des Hochspannungsmastes (Abb.5.1c) sind die aus Stahlprofilen bestehenden Stäbe miteinander verschweißt oder über Gelenkplatten (Abb.5.2) vernietet. Dabei werden in den Knoten nicht nur Kräfte in der jeweiligen Stabrichtung, sondern auch Momente übertragen. Allerdings sind die Stäbe meist so *schlank*, d.h. das Verhältnis von Länge zu Querabmessungen ist so groß, daß in der Praxis eben doch nur große Kräfte längs der Verbindungslinie der Knoten übertragen werden und etwa infolge einer Verdrehung der Enden auftretende Momente nur sehr klein sind.

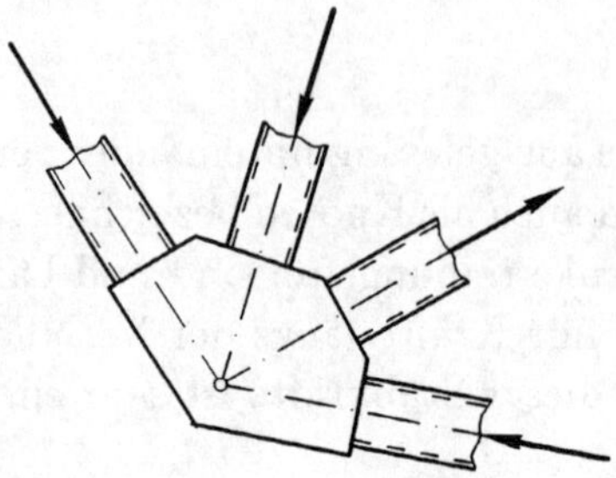

Abbildung 5.2: Verbindung von Stäben mittels Gelenkplatten

In einem weiteren Punkt noch unterscheiden sich die technischen von den idealen Fachwerken: In Wirklichkeit sind zumindest einige der Lasten (z.B. Eigengewicht) über die Stäbe verteilt und nicht in den Knoten konzentriert. Bei der Berechnung ersetzt man diese verteilten Lasten durch zwei in den angrenzenden Knoten angreifende Kräfte, die zu der ursprünglichen Lastverteilung äquivalent sind. Es zeigt sich, daß die "idealen Fachwerke" meist hinreichend genaue Ersatzmodelle der technischen Fachwerke sind.

Fachwerkstrukturen sind meist räumlich; im folgenden behandeln wir jedoch zunächst *ebene Fachwerke.* Während diese Art der Modellbildung für den Dachbinder der Abb.5.1a und für gewisse Teiluntersuchungen an dem Hallenkran (Abb.5.1b) gerechtfertigt ist, gilt dies nicht für andere räumliche Strukturen, wie z.B. die Masten einer Hochspannungsleitung (Abb.5.1c).

Mit k bezeichnen wir die Anzahl der Knoten eines Fachwerks, mit s die der Stäbe und mit f die der zu bestimmenden Komponenten der Auflagerkräfte ("Fesselungen"). An jedem Knoten liegen bei ebenen Fachwerken zwei Gleichgewichtsbedingungen vor ($\sum F_{ix} = 0, \sum F_{iy} = 0$). Die Gesamtzahl der sich aus der Statik ergebenden Gleichgewichtsbedingungen ist also $2k$. Andererseits existieren s unbekannte Stabkräfte und f zu berechnende Auflagerkraftkomponenten. Daher ist

$$\boxed{2\,k = s + f} \tag{5.1}$$

k = Anzahl Knoten
s = Stabkräfte (unbekannt)
f = Auflagerkräfte (Fesselungen)

eine notwendige Bedingung für die statische Bestimmtheit eines Fachwerks. Ist (5.1) erfüllt, so bedeutet das aber nicht notwendigerweise, daß das Fachwerk statisch bestimmt ist. Handelt es sich allerdings um ein *einfaches Fachwerk*, so ist die Bedingung (5.1) nicht nur notwendig, sondern auch hinreichend. Ein ebenes Fachwerk heißt *einfach*, wenn ein Aufbau schrittweise so möglich ist, daß ausgehend von einem einzelnen

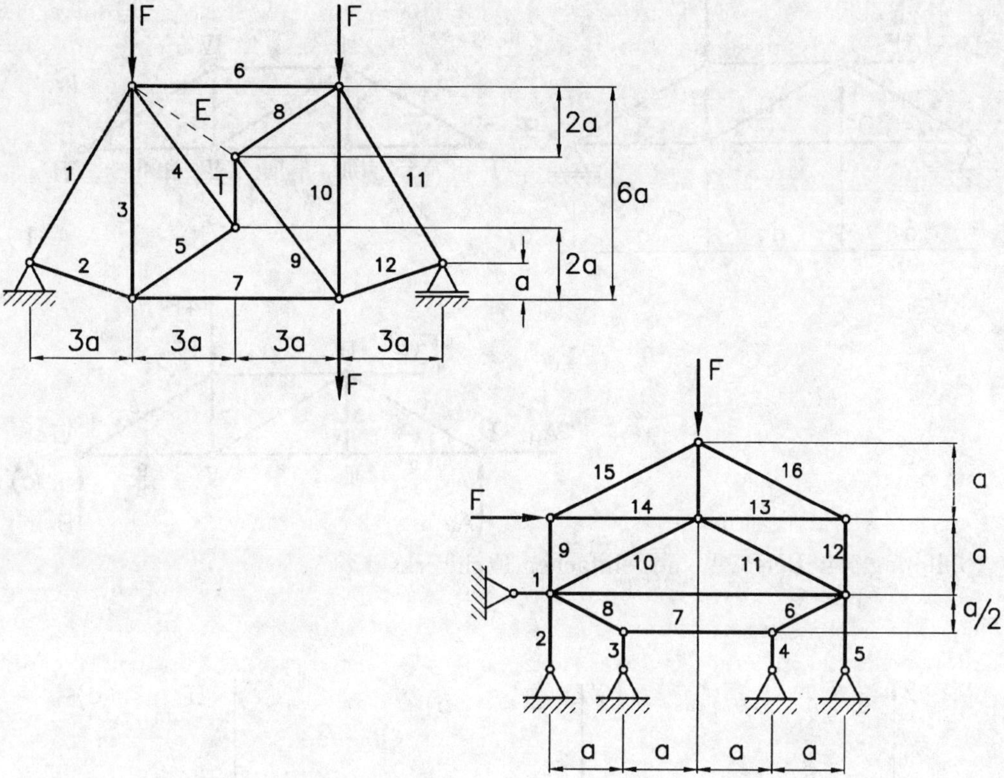

Abbildung 5.3: Nicht einfache Fachwerke

Stab, mit jedem Schritt zwei Stäbe und ein Knoten hinzugefügt werden. Das ebene Fachwerk der Abb.5.1a ist von dieser Art; die Fachwerke der Abb.5.3 sind nicht einfach. Bei räumlichen Fachwerken tritt

$$\boxed{3\,k = s + f} \tag{5.2}$$

an die Stelle von (5.1), da in diesem Fall an jedem Knoten drei Kräftegleichungen zur Verfügung stehen.

Wir bestimmen nun die Stabkräfte für das (einfache) Fachwerk der Abb.5.4a. Dabei geben wir drei verschiedene Lösungswege an, von denen die ersten beiden rechnerisch, der letzte zeichnerisch ist. Wir numerieren die Stäbe mit lateinischen, die Knoten mit römischen Ziffern gemäß Abb.5.4b und erkennen, daß (5.1) mit $s = 9$, $k = 6$, $f = 3$ erfüllt ist.

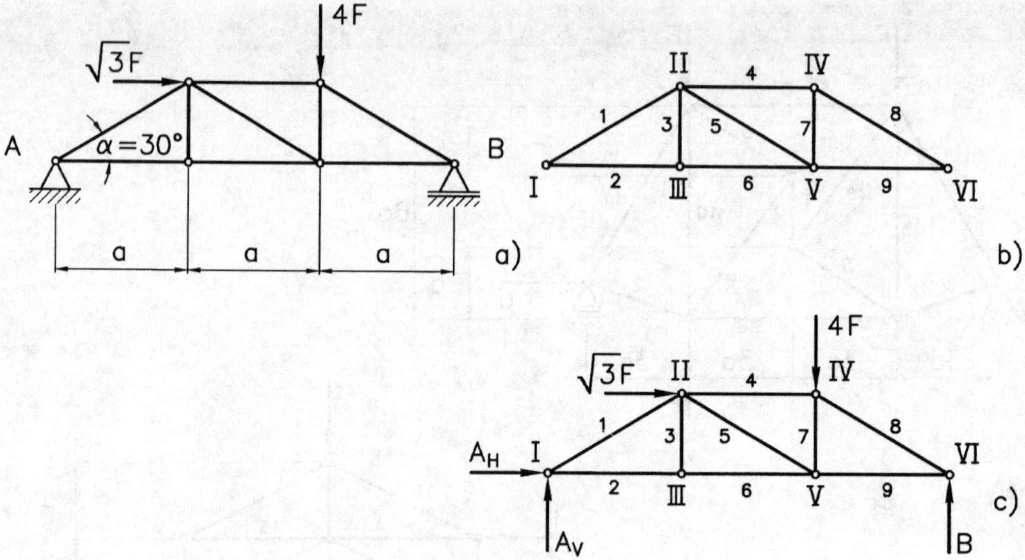

Abbildung 5.4: Beispiel eines einfachen Fachwerks

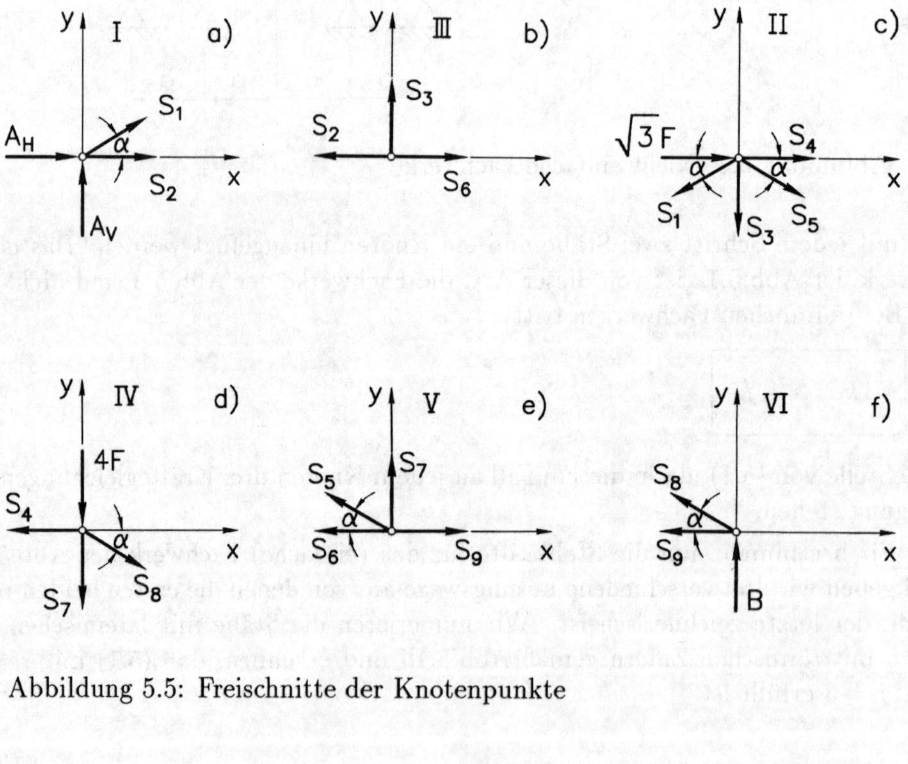

Abbildung 5.5: Freischnitte der Knotenpunkte

Im *Knotenpunktverfahren* werden für jeden der k Knoten die zwei Gleichgewichtsbedingungen (Kräftegleichungen) angeschrieben. Damit ergibt sich im vorliegenden Fall ein System von zwölf Gleichungen in den zwölf Unbekannten, nämlich den neun Stabkräften und den drei Komponenten der Auflagerkräfte. Bei einfachen Fachwerken ist es jedoch nicht notwendig, große lineare Gleichungssysteme allgemeiner Art zu lösen. Die Rechnung läßt sich nämlich wesentlich vereinfachen, wenn man zunächst die Auflagerkräfte bestimmt und dann die Gleichungen in geschickter Reihenfolge aufstellt und sukzessive löst. Wir beginnen mit der Bestimmung der Auflagerkräfte. Für das Gesamtsystem (Abb.5.4c) ergibt sich

$$\sum F_{ix} = 0 : \qquad A_H + \sqrt{3}F = 0 \quad \Longrightarrow \quad A_H = -\sqrt{3}F\,, \tag{5.3a}$$

$$\sum M^{(A)} = 0 : \qquad -\sqrt{3}F\,a\tan\alpha - 4F\,2a + B\,3a = 0 \Longrightarrow B = 3F\,, \tag{5.3b}$$

$$\sum F_{iy} = 0 : \qquad A_V - 4F + B = 0 \quad \Longrightarrow \quad A_V = F \tag{5.3c}$$

und damit sind die Auflagerkräfte bekannt.

Wir suchen nun einen Knoten, an dem nicht mehr als zwei unbekannte Stabkräfte wirken. In unserem Beispiel kommen die Knoten I und VI in Frage, an anderen Knoten wirken mehr als zwei unbekannte Stabkräfte; am Knoten IV z.B. sind es drei Unbekannte. Wir wählen den Knoten I und tragen im Schnittbild der Abb.5.5a alle auf diesen Knoten wirkenden Kräfte ein. Es sind dies die Auflagerkraft A sowie die beiden Stabkräfte S_1 und S_2.

Die Wahl der Richtungspfeile zu S_1, S_2 ist in Abb.5.5a im Prinzip beliebig. Es ist jedoch zweckmäßig, in allen Stäben Zugkräfte anzunehmen, d.h. Stabkräfte, die gemäß Abb.5.4b an den Enden des Stabes von diesem weggerichtet sind. Die Kräfte, die die Stäbe auf die Knoten ausüben, sind dann die Gegenkräfte dazu, sie zeigen im Schnittbild der Abb.5.5a vom Knoten weg. Diese Konvention ist bei Fachwerken allgemein üblich. Liefert die Rechnung negative Werte für eine Stabkraft, so bedeutet das, daß der Stab nicht unter *Zug*, sondern unter *Druck* steht. Damit ist das Schnittbild der Abb.5.5a für den Knoten I erklärt. Die Gleichgewichtsbedingungen sind

$$\sum F_{iy} = 0 : \qquad A_V + S_1 \sin\alpha = 0 \quad \Longrightarrow \quad S_1 = -2F\,, \tag{5.4a}$$

$$\sum F_{ix} = 0 : \qquad A_H + S_2 + S_1 \cos\alpha \quad \Longrightarrow \quad S_2 = 2\sqrt{3}\,F\,. \tag{5.4b}$$

Als nächstes suchen wir wieder einen Knoten, an dem nicht mehr als zwei unbekannte Stabkräfte wirken. Für den Knoten III gilt gemäß Abb.5.5b

$$\sum F_{ix} = 0 : \qquad -S_2 + S_6 = 0 \quad \Longrightarrow \quad S_6 = 2\sqrt{3}\,F\,, \tag{5.5a}$$

$$\sum F_{iy} = 0 : \quad \Longrightarrow \quad S_3 = 0 \,. \tag{5.5b}$$

Hier kann man natürlich auch ohne Anschreiben von Gleichungen erkennen, daß Stab Nummer drei ein *Nullstab* ist. Am Knoten III besitzen die Stabkräfte S_2, S_6 gleiche Wirkungslinien; die einzige Kraft, die eine Komponente senkrecht zu dieser Linie besitzt, ist S_3. Es muß daher $S_3 = 0$ gelten.

Mit den bekannten Stabkräften S_1, S_3 gehen wir nun zu Knoten II (Abb.5.5c) über, wo die Größen S_4, S_5 berechnet werden können:

$$\sum F_{iy} = 0 : \quad - S_1 \sin\alpha - S_3 - S_5 \sin\alpha = 0 \quad \Longrightarrow \quad S_5 = 2F \,, \tag{5.6a}$$

$$\sum F_{ix} = 0 : \quad -S_1 \cos\alpha + S_5 \cos\alpha + S_4 + \sqrt{3}\,F \quad \Longrightarrow \quad S_4 = -3\sqrt{3}\,F = 0 \,. \tag{5.6b}$$

Mit bekanntem S_4 folgt nun am Knoten IV gemäß Abb.5.5d

$$\sum F_{ix} = 0 : \quad -S_4 + S_8 \cos\alpha = 0 \quad \Longrightarrow \quad S_8 = -6\,F \,, \tag{5.7a}$$

$$\sum F_{iy} = 0 : \quad -S_7 - S_8 \sin\alpha - 4\,F = 0 \quad \Longrightarrow \quad S_7 = -\,F \,. \tag{5.7b}$$

Aus dem Schnittbild der Abb.5.5e für Knoten V folgt

$$\sum F_{ix} = 0 : \quad -S_6 - S_5 \cos\alpha + S_9 = 0 \quad \Longrightarrow \quad S_9 = 3\sqrt{3}\,F \,. \tag{5.8a}$$

Damit sind alle Unbekannten bestimmt.

Noch nicht verwendet wurde die Kräftegleichung $\sum F_{iy} = 0$ für den Knoten V sowie die beiden Gleichgewichtsbedingungen für den Knoten VI. Andererseits wurden die drei Auflagerkraftkomponenten nicht anhand von Knotengleichungen, sondern mittels Gleichgewichtsbedingungen am Gesamtsystem bestimmt, so daß es klar ist, daß die drei noch verbleibenden Gleichungen redundant sind. Sie können jedoch zur Kontrolle der Ergebnisse benutzt werden. So ergibt sich am Knoten V

$$\sum F_{iy} = 0 : \quad -S_5 \sin\alpha + S_7 = 0 \tag{5.8b}$$

und am Knoten VI

$$\sum F_{ix} = 0 : \quad -S_8 \cos\alpha - S_9 = 0 \,, \tag{5.9a}$$

$$\sum F_{iy} = 0 : \quad S_8 \sin\alpha + B = 0 \tag{5.9b}$$

gemäß Abb.5.5e, Abb.5.5f. Einsetzen der Stabkräfte zeigt, daß die Gleichungen erfüllt sind.

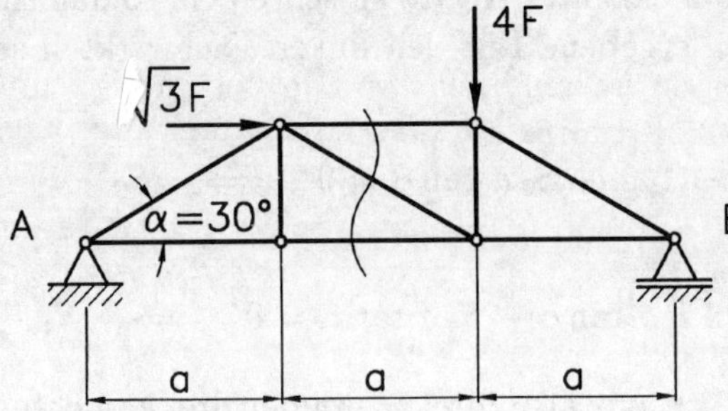

Abbildung 5.6a: RITTER-Schnitt

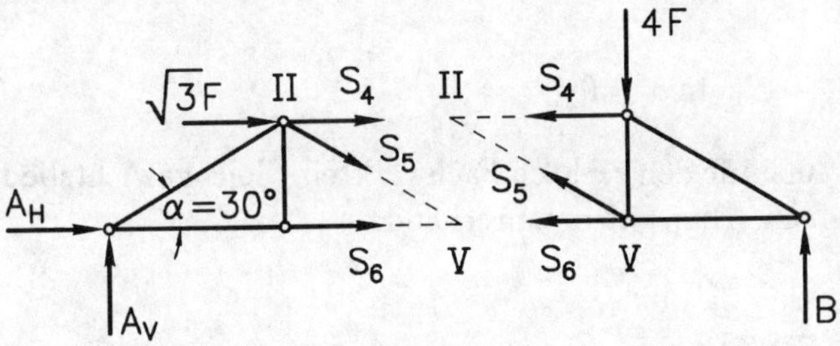

Abbildung 5.6b: in zwei Teile zerschnittenes Fachwerk

Wir lösen nun das gleiche Problem nochmals rechnerisch mit dem RITTER*schen Schnittverfahren*[23]. Auch hier werden zunächst die Komponenten der Auflagerkräfte berechnet; wir setzen sie als bekannt voraus. Während beim Knotenpunktverfahren jeweils alle auf einen einzelnen Knoten wirkenden Kräfte betrachtet und die Knoten nacheinander freigeschnitten wurden, schneiden wir hier das gesamte Fachwerk in zwei Teile. Dies ist in Abb.5.6a mit der durchgezogenen Linie angedeutet. Dabei wurde der Schnitt so gewählt, daß nur drei Stäbe geschnitten werden, es werden also drei Stabkräfte freigelegt. Damit wirken nun an jedem der beiden Teilsysteme der Abb.5.6b jeweils die drei unbekannten Kräfte S_4, S_5 und S_6. Sowohl der linke als auch der rechte Teil werden als starre Körper behandelt (Erstarrungsprinzip), so daß für jedes Teilsystem drei Gleichgewichtsbedingungen angeschrieben werden können, die dann die gesuchten Stabkräfte liefern.

Es ist weiterhin zweckmäßig, Momentengleichungen um den Schnittpunkt der

[23]Nach dem deutschen Ingenieur August RITTER, * 1826 in Lüneburg, † 1908 in Aachen (?).

Wirkungslinien jeweils zweier unbekannter Kräfte zu schreiben, so daß sich Gleichungen mit nur einer Unbekannten ergeben. Für den linken Fachwerkteil schreiben wir

$$\sum M_i^{(II)} = 0 : \quad A_H\, a \tan\alpha - A_V\, a + S_6\, a \tan\alpha = 0 \quad \Longrightarrow \quad S_6\,, \tag{5.10a}$$

$$\sum M_i^{(V)} = 0 : \quad -A_V\, 2a - \sqrt{3}\, F\, a \tan\alpha - S_4\, a \tan\alpha = 0 \quad \Longrightarrow \quad S_4\,. \tag{5.10b}$$

Zwei Momentengleichungen haben uns also direkt zwei der drei gesuchten Stabkräfte geliefert. Einsetzen der vorher berechneten Auflagerkräfte ergibt die Stabkräfte, wie sie schon mit dem Knotenpunktverfahren ermittelt worden waren. Die dritte Unbekannte S_5 kann nicht unmittelbar aus einer Momentengleichung bestimmt werden, da sich die Wirkungslinien von S_4, S_6 im Unendlichen schneiden. In lotrechter Richtung ergibt sich allerdings

$$\sum F_{iy} = 0 : \quad A_V - S_5 \sin\alpha = 0 \quad \Longrightarrow \quad S_5\,. \tag{5.10c}$$

Genauso hätten natürlich auch für den rechten Fachwerkteil Gleichgewichtsbedingungen angegeben werden können. Hier gilt entsprechend:

$$\sum M_i^{(II)} = 0 : \quad B\, 2a - 4F\, a - S_6\, a \tan\alpha = 0 \quad \Longrightarrow \quad S_6\,, \tag{5.11a}$$

$$\sum M_i^{(V)} = 0 : \quad B a + S_4\, a \tan\alpha = 0 \quad \Longrightarrow \quad S_4\,, \tag{5.11b}$$

$$\sum F_{iy} = 0 : \quad B - 4F + S_5 \sin\alpha = 0 \quad \Longrightarrow \quad S_5\,. \tag{5.11c}$$

Dieses Verfahren ist besonders dann von Nutzen, wenn man einzelne Stabkräfte aus dem Inneren des Fachwerks berechnen will. Beim Knotenpunktverfahren ist es notwendig, sich über die einzelnen Knoten bis zu dem gesuchten Stab zu "hangeln". Das Schnittverfahren liefert dagegen direkt die gesuchten Stabkräfte, sofern ein RITTER-*Schnitt* möglich ist, der das Fachwerk in zwei Teile zerlegt. Daraus folgt auch, daß sich Fehler (auch z.B. Rundungsfehler) beim Knotenpunktverfahren ausbreiten, beim RITTERschen Verfahren dagegen nicht.

Schließlich geben wir noch eine dritte, zeichnerische Lösung an. Auch hier gehen wir davon aus, daß die Auflagerkräfte bekannt sind, man kann sie zeichnerisch nach der in Kapitel zwei beschriebenen Vorgehensweise bestimmen (Abb.5.8a). Anschliessend sucht man einen Knoten, an dem nur zwei unbekannte Stabkräfte auftreten, die man zeichnerisch bestimmt. Danach sucht man einen weiteren Knoten, an dem jetzt nur noch zwei Unbekannte auftreten, usw. Die Vorgehensweise ist also genau

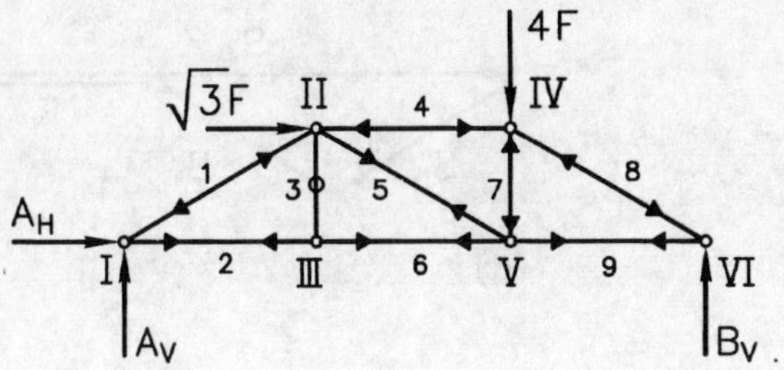

Abbildung 5.7: Lageplan zur zeichnerischen Lösung

die des Knotenpunktverfahrens, wobei hier jedoch Kraftecke gezeichnet werden. Wir beginnen beim Knoten I und zeichnen das aus der Auflagerkraft und den Stabkräften S_1 und S_2 bestehende Kraftdreieck der Abb.5.8b. Da das Krafteck der am Knoten I wirkenden Kräfte geschlossen sein muß und der Umlaufsinn im Krafteck durch $\vec{A}$ festgelegt wird, ist dadurch auch der Richtungssinn der auf den Knoten wirkenden Stabkräfte bekannt. S_1 wirkt von rechts oben nach links unten und S_2 von links nach rechts; der Richtungssinn dieser auf den Knoten I wirkenden Kräfte wird im Lageplan (Abb.5.7) eingetragen. Dazu werden, wie in der Abbildung dargestellt, die Pfeile in der Nähe des Knotens I gezeichnet. Der Stab 1 übt aber nicht nur die Kraft S_1 auf den Knoten I aus, sondern eine gleich groß entgegengesetzt gerichtete Kraft auf den Knoten II. Daher wird ein in umgekehrter Richtung zeigender Pfeil am Knoten II eingezeichnet. Entsprechendes gilt für den Stab 2.

Wie im Knotenpunktverfahren, sucht man nun einen weiteren Knoten, an dem lediglich noch zwei unbekannte Kräfte wirken. In Abb.5.8c ist das entsprechende Krafteck zu Knoten III dargestellt, wobei die schon bestimmte Stabkraft S_2 (mit umgekehrtem Richtungssinn) neu gezeichnet wurde. Am Knoten II wirken die schon bestimmten Stabkräfte S_1, S_3 und die vorgegebene Last sowie die beiden unbekannten Stabkräfte S_4, S_5. Das Krafteck für diesen Knoten kann daher gezeichnet werden (Abb.5.8d). Damit sind die Stabkräfte S_6 und $S_3(=0)$ bestimmt. Vom Knoten II kann man auf den Knoten V übergehen und damit in Abb.5.8e S_7, S_9 bestimmen. Es folgt anschließend in Abb.5.8f S_8 im Knoten IV.

Da jeder Stab gleich große, entgegengesetzt gerichtete Kräfte auf jeweils zwei Knoten ausübt, haben wir jede Stabkraft zweimal gezeichnet. Durch geschickte Vorgehensweise gelingt es jedoch, die einzelnen Kraftecke so zu überlagern, daß das zweimalige Zeichnen vermieden wird. Damit diese Überlagerung der verschiedenen Kraftecke gelingt, müssen an jedem Knoten die Kräfte in einer bestimmten Reihenfolge angetragen werden, z.B. im Uhrzeigersinn. Im CREMONA-*Plan*[24] der Abb.5.9 sind diese

[24]Nach dem italienischen Mathematiker Luigi Gaudenzio Giuseppe CREMONA, * 1830 in Pavia, † 1903 in Rom.

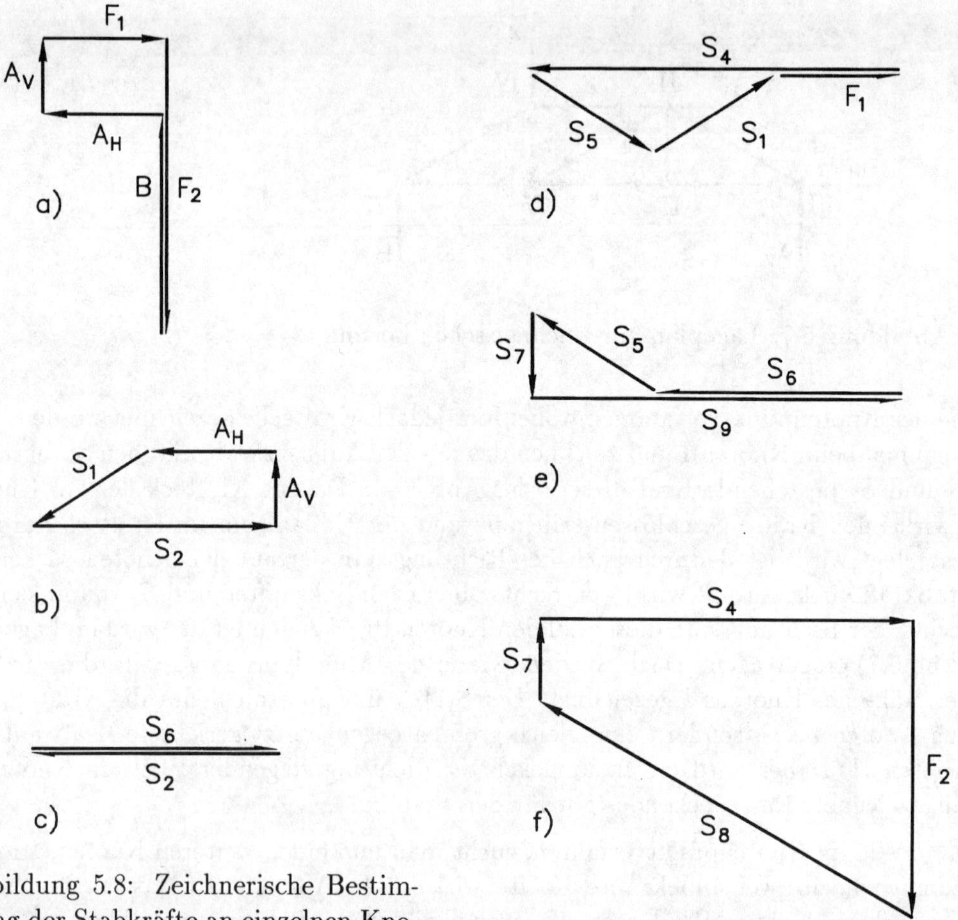

Abbildung 5.8: Zeichnerische Bestimmung der Stabkräfte an einzelnen Knoten

Kraftpläne überlagert. Ausgehend vom Punkt O_1 wird dabei zunächst wieder das Krafteck zum Knoten I bestimmt. Anschließend wird ausgehend von O_2 das Krafteck des Knotens II gezeichnet, wodurch S_4, S_5 bestimmt werden usw. Beim Zeichnen des CREMONA-Planes sind die vorgegebenen Lasten mit Pfeilspitze auf den jeweiligen Knoten hin einzutragen, damit die Überlagerung gelingt.

Ist ein ebenes Fachwerk nicht einfach, so zerfällt im Knotenpunktverfahren das System der $2k$ Gleichgewichtsbedingungen nicht in unabhängige Gleichungssysteme mit jeweils nur zwei Unbekannten, und es ist dann ein größeres Gleichungssystem zu lösen. Die numerische Lösung linearer Gleichungssysteme bereitet heutzutage in der Regel keine Schwierigkeiten, da Kleinrechner und sogar Taschenrechner meist über entsprechende Rechenprogramme verfügen. Bis vor wenigen Jahrzehnten standen solche Möglichkeiten noch nicht zur Verfügung, es wurde daher eine Reihe von Verfahren

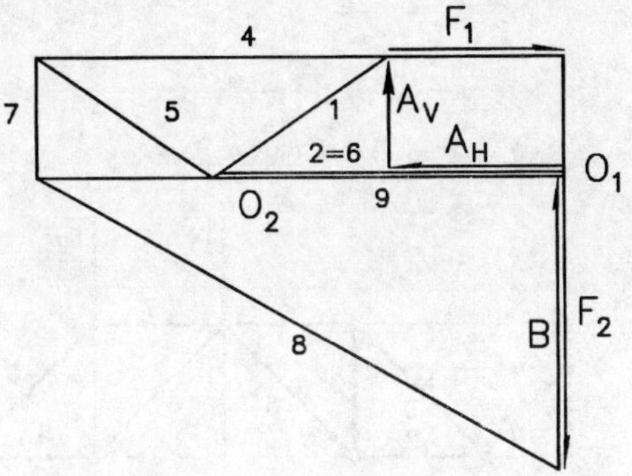

Abbildung 5.9: CREMONA-Plan

entwickelt, um die Probleme zu vereinfachen.

Das HENNEBERG*sche Stabtauschverfahren*[25] ist eine solche Methode, die es gestattet, ebene, nicht einfache auf einfache Fachwerke zurückzuführen. Wir betrachten hierzu das Beispiel der Abb.5.10a. Dieses Fachwerk ist statisch bestimmt, jedoch nicht einfach. Wir können daraus ein einfaches Fachwerk gewinnen, indem wir den Stab T ("Tauschstab") entfernen, statt dessen an den jeweiligen Knoten die entsprechenden unbekannten Stabkräfte T einführen und außerdem einen "Ersatzstab E" (gestrichelt) anbringen. Dieses neue Fachwerk ist dann ebenfalls statisch bestimmt und darüberhinaus auch noch einfach. An dem so vereinfachten Fachwerk berechnet man nun alle Stabkräfte in Abhängigkeit von T. Die Bedingung $E = 0$ liefert dann die Unbekannte T und damit auch alle anderen Stabkräfte. Wir führen die Rechnungen hier nicht im einzelnen durch, sie bereiten keinerlei Schwierigkeiten.

Das Fachwerk der Abb.5.10b ist äußerlich statisch unbestimmt. Man kann die Auflagerkräfte berechnen, indem man es als Dreigelenkbogen auffaßt. Eine andere Möglichkeit besteht auch hier in der Anwendung des HENNEBERGschen Stabtauschverfahrens. Dabei kann man z.B. das Auflager in A längs der Waagrechten freischneiden, die waagrechte Auflagerkraftkomponente A_H zunächst als gegebene Last behandeln und den Ersatzstab E einführen. Damit ist das Fachwerk dann einfach und äußerlich statisch bestimmt, Auflagerkräfte und Stabkräfte können auf einfache Art und Weise gewonnen werden. Auch hier führt die Bedingung $E = 0$ schließlich auf A_H sowie auf alle anderen Auflagerkräfte und auf die Stabkräfte.

Während Rechenprogramme zur Lösung von Gleichungssystemen im allgemeinen numerische Werte für die Stabkräfte liefern, ist es mit dem HENNEBERGschen Verfahren und mit anderen Methoden möglich, formelmäßige Lösungen anzugeben. Die Kenntnis solcher formelmäßigen Lösungen ist von Vorteil, wenn das Gleichungssystem für eine große Anzahl von Parameterwerten zu lösen ist. Dies ist z.B. bei der Optimierung eines Fachwerkes der Fall, wo man für eine Vielzahl von Fachwerkgeo-

---

[25]Nach dem deutschen Mechaniker Ernst Liebrecht HENNEBERG * 1850 in Wolfenbüttel, † 1933 in Darmstadt.

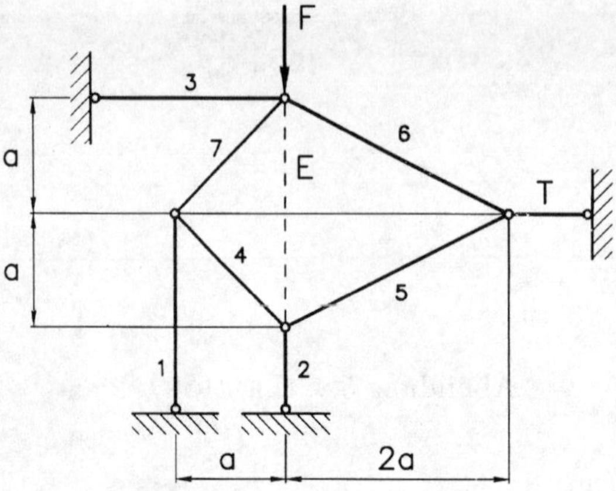

Abbildung 5.10a: Zum Prinzip des Stabtauschverfahrens

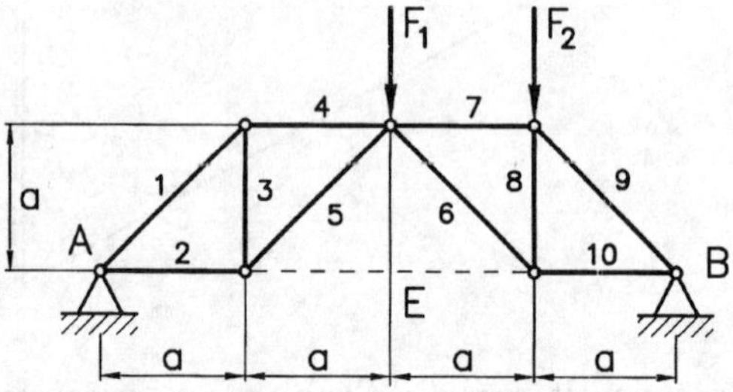

Abbildung 5.10b: Beispiel zum Stabtauschverfahren

metrien die Stabkräfte ausrechnet, um schließlich das günstigste Fachwerk festzulegen. Dabei wäre es notwendig, das Gleichungssystem viele hundert- oder auch tausendmale numerisch zu lösen. Die Kenntnis einer formelmäßigen Lösung kann dann eine große Ersparnis von Rechenzeit bewirken.

Zum Abschluß behandeln wir noch ein räumliches Beispiel und bestimmen die Stab- und Auflagerkräfte des Fachwerks der Abb.5.11a. Es hat die Form einer gleichmäßigen Pyramide mit quadratischer Grundfläche, ist in den Punkten A bis D durch Pendelstützen gelagert und wird durch eine lotrechte Kraft P in negativer z-Richtung belastet. Es gilt $k = 5$, $s = 8$, $f = 7$ und (5.2) ist erfüllt. Das Schnittbild ist in Abb.5.11b dargestellt und die Gleichgewichtsbedingungen am Gesamtsystem liefern nach Einsetzen der zuvor berechneten Größen

$$\sum F_{iy} = 0 : \implies A_y = 0 , \tag{5.12a}$$

$$\sum M_{iz}^{(C)} = 0 : \implies D_x = 0 , \tag{5.12b}$$

$$\sum F_{ix} = 0 : \implies C_x = 0 , \tag{5.12c}$$

$$\sum F_{iz} = 0 : \implies A_z + B_z + C_z + D_z = P . \tag{5.12d}$$

Aus (5.12d) folgt mit der Symmetrie des Systems unmittelbar

$$A_z = B_z = C_z = D_z = P/4 . \tag{5.13}$$

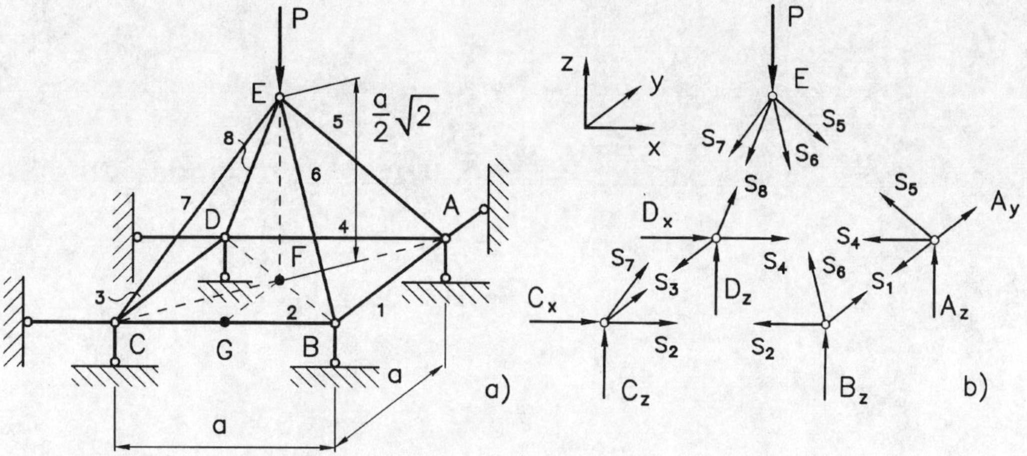

Abbildung 5.11: Räumliches Fachwerk

Mit den geometrischen Größen

$$|\overline{EF}| = \frac{\sqrt{2}}{2}\,a, \qquad |\overline{BE}| = \sqrt{|\overline{BF}|^2 + |\overline{EF}|^2} = a\,, \qquad |\overline{BG}| = \frac{1}{2}\,a \tag{5.14}$$

erhält man aus den Gleichgewichtsbedingungen am Knoten B :

$$\sum F_{iz} = 0 : \qquad B_z + S_6\frac{|\overline{EF}|}{|\overline{BE}|} = 0 \quad \Longrightarrow \quad S_6 = -\frac{\sqrt{2}}{4}\,P\,, \tag{5.15a}$$

$$\sum F_{ix} = 0 : \qquad -S_2 - S_6\frac{|\overline{BG}|}{|\overline{BE}|} = 0 \quad \Longrightarrow \quad S_2 = \frac{\sqrt{2}}{8}P\,. \tag{5.15b}$$

Mit der Symmetrie ergeben sich daraus die gesuchten Stabkräfte

$$S_1 = S_2 = S_3 = S_4 = \frac{\sqrt{2}}{8}\,P\,, \tag{5.16a}$$

$$S_5 = S_6 = S_7 = S_8 = -\frac{\sqrt{2}}{4}\,P\,. \tag{5.16b}$$

Natürlich ist es auch möglich, diese Aufgabe ohne unmittelbare Berücksichtigung der Symmetrieeigenschaften zu lösen, wobei jedoch zusätzliche Gleichungen anzuschreiben sind. Insbesondere können dann die Auflagerkräfte nicht mehr allein aus den Gleichgewichtsbedingungen für das Gesamtsystem gewonnen werden, da dieses äußerlich statisch unbestimmt ist. Die symmetrische Auswertung der Kräftegleichung für die 5 Knoten liefert die 15 Stab- und Auflagerkräfte auch ohne Ausnutzung der Symmetrie.

Kapitel 6

Balken und Rahmen

6.1 Schnittgrößen am Balken

Bisher haben wir beim Aufstellen der Gleichgewichtsbedingungen Systeme starrer Körper auseinander geschnitten, indem wir die Systeme in einzelne starre Körper zerlegt und dabei die an den Verbindungsstellen auftretenden Zwangskräfte freigelegt haben. Im vorliegenden Kapitel werden wir auch *einzelne* starre Körper gedanklich in *Teilkörper* zerschneiden. Ein wichtiges Problem bei der Konstruktion von Maschinen und Tragwerken ist nämlich die Festlegung der Querschnitte der einzelnen Systemteile. Diese sind so zu wählen, daß unter den gegebenen Belastungen und bei der entsprechenden Wahl des Materials die Teile ihre Funktion erfüllen und nicht zu Bruch gehen oder sich übermäßig verformen. Für eine solche Bemessung ist es nicht nur notwendig, die Schnittkräfte (und -momente) an den Verbindungspunkten der einzelnen Körper, sondern auch die in beliebigen Schnittflächen im Inneren der Körper wirkenden Schnittgrößen zu kennen.

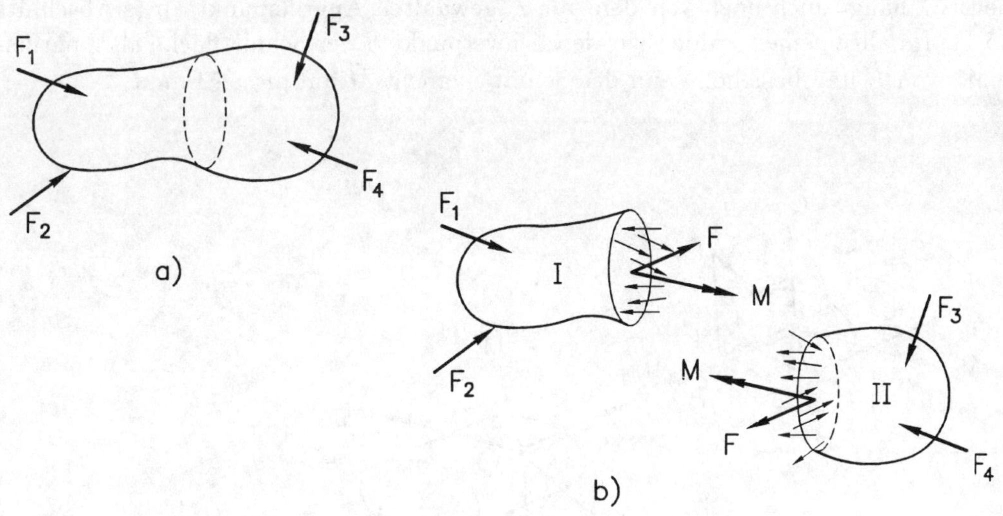

Abbildung 6.1: Zur Definition der Schnittgrößen

Wir betrachten dazu den starren Körper der Abb.6.1a, der unter der Wirkung einer gegebenen Kräftegruppe im Gleichgewicht steht. In Abb.6.1b denken wir uns den Körper in zwei Teilkörper I und II zerschnitten, die sich beide im Gleichgewicht befinden. An beiden Körpern I und II erfüllen die jeweils auf den Körper wirkenden Kräfte die Gleichgewichtsbedingungen der Statik. Dabei ist jedoch auch die Wirkung des einen auf den anderen Körper zu berücksichtigen. Die Schnittkräfte treten als actio und reactio auf, d.h. die Kräfte, die der Körper II auf den Körper I ausübt, sind gleich groß entgegengesetzt zu den Kräften, die Körper I auf Körper II ausübt. Wir nehmen an, daß die inneren Kräfte am Gesamtkörper, die wir durch den Schnitt zu äußeren Kräften gemacht haben, über die Schnittflächen verteilt wirken. Das bedeutet, daß wir Fernwirkungen (wie z.B. Gravitationskräfte, magnetische Kräfte usw.), die zwischen den beiden Teilkörpern wirken, vernachlässigen.

Die Größe der in der Schnittfläche auftretenden verteilten Kräfte (= "Spannungen") ist ein Indiz dafür, ob der Körper an dieser Stelle den gegebenen Belastungen standhält oder nicht. Ihre Bestimmung ist außerordentlich wichtig, wir werden uns mit diesem Problem in TM 2 befassen. Mit dem uns bisher zur Verfügung stehenden Rüstzeug, das sich auf die Gleichgewichtsbedingungen der Statik beschränkt, ist es nicht möglich, die über die Schnittfläche verteilten Kräfte zu berechnen. Es gelingt jedoch, eine Schnittkraft $\vec{F}$ und ein Schnittmoment $\vec{M}$ (= Kräftepaar) zu bestimmen, das zu diesen flächenhaft verteilten Kräften äquivalent ist. Die Größen $\vec{M}, \vec{F}$ folgen nämlich eindeutig aus den Gleichgewichtbedingungen der Statik für einen der beiden Teilkörper, sie hängen natürlich von der gewählten Schnittfläche ab. Das Schnittmoment $\vec{M}$ hängt auch noch von dem für $\vec{F}$ gewählten Angriffspunkt ab (s.Abschnitt 2.5.1). Im allgemeinen wählen wir den Schwerpunkt S der Schnittfläche als Angriffspunkt von $\vec{F}$ und beziehen dann das Schnittmoment $\vec{M}$ auf diesen Punkt.

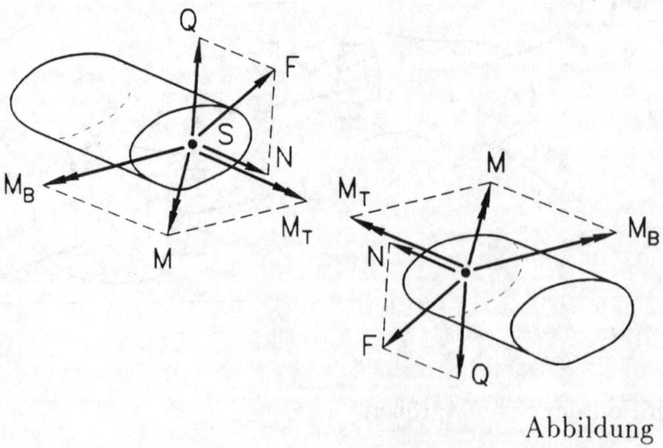

Abbildung 6.2: Die Schnittgrößen am Balken

Im folgenden bezeichnen wir als *Balken* einen Körper, dessen Querabmessungen gegenüber der Längsabmessung vernachlässigt werden. Bei geraden Balken sind besonders diejenigen Schnittflächen wichtig, die orthogonal zur Balkenachse sind (s.Abb.6.2). Die im Flächenschwerpunkt S wirkende Schnittkraft $\vec{F}$ zerlegen wir dann in eine Komponente $\vec{N}$, in Richtung der Balkenachse, und eine Komponente $\vec{Q}$, die auf dieser senkrecht steht. Dabei wird N als *Normalkraft* und Q als *Querkraft* bezeichnet. Ganz entsprechend verfährt man mit dem Schnittmoment $\vec{M}$: Es wird in eine Komponente $\vec{M}_T$ in Richtung Balkenachse und eine Komponente $\vec{M}_B$ orthogonal zur Balkenachse zerlegt, M_T bezeichnet man als *Torsionsmoment*, M_B als *Biegemoment*.

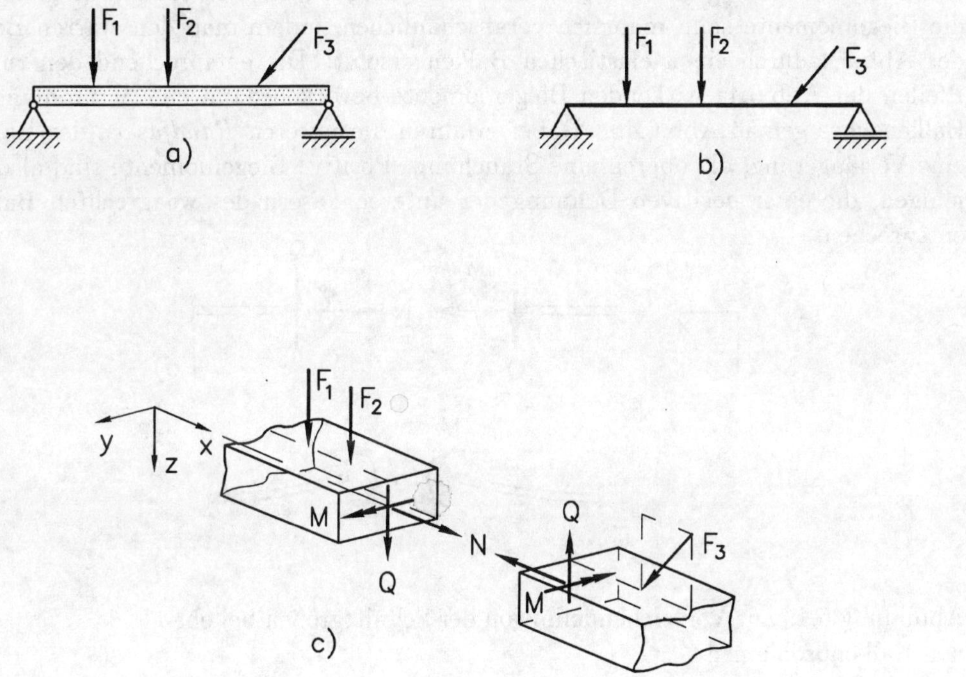

Abbildung 6.3: Zu den Schnittgrößen eines in der Ebene belasteten, geraden Balkens

Ein wichtiger Sonderfall ist der des in einer Ebene belasteten geraden Balkens. Wir betrachten dazu das Beispiel der Abb.6.3a. Da die Querabmessungen des Balkens definitionsgemäß sehr viel kleiner als die Balkenlänge sind, ersetzen wir Abb.6.3a durch eine Skizze gemäß der Abb.6.3b, wobei der Balken lediglich durch e
dargestellt ist, der seiner Achse entspricht. Am linken Balkenende wählen

tesisches Koordinatensystem, dessen x-Achse längs der geraden Balkenachse verläuft, auf der die jeweiligen Flächenschwerpunkte liegen. Die z-Achse richten wir nach unten, die y-Achse ergänzt das z-x-System zu einem positiv orientierten Dreibein. Wir nehmen hier an, daß die Kräfte F_1, F_2, F_3 der Abb.6.3a in einer lotrechten, durch die Balkenachse gehenden Ebene wirken. Schneiden wir den Balken gemäß Abb.6.3c, so erkennen wir unmittelbar, daß auch die Schnittkraft in dieser Ebene liegt; die Querkraft ist hier also lotrecht. Das Schnittmoment hingegen besitzt lediglich eine von Null verschiedene Komponente in Richtung der y-Achse. Es liegt also lediglich *Biegung bezüglich der y-Achse* vor; das Torsionsmoment ist null. Für die Vorzeichen der Schnittgrößen der Abb.6.3c vereinbaren wir, daß positive Werte von M, N, Q den in Abb.6.4 angegebenen Schnittgrößen entsprechen. Dabei bedeutet $N > 0$, daß die Normalkraft eine Zugkraft ist, $N < 0$ bedeutet Druck. Die Vorzeichenkonvention für die Biegemomente kann man sich veranschaulichen, indem man den starren Balken der Abb.6.4 durch einen elastischen Balken ersetzt: Die entsprechend den runden Pfeilen der Abb.6.4a wirkenden Biegemomente bewirken dann eine Krümmung der Balkenachse gemäß Abb.6.4b. Dabei erfahren die unteren *Randfasern* des Balkens eine Verlängerung, die oberen eine Stauchung. Positive Biegemomente sind also diejenigen, die einer positiven Dehnung der unteren Fasern des waagrechten Balkens entsprechen.

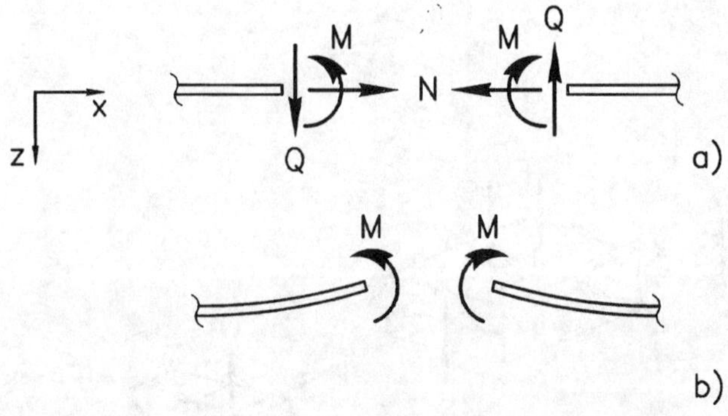

Abbildung 6.4: Zur Vorzeichendefinition der Schnittgrößen bei ebenen Balkenproblemen

Die Vorzeichen für die Schnittgrößen gemäß Abb.6.4a können in der folgenden *Vorzeichenregel* zusammengefaßt werden: *Positive* Schnittgrößen wirken am *positiven* Schnittufer in *positive* Koordinatenrichtung. Als positives Schnittufer wird dabei die Schnittfläche an demjenigen Balkenteil bezeichnet, bei dem die äußere Normale zur Schnittfläche in Richtung der positiven x-Achse zeigt. In Abb.6.4a ist also das linke Schnittufer positiv. In der Tat wirken an diesem Schnittufer die Schnittgrößen Q, N in Richtung der positiven z- bzw. der positiven x-Achse und das Biegemoment M dreht in positiver Richtung (im Gegenuhrzeigersinn). Während die Vorzeichendefinition gemäß Abb.6.4b zunächst nur auf ebene Balkenprobleme anwendbar ist, kann die oben angegebene Vorzeichenregel auch ohne weiteres auf räumliche Probleme übertragen werden.

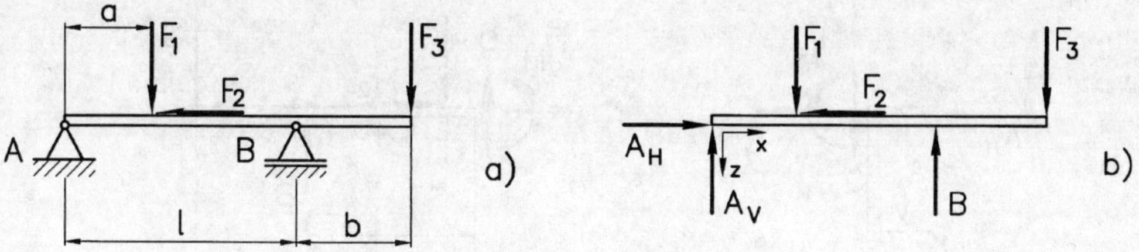

Abbildung 6.5: Beispiel zur Schnittgrößenbestimmung

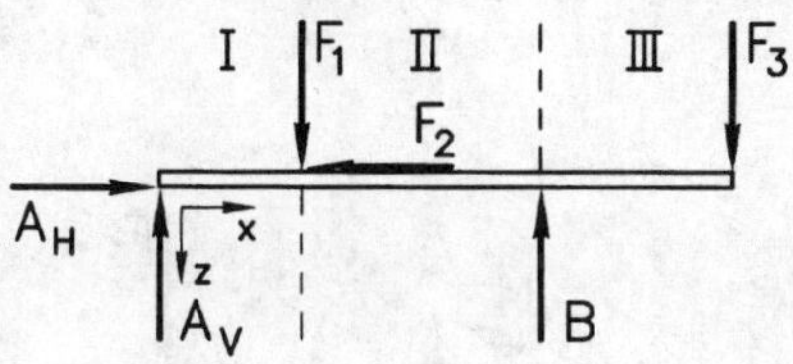

Abbildung 6.6: Unterteilung des Balkens in verschiedene Bereiche

In einem ersten Beispiel bestimmen wir die Schnittgrößen für den Balken der Abb.6.5a. Zunächst berechnen wir die Auflagerkräfte, die sich anhand des Schnittbildes der Abb.6.5b gemäß

$$\sum F_{ix} = 0 : \implies A_H = F_2 , \tag{6.1a}$$

$$\sum M_i^{(B)} = 0 : \implies A_V = \frac{1}{l} \left[F_1(l-a) - F_3\, b\right] , \tag{6.1b}$$

$$\sum M_i^{(A)} = 0 : \implies B = \frac{1}{l} \left[F_1\, a + F_3(l+b)\right] \tag{6.1c}$$

ergeben. Mit den nunmehr bekannten Auflagerkräften können die Schnittgrößen M, Q und N an einer beliebigen Stelle des Balkens bestimmt werden, indem man den Balken an dieser Stelle schneidet und für den rechten oder linken Teil Gleichgewichtsbedingungen aufstellt. Dabei ergeben sich in unterschiedlichen Bereichen des Balkens, die durch die Angriffspunkte der Lasten bzw. der Auflagerkräfte begrenzt werden, verschiedene Ausdrücke für die Schnittgrößen. Es ist daher zweckmäßig, den Balken gemäß Abb.6.6 im vorliegenden Fall in drei unterschiedliche *Bereiche* oder *Felder* einzuteilen.

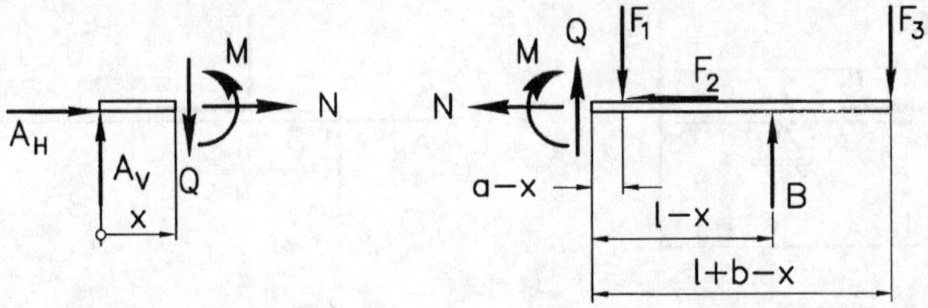

Abbildung 6.7: Schnittgrößen im Feld I

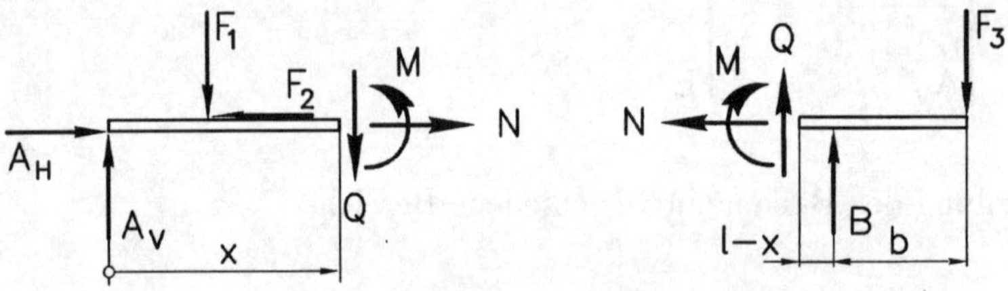

Abbildung 6.8: Schnittgrößen im Feld II

Das Feld I ist durch $0 \leq x < a$ definiert und Abb.6.7 zeigt einen Schnitt in diesem Bereich. Die Schnittgrößen können aus den Gleichgewichtsbedingungen für den rechten oder linken Balkenteil gewonnen werden. Im vorliegenden Fall ist es einfacher, den linken Teil zu betrachten und es folgt

$$\sum F_{ix} = 0 : \quad \Longrightarrow \quad N(x) = -\,A_H\,, \tag{6.2a}$$

$$\sum F_{iz} = 0 : \quad \Longrightarrow \quad Q(x) = A_V\,, \tag{6.2b}$$

$$\sum M_i^{(X)} = 0 : \quad -A_V\,x + M = 0 \quad \Longrightarrow \quad M(x) = A_V\,x \tag{6.2c}$$

für $0 \leq x < a$, wobei in (6.2) die in (6.1) errechneten Werte für A_H und A_V einzusetzen sind. Im Feld II gilt das Schnittbild der Abb.6.8 und die Gleichgewichtsbedingungen für den linken Teil ergeben

$$\sum F_{ix} = 0 : \quad A_H - F_2 + N = 0 \quad \Longrightarrow \quad N(x) = 0\,, \tag{6.3a}$$

$$\sum F_{iz} = 0 : \quad -A_V + F_1 + Q = 0 \quad \Longrightarrow \quad Q(x) = A_V - F_1\,, \tag{6.3b}$$

$$\sum M_i^{(X)} = 0 : \quad -A_V\, x + F_1(x-a) + M = 0$$

$$\Longrightarrow \quad M(x) = A_V\, x - F_1(x-a) \tag{6.3c}$$

für $a \leq x < l$. Zur Kontrolle geben wir hier auch noch die Gleichgewichtsbedingungen für den rechten Teil an und erkennen nach Einsetzen der Lagerkräfte, daß sie die gleichen Ergebnisse liefern:

$$\sum F_{ix} = 0 : \quad \Longrightarrow \quad N(x) = 0\,, \tag{6.4a}$$

$$\sum F_{iz} = 0 : \quad -Q - B + F_3 = 0 \quad \Longrightarrow \quad Q(x) = F_3 - B\,, \tag{6.4b}$$

$$\sum M_i^{(X)} = 0 : \quad -F_3(b + l - x) + B(l - x) - M = 0$$

$$\Longrightarrow \quad M(x) = B(l-x) - F_3(b + l - x)\,. \tag{6.4c}$$

Schließlich sind noch die Schnittgrößen in Feld III, d.h. für $l \leq x \leq l + b$ zu berechnen. Hier ist es jetzt gemäß Abb.6.9 bequemer, die Gleichgewichtsbedingungen für den rechten Teil anzuschreiben, es ergibt sich

$$\sum F_{ix} = 0 : \quad \Longrightarrow \quad N(x) = 0\,, \tag{6.5a}$$

$$\sum F_{iz} = 0 : \quad \Longrightarrow \quad Q(x) = F_3\,, \tag{6.5b}$$

$$\sum M_i^{(X)} = 0 : \quad -F_3(l + b - x) - M = 0$$

$$\Longrightarrow \quad M(x) = -F_3(l + b - x) \tag{6.5c}$$

für $l \leq x \leq l + b$.

Im vorliegenden Beispiel haben wir also lineare, bzw. konstante Funktionen für $N(x)$, $Q(x)$, $M(x)$ erhalten, wobei sich für die einzelnen Felder unterschiedliche Ausdrücke ergaben. Die Funktion $N(x)$ ist in Abb.6.10 dargestellt, man bezeichnet

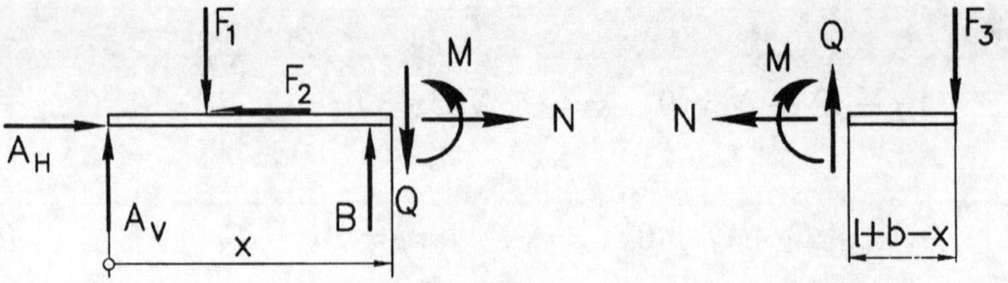

Abbildung 6.9: Schnittgrößen im Feld III

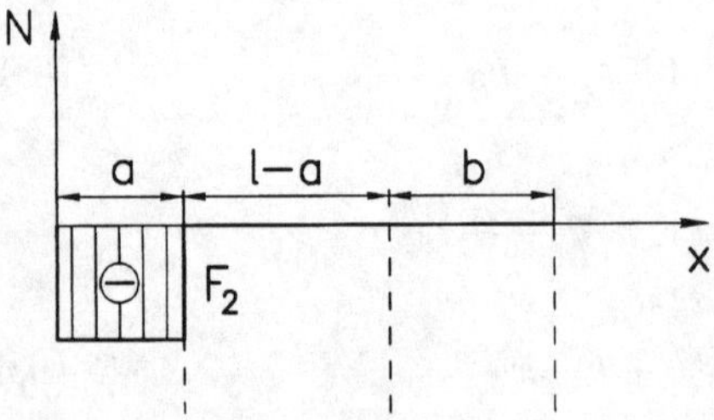

Abbildung 6.10: Normalkraftverlauf

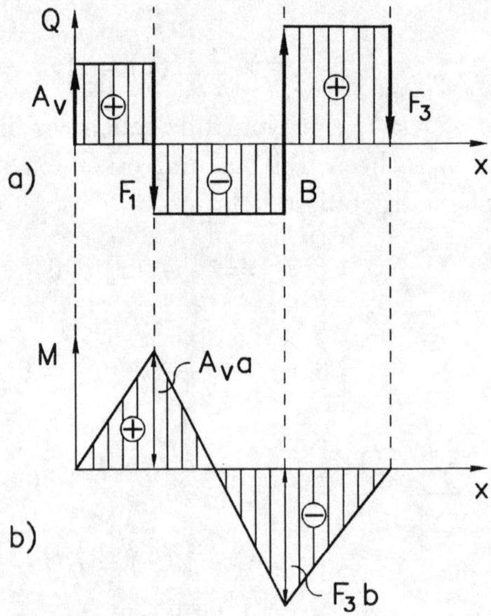

Abbildung 6.11: Querkraft- und Momentenverlauf

dieses Diagramm als *Normalkraftlinie* des Balkens. Abb.6.11a zeigt die *Querkraftlinie* und Abb.6.11b die *Momentenlinie* des Balkens unter der vorgegebenen Belastung. Man erkennt, daß an den Bereichsgrenzen Unstetigkeiten auftreten können.

Bei der Bemessung von Balken sind die Maximalwerte der Schnittgrößen von besonderem Interesse, sie sind deswegen in den Abbildungen gekennzeichnet. Bei Balken aus homogenen Materialien spielen die Vorzeichen der Querkraft und des Biegemomentes oft keine große Rolle. Anders ist es z.B. bei Stahlbetonträgern: Da der Beton selbst zwar sehr gut Druckkräfte, nicht jedoch Zugkräfte aufnimmt, ist es notwendig, die Stahlarmierung in den Zugbereich zu legen. Das bedeutet, daß bei positivem Biegemoment gemäß Abb.6.4b, die Stahlarmierung in der unteren Hälfte des Trägers liegen muß. Das Vorzeichen des Biegemomentes ist also in diesem Fall außerordentlich wichtig.

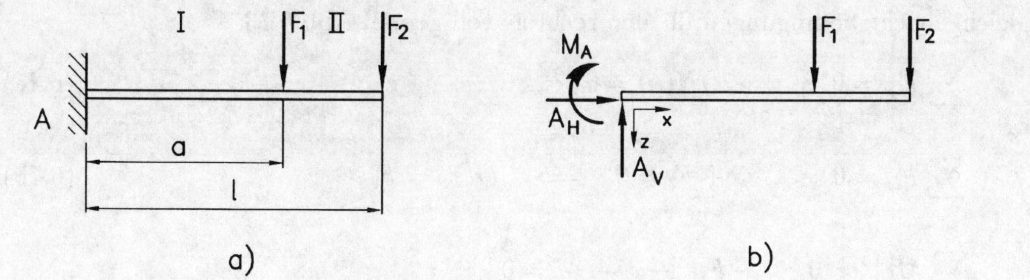

Abbildung 6.12: Zur Berechnung der Schnittgrößen an einem Kragträger

In einem zweiten Beispiel bestimmen wir die Schnittgrößen für den Balken der Abb.6.12a. Mit Hilfe des Freikörperbildes der Abb.6.12b berechnet man zunächst die Auflagerkräfte und das Einspannmoment:

$$\sum F_{ix} = 0 : \quad A_H = 0\,, \tag{6.6a}$$

$$\sum F_{iz} = 0 : \quad -A_V + F_1 + F_2 = 0 \quad \Longrightarrow \quad A_V = F_1 + F_2\,, \tag{6.6b}$$

$$\sum M_i^{(A)} = 0 : \quad -M_A - F_1\,a - F_2\,l = 0$$

$$\Longrightarrow \quad M_A = -\,F_1\,a - F_2\,l\,. \tag{6.6c}$$

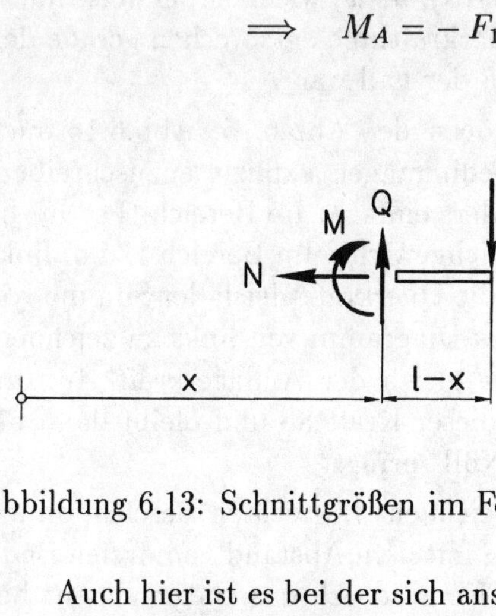

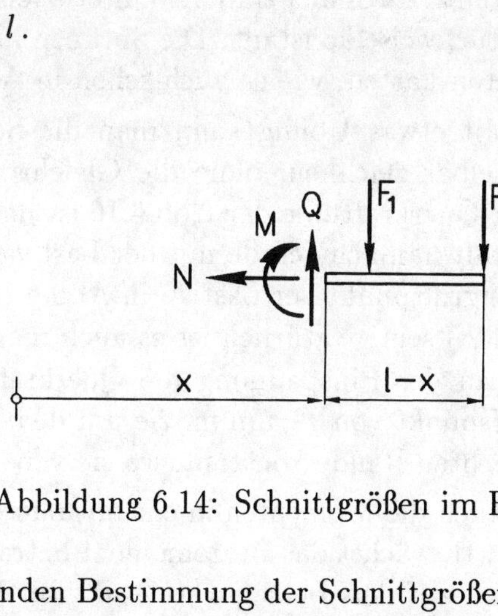

Abbildung 6.13: Schnittgrößen im Feld II Abbildung 6.14: Schnittgrößen im Feld I

Auch hier ist es bei der sich anschließenden Bestimmung der Schnittgrößen wieder notwendig, den Balken in Bereiche oder Felder zu unterteilen; die Einteilung in zwei Felder ist in Abb.6.12a schon vorgenommen. Wir beginnen mit der Bestimmung der Schnittgrößen im Feld II, d.h. für $a < x \leq l$ und erhalten aus den Gleichgewichtsbedingungen für den rechten Teil gemäß Abb.6.13

$$\sum F_{ix} = 0 : \quad \Longrightarrow \quad N(x) = 0\,, \tag{6.7a}$$

$$\sum F_{iz} = 0 : \quad -Q + F_2 = 0 \quad \Longrightarrow \quad Q(x) = F_2\,, \tag{6.7b}$$

$$\sum M_i^{(X)} = 0 : \quad -F_2(l-x) - M = 0$$

$$\Longrightarrow \quad M(x) = -F_2(l-x)\,. \tag{6.7c}$$

Für einen Schnitt im Feld I, d.h für $0 \leq x < a$ ergibt sich gemäß Abb.6.14:

$$\sum F_{ix} = 0 : \quad \Longrightarrow \quad N(x) = 0\,, \tag{6.8a}$$

$$\sum F_{iz} = 0 : \quad -Q + F_1 + F_2 = 0 \quad \Longrightarrow \quad Q(x) = F_1 + F_2\,, \tag{6.8b}$$

$$\sum M_i^{(X)} = 0 : \quad -M - F_1(a-x) - F_2(l-x) = 0$$

$$\Longrightarrow \quad M(x) = -F_1(a-x) - F_2(l-x)\,. \tag{6.8c}$$

Im gesamten Balken ist also $N(x) \equiv 0$ und $Q(x)$, $M(x)$ sind in Abb.6.15, Abb.6.16 dargestellt. Auch hier sind die Funktionen $N(x)$, $Q(x)$, $M(x)$ wieder stückweise linear bzw. stückweise konstant. Die Sprünge in der Querkraftlinie entsprechen gerade den lotrechten Lasten, wie es auch schon in Abb.6.11a der Fall war.

Mit etwas Übung kann man die Schnittgrößen der Abb.6.15, Abb.6.16 auch unmittelbar zeichnen, ohne die Gleichgewichtsbedingungen explizit anzuschreiben. Bei der Querkraftlinie der Abb.6.16 ist das besonders einfach: Im Bereich II steht die Querkraft nämlich gerade mit der Last F_2 im Gleichgewicht. Im Bereich I, d.h. links vom Angriffspunkt der Last F_1 in Abb.6.12, muß die Querkraft gleich der Summe von F_1 und F_2 sein. Natürlich ist es auch möglich, das Diagramm von links zu zeichnen: So ist an der Einspannung die Querkraft gerade gleich der Auflagerkraft A_V, am Angriffspunkt von F_1 nimmt sie um den Betrag dieser Kraft ab und bleibt dann bis zum rechten Rande konstant, wo sie von F_2 auf Null springt.

Auch die Momentenlinie kann man direkt zeichnen. Im rechten Bereich, d.h. im Feld II, wächst das Biegemoment betragsmäßig mit dem Abstand vom freien Ende von Null auf den Betrag $F_2(l-a)$. Im Bereich I ergibt sich das Biegemoment betragsmäßig als Summe der Momente von F_2 und F_1. Da die oberen Randfasern des

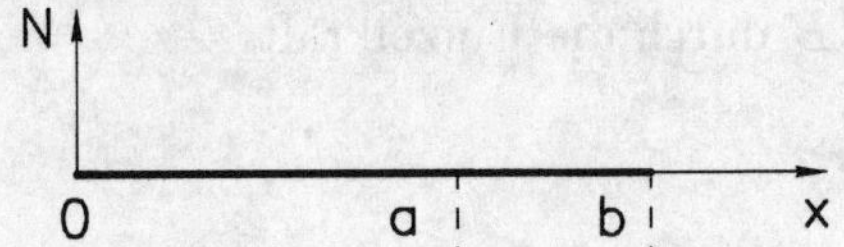

Abbildung 6.15: Normalkraftlinie des Kragträgers der Abb.6.12

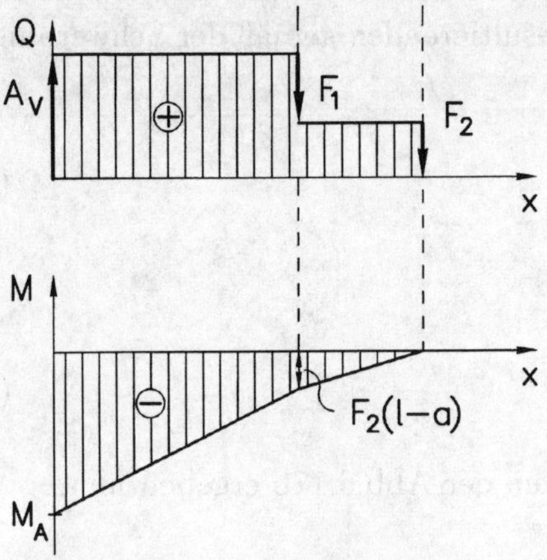

Abbildung 6.16: Querkraft- und Momentenlinie des Kragträgers der Abb.6.12

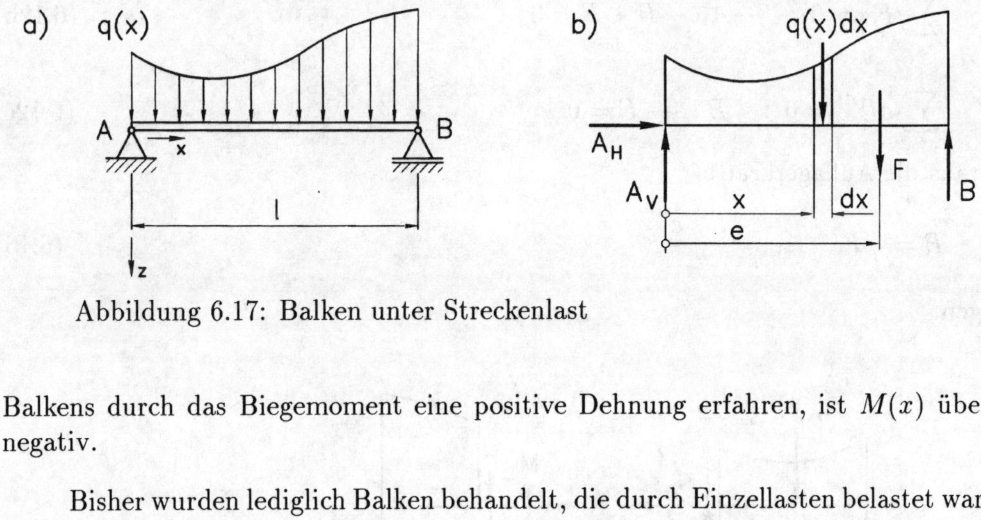

Abbildung 6.17: Balken unter Streckenlast

Balkens durch das Biegemoment eine positive Dehnung erfahren, ist $M(x)$ überall negativ.

Bisher wurden lediglich Balken behandelt, die durch Einzellasten belastet waren; wir wenden uns nun dem Fall zu, in dem die Belastung bezüglich x verteilt ist. Dies gilt z.B. für das Eigengewicht eines Balkens (das wir bisher immer vernachlässigt haben), für eine Belastung infolge Schnee oder ähnliches. Wir sprechen in diesem Fall von einer *Streckenlast* $q(x)$; die Dimension der Streckenlast ist Kraft/Länge. Zunächst bestimmen wir die Schnittgrößen $Q(x)$, $M(x)$, $N(x)$ für den Balken der Abb.6.17. Wir berechnen zuerst die Auflagerkräfte, wobei wir uns auf das Freikörperbild der Abb.6.17b beziehen. Die Streckenlast entspricht dabei einer aus lotrechten Kräften bestehenden Kräftegruppe, wie wir sie in Kapitel 3 behandelt haben. Wir können daher die gesamte Streckenlast am Balken AB durch die Einzelkraft

$$F = \int_0^l q(x)\,dx \tag{6.9}$$

ersetzen, wobei sich die Wirkungslinie der Resultierenden gemäß der Schwerpunktdefinition aus

$$e = \frac{\int_0^l x\,q(x)\,dx}{\int_0^l q(x)\,dx} \tag{6.10}$$

ergibt. Mit (6.9) schreiben wir auch

$$F\,e = \int_0^l x\,q(x)\,dx\,. \tag{6.11}$$

Die Gleichgewichtsbedingungen für den Balken der Abb.6.17b ergeben nun

$$\sum F_{ix} = 0 : \quad \Longrightarrow \quad A_H = 0\,, \tag{6.12a}$$

$$\sum F_{iz} = 0 : \quad -A_V - B + F = 0\,, \tag{6.12b}$$

$$\sum M_i^{(A)} = 0 : \quad B\,l - e\,F = 0\,, \tag{6.12c}$$

woraus die Auflagerkräfte

$$B = \frac{e}{l}F, \quad A_V = \frac{l-e}{l}F \tag{6.13}$$

folgen.

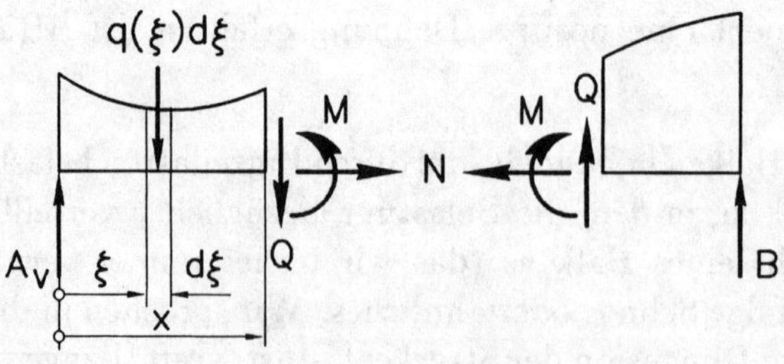

Abbildung 6.18: Schnittgrößenberechnung bei Streckenlasten

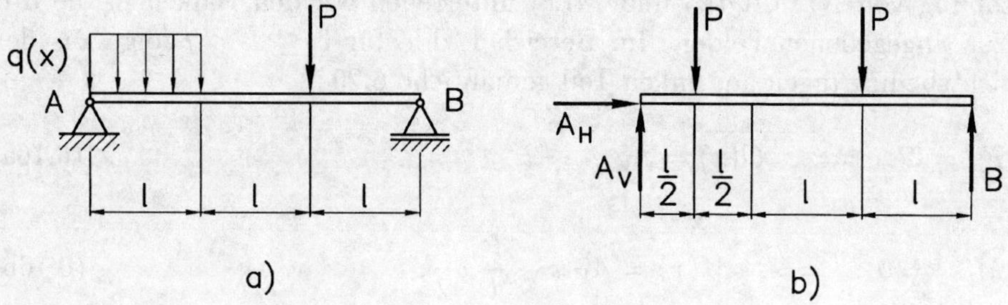

Abbildung 6.19: Balken unter Streckenlast und Einzellast

Mit den nunmehr bekannten Auflagerkräften bestimmen wir die Schnittgrößen an einer beliebigen Schnittstelle, die durch die Koordinate x gekennzeichnet ist. Dies geschieht definitionsgemäß durch Auswerten der Gleichgewichtsbedingungen für den linken oder für den rechten Teil der Abb.6.18. Zunächst erkennt man unmittelbar, daß im vorliegenden Fall

$$N(x) \equiv 0 \tag{6.14a}$$

gilt. Querkraft und Biegemoment ergeben sich aus den Gleichgewichtsbedingungen zu

$$Q(x) = A_V - \int_0^x q(\xi)\, d\xi\,, \tag{6.14b}$$

$$M(x) = A_V\, x - \int_0^x (x - \xi)\, q(\xi)\, d\xi\,. \tag{6.14c}$$

Damit sind die Schnittgrößen für den Balken der Abb.6.17 bei beliebiger Streckenlast $q(x)$ bestimmt. Als Beispiel berechnen wir die Schnittgrößen des Balkens der Abb.6.19a. Die Streckenlast im Bereich $0 \leq x \leq l$ sei durch $q(x) = P/l$ gegeben. Die Auflagerkräfte ergeben sich mit Abb.6.19b zu

$$\sum F_{ix} = 0 : \implies A_H = 0\,, \tag{6.15a}$$

$$\sum M_i^{(A)} = 0 : \quad -P\frac{l}{2} - P\,2l + B\,3l = 0 \implies B = \frac{5}{6}P\,, \tag{6.15b}$$

$$\sum M_i^{(B)} = 0 : \quad P\,l + P\,\frac{5}{2}\,l - A_V\,3l = 0 \implies A_V = \frac{7}{6}P\,. \tag{6.15c}$$

Zur Berechnung von $N(x)$, $Q(x)$ und $M(x)$ unterteilen wir den Balken in die drei in Abb.6.20a angegebenen Felder. Im Bereich I, d.h. für $0 \leq x < l$ folgt aus den Gleichgewichtsbedingungen am linken Teil gemäß Abb.6.20c

$$\sum F_{iz} = 0 : \quad \Longrightarrow \quad Q(x) = A_V - \frac{P}{l}\,x \tag{6.16a}$$

$$\sum M_i^{(X)} = 0 : \quad \Longrightarrow \quad M(x) = A_V\,x - \frac{P}{l}\,x\frac{x}{2}\,. \tag{6.16b}$$

Für einen Schnitt im Bereich II mit $l \leq x < 2l$ ergibt sich aus den Gleichgewichtsbedingungen für den linken Teil (Abb.6.20b)

$$\sum F_{iz} = 0 : \quad \Longrightarrow \quad Q(x) = A_V - P\,, \tag{6.17a}$$

$$\sum M_i^{(X)} = 0 : \quad \Longrightarrow \quad M(x) = A_V\,x - P(x - \frac{l}{2})\,. \tag{6.17b}$$

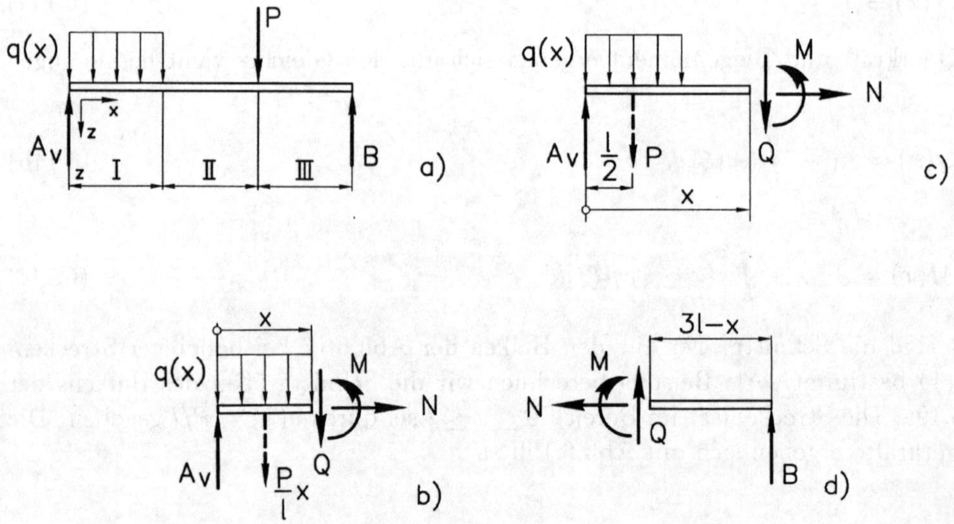

Abbildung 6.20: Schnittgrößen des Balkens der Abb.6.19

Im Bereich III, $2\,l \leq x \leq 3\,l$, liefern die Gleichgewichtsbedingungen für den rechten Teil (Abb.6.20d)

$$Q(x) = -\,B\,, \quad M(x) = B\,(3l - x)\,. \tag{6.18}$$

Querkraft- und Biegemomentenverlauf sind in Abb.6.21 dargestellt. Dabei fällt auf, daß die Funktion $Q(x)$ gerade die Steigung der Funktion $M(x)$ ist!

Wir untersuchen diesen Sachverhalt genauer und betrachten dazu das infinitesimale Balkenelement der Abb.6.22. Am linken und am rechten Schnittufer dieses Elements wirken unterschiedliche Schnittgrößen. Aus der Gleichgewichtsbedingung

$$\sum F_{iz} = 0 : \quad -Q + (Q + dQ) + q(x)\,dx = 0 \tag{6.19}$$

folgt zunächst der Zusammenhang

$$\boxed{\frac{dQ}{dx} = -\,q(x)} \tag{6.20}$$

zwischen Querkraft und Streckenlast.

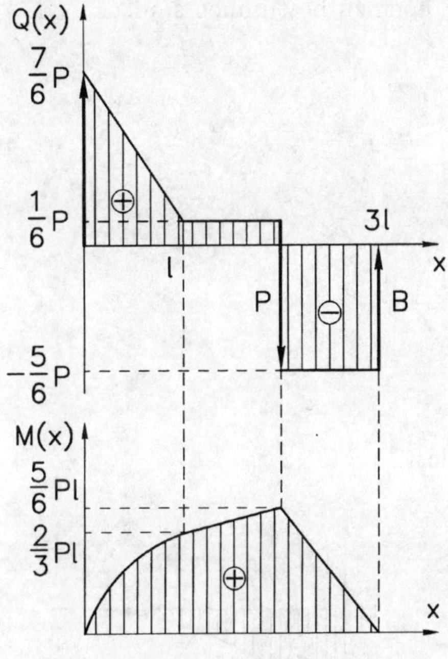

Abbildung 6.21: Querkraft- und Momentenlinie zur Abb.6.19

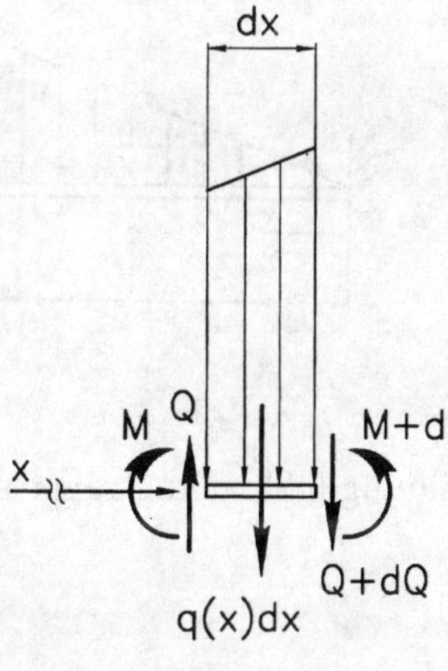

Abbildung 6.22: Zum Zusammenhang zwischen $q(x), Q(x)$ und $M(x)$

Ganz entsprechend folgt aus einer Momentengleichung um das linke Schnittufer

$$\sum M^{(X)} = 0 : \quad (M + dM) - M - (Q + dQ)\,dx - (q(x)\,dx)\,\frac{1}{2}\,dx = 0$$

$$\Longrightarrow \quad dM - Q\,dx = 0 \tag{6.21}$$

und damit

$$\boxed{\frac{dM}{dx} = Q(x)\,.} \tag{6.22}$$

Die Querkraft ist also in der Tat ganz allgemein gleich der Ableitung des Biegemomentes und man kann (6.20), (6.22) auch zu

$$\boxed{\frac{d^2M}{dx^2} = -\,q(x)} \tag{6.23}$$

zusammenfassen.

Damit ist eine weitere Möglichkeit zur Bestimmung der Schnittgrößen gegeben: Die Integration der vorgegebenen Streckenlast $q(x)$ liefert nach (6.20) die Größe $-\,Q(x)$, und eine weitere Integration ergibt gemäß (6.22) $-\,M(x)$. Bei diesen Integrationen treten Integrationskonstanten auf, die noch zu bestimmen sind.

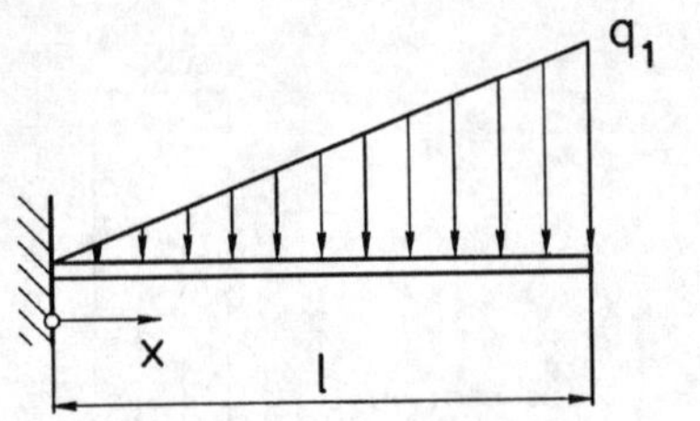

Abbildung 6.23: Kragträger unter Dreieckslast

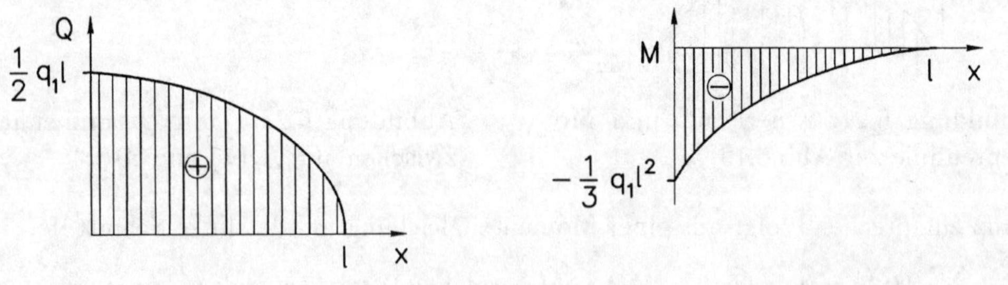

Abbildung 6.24: Querkraft- und Momentenlinie zu Abb.6.23

Als Beispiel zu dieser Vorgehensweise berechnen wir die Schnittgrößen des Kragträgers der Abb.6.23, der durch die *Dreieckslast*

$$q(x) = q_1 \frac{x}{l} \tag{6.24}$$

belastet wird. Integration von (6.24) liefert

$$Q(x) = -\int q(x)\,dx = -\,q_1 \frac{x^2}{2l} + C_1, \tag{6.25}$$

$$M(x) = \int Q(x)\,dx = -\,q_1 \frac{x^3}{6l} + C_1\,x + C_2 \tag{6.26}$$

mit den noch zu bestimmenden Integrationskonstanten C_1, C_2. Diese können aus den Randbedingungen bestimmt werden und zwar gilt

$$M(l) = 0\,, \quad Q(l) = 0\,, \tag{6.27}$$

da ja am rechten Ende des Kragträgers sowohl Biegemoment als auch Querkraft verschwinden. Daraus ergibt sich mit (6.25), (6.26)

$$Q(l) = -\,q_1 \frac{l}{2} + C_1 = 0 \quad \Longrightarrow \quad C_1 = q_1 \frac{l}{2}, \tag{6.28}$$

$$M(l) = -q_1 \frac{l^2}{6} + C_1\,l + C_2 = 0 \quad \Longrightarrow \quad C_2 = -\,\frac{1}{3}\,q_1\,l^2\,. \tag{6.29}$$

Die Funktionen $Q(x)$, $M(x)$ sind damit bekannt und Querkraft- und Momentenlinie sind in Abb.6.24 dargestellt. Man beachte, daß $Q(x)$ an der Stelle $x = 0$ eine waagrechte Tangente hat, da $q(0) = 0$ ist und

$$\boxed{Q'(x) = -\,q(x)\,, \quad M'(x) = Q(x)\,, \quad M''(x) = -\,q(x)} \tag{6.30}$$

gilt. Ebenso hat $M(x)$ an der Stelle $x = l$ eine waagrechte Tangente, da $Q(l) = 0$ ist.

Bei vorgegebener Streckenlast $q(x)$ kann man also durch Integration $Q(x)$ und $M(x)$ berechnen und die dabei auftretenden Integrationskonstanten über die Randbedingungen bestimmen. Für einige der häufig vorkommenden Balkenränder sind diese Randbedingungen in der Tabelle 6.1 angegeben.

Tabelle 6.1

	Q	M	N
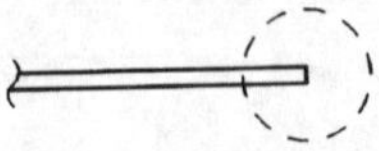	0	0	0
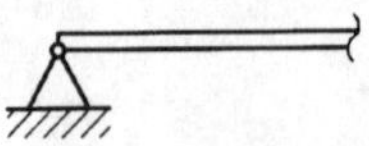	i.a. $\neq 0$	0	i.a. $\neq 0$
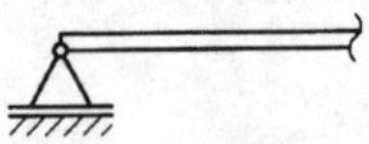	i.a. $\neq 0$	0	0
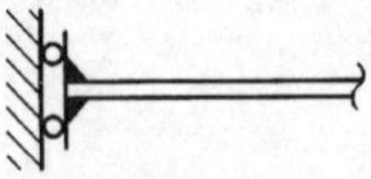	0	i.a. $\neq 0$	i.a. $\neq 0$
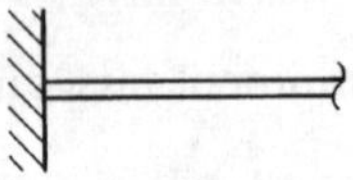	i.a. $\neq 0$	i.a. $\neq 0$	i.a. $\neq 0$

Aus den Beziehungen zwischen $q(x), Q(x)$ und $M(x)$ folgt auch

$$q(a) = 0 \quad \Longleftrightarrow \quad \text{für } x = a \text{ hat } Q(x) \text{ ein Extremum}, \tag{6.31a}$$

$$Q(a) = 0 \quad \Longleftrightarrow \quad \text{für } x = a \text{ hat } M(x) \text{ ein Extremum}. \tag{6.31b}$$

Die Feststellung "die Funktion $f(x)$ hat an der Stelle $x = a$ ein Extremum" bedeutet, daß $f'(a) = 0$ ist. Insbesondere kann die Funktion dabei ein Maximum oder ein Minimum annehmen. Eine in einem endlichen Intervall definierte Funktion kann natürlich ihre größten und kleinsten Werte auch am Rande des Definitionsbereiches annehmen, ohne daß dort die Ableitung verschwindet.

Wie wir schon gesehen haben, ist es notwendig, bei der Berechnung der Schnittgrößen den Balken in Bereiche einzuteilen, wobei die Funktionen $Q(x)$, $M(x)$ und $N(x)$ bereichsweise durch unterschiedliche Ausdrücke gegeben sind. Da in diesen Fällen auch bereichsweise integriert wird, sind auch die Integrationskonstanten von Bereich zu Bereich unterschiedlich. Zusätzlich zu den schon betrachteten Randbedingungen werden in diesem Fall *Übergangsbedingungen* benötigt, die die Schnittgrößen in beiden Bereichen an den Bereichsgrenzen miteinander verbinden. In der Tabelle 6.2 sind für einige Arten von Bereichsgrenzen die Übergangsbedingungen angegeben. Mit $f(a^+)$, $f(a^-)$ bezeichnen wir hier den rechtsseitigen, bzw. linksseitigen Grenzwert der Funktion $f(x)$ an der Stelle $x = a$. Es gilt die Definition $f(a^-) := \lim_{x \to a^-} f(x) := \lim_{|\epsilon| \to 0} f(x - |\epsilon|)$ und analog für $f(a^+)$.

Tabelle 6.2

	Q	M
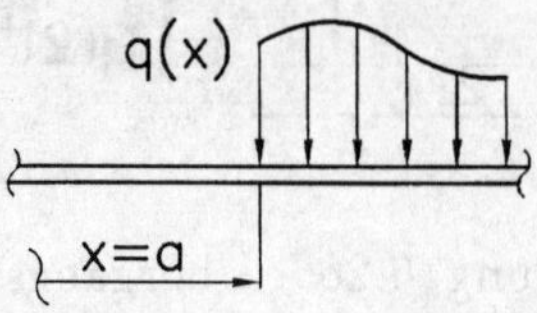	$Q(a^+) = Q(a^-)$ Knick in Q-Linie	$M(a^+) = M(a^-)$
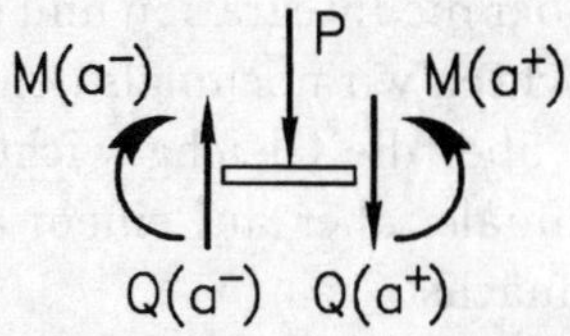 Einzellast P	$Q(a^+) = Q(a^-) - P$ Sprung in Q-Linie	$M(a^+) = M(a^-)$ Knick in M-Linie
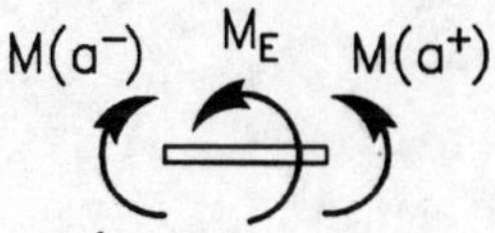 eingeprägtes Moment M_E	$Q(a^+) = Q(a^-)$	$M(a^+) = M(a^-) - M_E$ Sprung in M-Linie
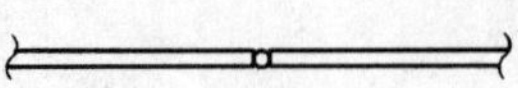	$Q(a^+) = Q(a^-)$	$M(a^+) = 0$, $M(a^-) = 0$
	$Q(a^+) = 0$, $Q(a^-) = 0$	$M(a^+) = M(a^-)$

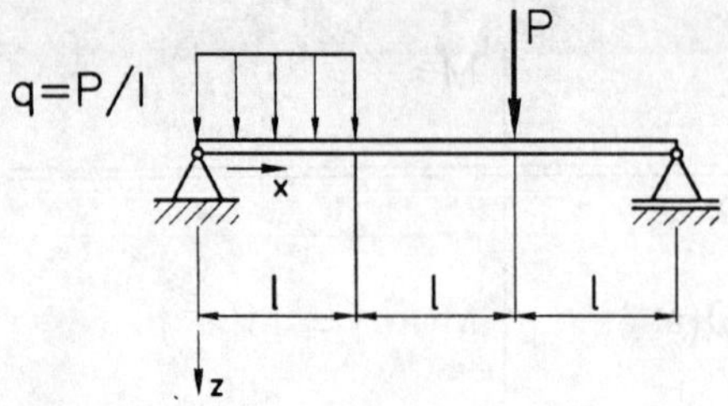

Abbildung 6.25: Balken unter Strecken- und Einzellast

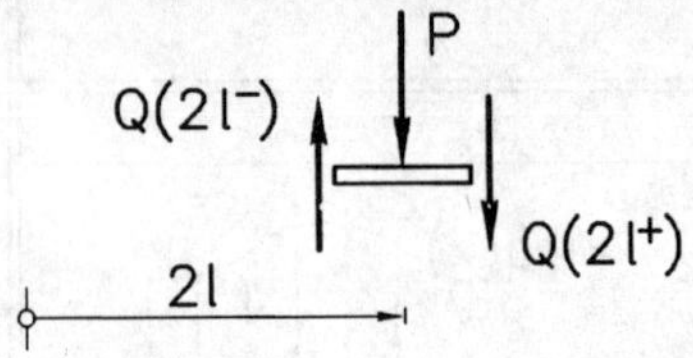

Abbildung 6.26: Übergangsbedingungen an der Stelle $x = 2l$

Als Beispiel zur Bestimmung der Schnittgrößen über die Integration und die Verwendung von Rand- und Übergangsbedingungen betrachten wir nochmals den Balken der Abb.6.25, für den schon vorher die Schnittgrößen über die Gleichgewichtsbedingungen bestimmt wurden. Wir werden sie jetzt nochmals, aber auf einem anderen Wege berechnen. Für den Bereich I, $0 \leq x < l$, gilt zunächst

$$Q(x) = \int -q\,dx = -\frac{P}{l}\,x + C_1\,, \tag{6.32}$$

und daraus folgt

$$M(x) = \int Q\,dx = -\frac{P}{2l}\,x^2 + C_1\,x + C_2\,. \tag{6.33}$$

Die Randbedingung am linken Rand ist

$$M(0) = 0 \quad \Longrightarrow \quad C_2 = 0\,. \tag{6.34}$$

Entsprechend folgt für den Bereich II, $l \leq x < 2l$

$$q(x) \equiv 0 \quad \Longrightarrow \quad Q(x) = C_3\,, \tag{6.35}$$

$$M(x) = C_3\,x + C_4\,. \tag{6.36}$$

Ebenso gilt für den Bereich III, $2l < x \leq 3l$, mit $q(x) \equiv 0$

$$Q(x) = C_5\,, \tag{6.37}$$

$$M(x) = C_5\,x + C_6\,. \tag{6.38}$$

Am rechten Rande verschwindet das Biegemoment, so daß

$$M(3l) = 0 \quad \Longrightarrow \quad C_5\,3l + C_6 = 0 \quad \Longrightarrow \quad C_6 = -\,3l\,C_5 \tag{6.39}$$

ist. Damit sind die Randbedingungen voll ausgeschöpft. Es stehen allerdings noch die Übergangsbedingungen an den Bereichsgrenzen zur Verfügung. An der Stelle $x = l$ gilt mit (6.32), (6.35) und der Tabelle 6.2

$$Q(l^-) = Q(l^+) : \quad -P + C_1 = C_3 \quad \Longrightarrow \quad C_1 - C_3 = P \tag{6.40}$$

und mit (6.33), (6.36)

$$M(l^-) = M(l^+) : \quad -\frac{P}{2}\,l + C_1\,l = C_3\,l + C_4$$

$$\Longrightarrow \quad C_1\,l - C_3\,l - C_4 = \frac{P}{2}\,l\,. \tag{6.41}$$

Ebenso folgt für $x = 2l$ mit Abb.6.26, (6.35), (6.37)

$$Q(2l^-) = Q(2l^+) + P : \quad C_3 = C_5 + P \quad \Longrightarrow \quad C_3 - C_5 = P\,, \tag{6.42}$$

und mit (6.36), (6.38) und (6.39)

$$M(2l^-) = M(2l^+) : \quad C_3\,2l + C_4 = C_5\,2l - C_5\,3l$$

$$\Longrightarrow \quad C_3\,2l + C_4 + C_5\,l = 0\,. \tag{6.43}$$

Mit (6.38) - (6.41) liegt ein System von fünf Gleichungen zur Bestimmung der fünf unbekannten Integrationskonstanten vor, dessen Lösung keine Schwierigkeiten bereitet. Mit den daraus berechneten Integrationskonstanten sind dann auch die Schnittgrößen bekannt. Man beachte, daß bei dieser Vorgehensweise die Kenntnis der Auflagerkräfte nicht notwendig war. Diese ergeben sich vielmehr aus der Querkraft gemäß

$$A_V = -\,Q(0)\,, \quad B_V = -\,Q(3l)\,. \tag{6.44}$$

Aus (6.20), (6.22) erkennt man unmittelbar, daß für $q(x) \equiv 0$ die Querkraft zumindest bereichsweise konstant und das Biegemoment $M(x)$ demnach bereichsweise linear in x ist. Ebenso wird bei linearer Streckenlast $q(x)$ die Querkraft $Q(x)$ quadratisch und das Biegemoment $M(x)$ kubisch sein, usw. Unter Verwendung dieser einfachen Zusammenhänge ist es oft möglich, die Querkraft und Momentenlinie direkt zu skizzieren. Für das Beispiel der Abb.6.27a, das mit dem der Abb.2.69 identisch ist, bereitet das keinerlei Schwierigkeiten. In Abb.6.27b sind zunächst die Auflager freigeschnitten; sie wurden schon in Kapitel 2 bestimmt:

$$A = -\,\frac{M_E}{2\,a} + \frac{1}{2}\,P\,, \quad B = \frac{M_E}{2\,a} - \frac{3}{2}\,P\,, \quad C = 2P\,, \quad D = 0\,. \tag{6.45}$$

Wegen $q(x) \equiv 0$, ist $Q(x)$ stückweise konstant und $M(x)$ stückweise linear. Mit den Auflagerkräften aus (6.43) ist es leicht, die Querkraftlinie der Abb.6.28a zu zeichnen. Damit ist die Steigung der Momentenlinie bekannt und mit $M(0) = 0$ und dem Sprung am Wirkungsort von M_E kann diese nun unmittelbar skizziert werden. Man beachte, daß das eingeprägte Moment zwar beliebig innerhalb eines starren Körpers verschoben werden darf, ohne daß sich dadurch die Auflagerkräfte ändern. Der Schnittgrößenverlauf hängt jedoch vom Wirkungsort von M_E ab.

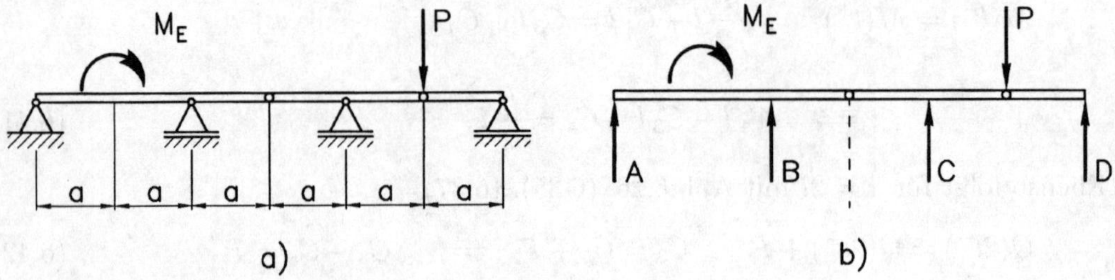

Abbildung 6.27: GERBER-Träger

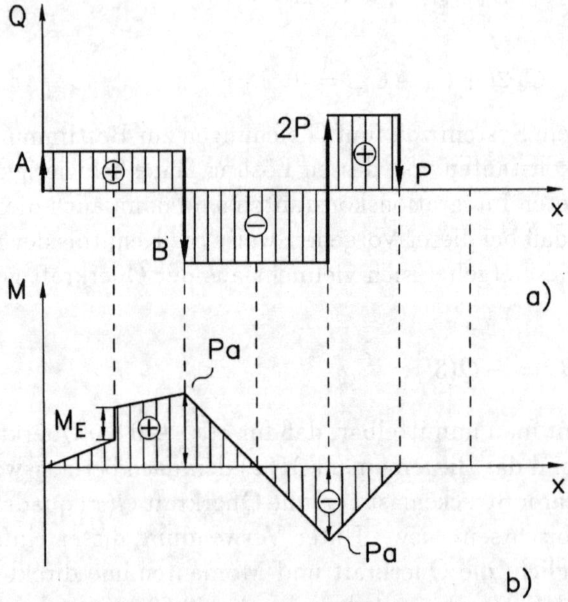

Abbildung 6.28: Schnittgrößen des Balkens

$A = -\frac{M_e}{2a} + \frac{1}{2}P$

$B = \frac{M_e}{2a} - \frac{3}{2}P$

$C = 2P$, $D = 0$

6.2 Ebene Rahmen und Bögen

Als *Rahmen* bezeichnet man Tragwerke, die aus Balken zusammengesetzt sind. Dabei treten im allgemeinen biegesteife Ecken auf, es können jedoch auch Balken gelenkig miteinander verbunden sein. Die Schnittgrößen $M(x)$, $Q(x)$, $N(x)$ sind in jedem Balken wie bisher definiert. Zur Festlegung der Vorzeichen und zur Auswertung der Beziehungen (6.30) ist es aber zweckmäßig, für jeden einzelnen Balken des Rahmens ein *lokales Bezugssystem* zu verwenden. Beim einzelnen Balken hatten wir angenommen, daß die z-Achse "nach unten" zeigt.

In dem ebenen Rahmen der Abb.6.29 ist gestrichelt eine *Definitionsfaser* eingezeichnet, die wir hier willkürlich an die innere Seite des Rahmens gelegt haben. Die einzelnen, lokalen Bezugssysteme für die Balken sind jetzt so gewählt, daß die z-Achse jeweils "nach unten", d.h. von der Balkenachse auf die Definitionsfaser hin zeigt und die lokale x-Achse dabei von links nach rechts gezählt wird. Damit ergeben sich für den Balken der Abb.6.29 die drei skizzierten, lokalen, kartesischen Bezugssysteme. Ein Biegemoment ist dann – wie bisher – positiv, wenn sich die Definitionsfaser bei der Biegung eines elastischen Balkens verlängert, d.h. wenn sie eine positive Dehnung erfährt.

Im übrigen können die Schnittgrößen für die einzelnen Balken eines Rahmens wie auch schon bisher für die einzelnen Balken berechnet werden. Lediglich an den Ecken, d.h. an den Verbindungen der einzelnen Balken miteinander, sind Zusatzüberlegungen notwendig. Wir betrachten hierzu die Schnittgrößen des Rahmens der Abb.6.30a an den drei Schnittufern der Ecke der Abb.6.30b.

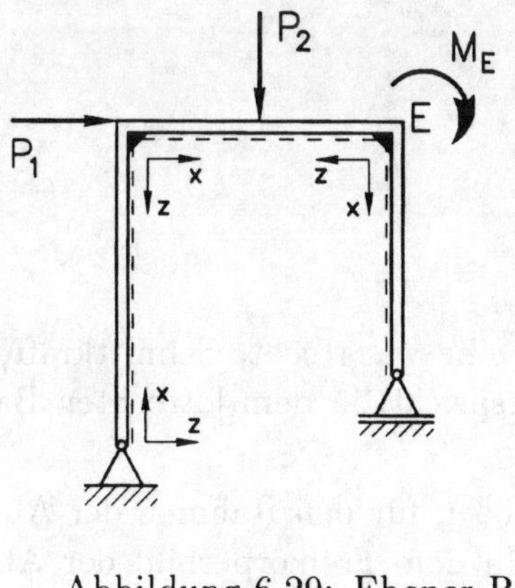

Abbildung 6.29: Ebener Rahmen

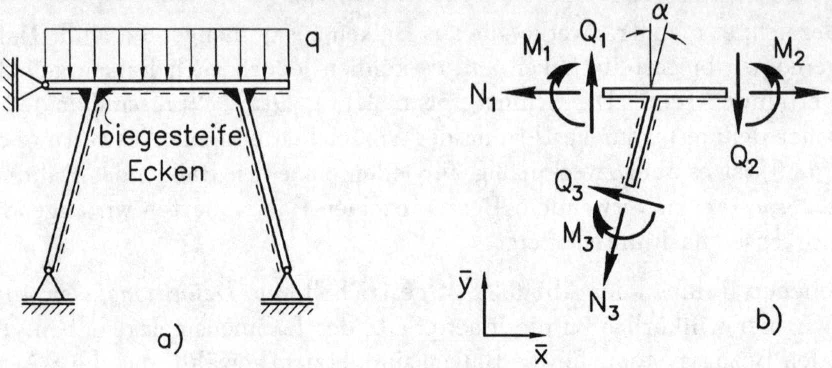

Abbildung 6.30: Ebener Rahmen

Die Gleichgewichtsbedingungen für den Eckpunkt ergeben

$$\sum F_{i\bar{x}} = 0 : \quad N_2 - N_1 - Q_3 \cos\alpha - N_3 \sin\alpha = 0\,, \tag{6.46a}$$

$$\sum F_{i\bar{y}} = 0 : \quad Q_1 - Q_2 + Q_3 \sin\alpha - N_3 \cos\alpha = 0\,, \tag{6.46b}$$

$$\sum M_i = 0 : \quad M_2 - M_1 - M_3 = 0\,. \tag{6.46c}$$

Im Sonderfall $\alpha = 0$ folgt daraus

$$N_2 = N_1 + Q_3\,, \tag{6.47a}$$

$$Q_2 = Q_1 - N_3\,, \tag{6.47b}$$

$$M_2 = M_1 + M_3\,. \tag{6.47c}$$

Insbesondere erkennt man, daß in diesem Fall eine waagrechte Schnittkraft, die für den horizontalen Balken einer Normalkraft entspricht, in dem lotrechten Balkenteil als Querkraft auftritt, und umgekehrt.

Als Beispiel bestimmen wir die Schnittgrößen für den Rahmen der Abb.6.31a, der durch eine einzelne Kraft belastet wird. In dem Freikörperbild der Abb.6.31b ist außer den Auflagerkräften auch die willkürlich gewählte Definitionsfaser skizziert. Damit ergeben sich auf einfache Art und Weise die Schnittgrößen der Abb.6.32.

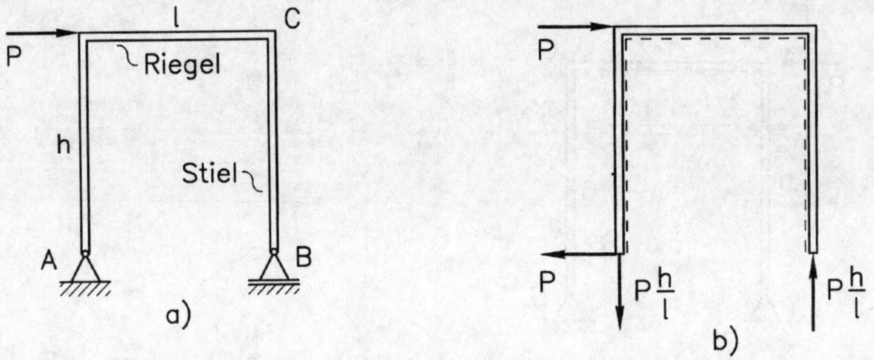

Abbildung 6.31: Rahmen unter Einzellast

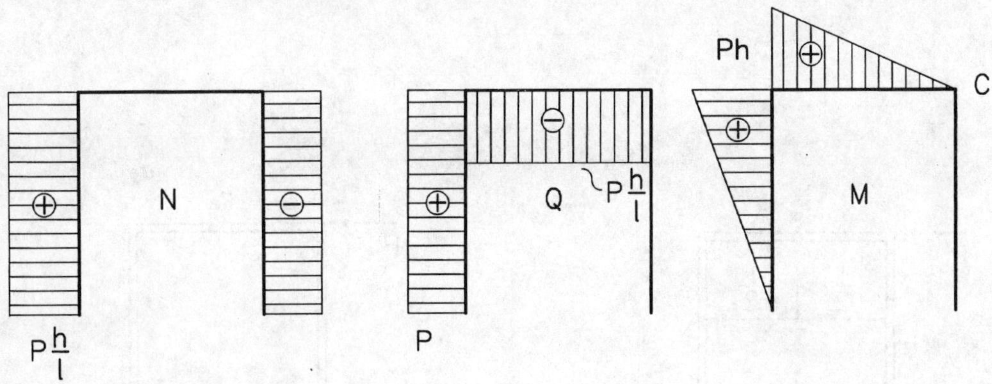

Abbildung 6.32: Schnittgrößen des Rahmens der Abb.6.31

Wir untersuchen nun, wie sich Veränderungen in den Verbindungen der einzelnen Balken des Rahmens auf die Schnittgrößen auswirken. Dabei wird zunächst die biegesteife Ecke in C gemäß Abb.6.33 durch ein Gelenk und das einwertige Auflager B in Abb.6.31a durch ein zweiwertiges Auflager ersetzt. Damit ist der neue Rahmen der Abb.6.33 ein Dreigelenkbogen, und der Balken CB verhält sich als Stab, da lediglich an seinen Endpunkten Kräfte auf ihn wirken. Man erkennt unmittelbar, daß die Auflagerkräfte die gleichen sind wie vorher. Auch die Schnittgrößen verändern sich nicht. In C verschwindet nämlich das Biegemoment auch bei biegesteifer Ecke (Abb.6.32). Da demnach sowieso an dieser Stelle kein Biegemoment übertragen wird, ändert der Einbau eines Gelenks bei der hier vorliegenden Belastung überhaupt nichts.

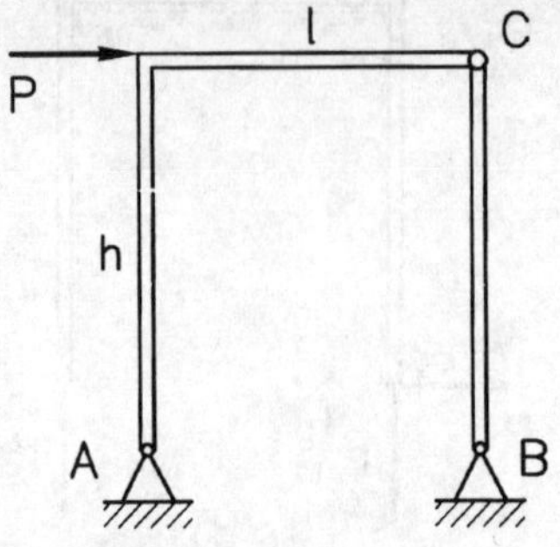

Abbildung 6.33: Rahmen mit Gelenk in C

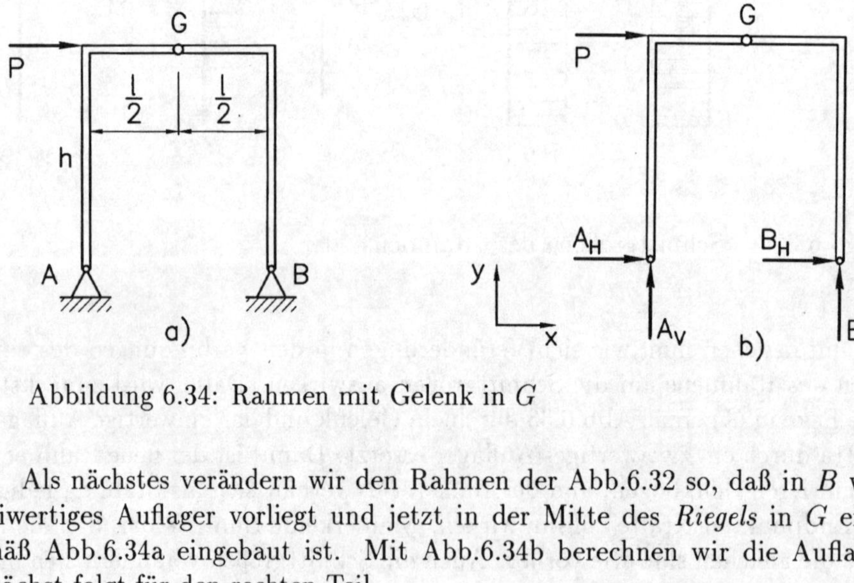

Abbildung 6.34: Rahmen mit Gelenk in G

Als nächstes verändern wir den Rahmen der Abb.6.32 so, daß in B wieder ein zweiwertiges Auflager vorliegt und jetzt in der Mitte des *Riegels* in G ein Gelenk gemäß Abb.6.34a eingebaut ist. Mit Abb.6.34b berechnen wir die Auflagerkräfte. Zunächst folgt für den rechten Teil

$$\sum M_i^{(G)} = 0 : \quad B_V \frac{l}{2} + B_H \, h = 0 \,. \tag{6.48}$$

Außerdem gilt am Gesamtsystem

$$\sum M_i^{(A)} = 0 : \quad - P \, h + B_V \, l = 0 \,. \tag{6.49}$$

Aus (6.48), (6.49) folgt

$$B_V = P\,h/l\,, \quad B_H = -\,P/2\,. \tag{6.50}$$

Die restlichen beiden Gleichgewichtsbedingungen für das Gesamtsystem liefern

$$\sum F_{iy} = 0\;: \quad A_V + B_V = 0 \quad \Longrightarrow \quad A_V = -\,P\,h/l\,, \tag{6.51}$$

$$\sum F_{ix} = 0\;: \quad A_H + B_H + P = 0 \quad \Longrightarrow \quad A_H = -\,P/2\,. \tag{6.52}$$

Die berechneten Auflagerkräfte sind gemeinsam mit der Definitionsfaser in Abb.6.35a skizziert. Damit ergeben sich die Schnittgrößen gemäß Abb.6.35b,c,d.

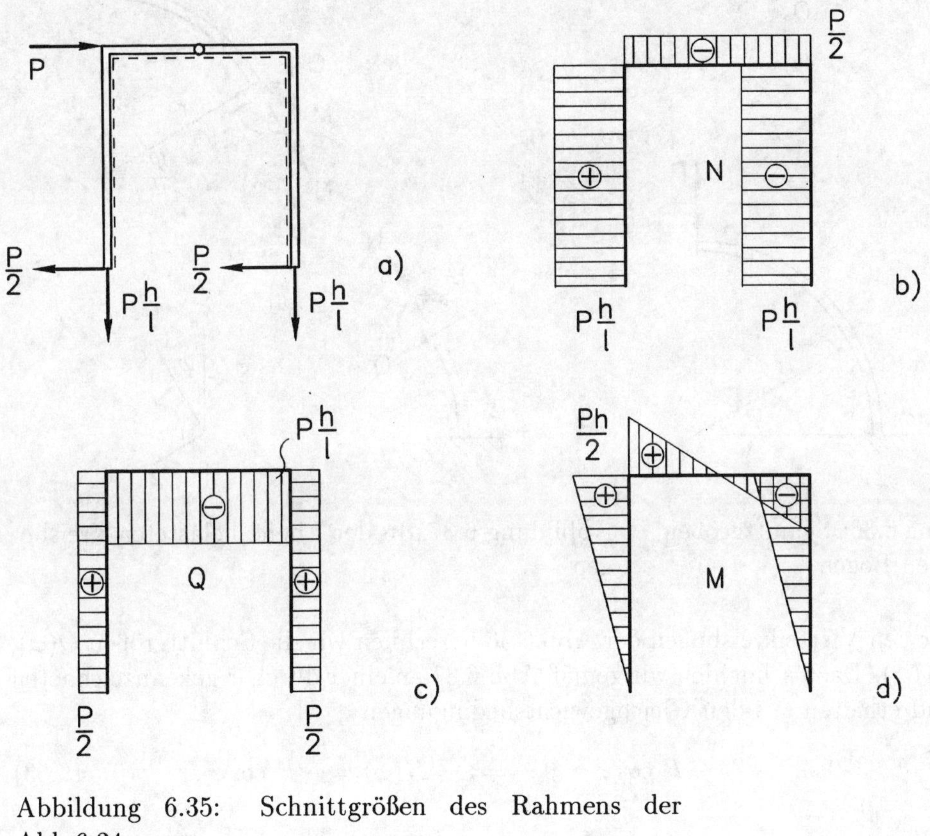

Abbildung 6.35: Schnittgrößen des Rahmens der Abb.6.34

Ein Vergleich von Abb.6.35 mit Abb.6.32 zeigt, daß im vorliegenden Fall die maximalen Biegemomente nur noch halb so groß sind wie vorher. Bei der vorgegebenen Belastung durch die Einzelkraft P und bei homogenen Balken gleichen Querschnitts ist also die letzte Konstruktion günstiger als die erste.

Als nächstes befassen wir uns noch kurz mit den Schnittgrößen ebener Bögen. Als Bogen bezeichnen wir dabei einen Balken mit gekrümmter Balkenachse, für den gemäß Abb.6.36 an jedem Punkt seiner Mittellinie ein lokales Bezugssystem eingeführt wird. Dabei liegen die Flächenschwerpunkte auf der Mittelachse des Bogens und die lokale x-Achse entspricht der Tangenten, die lokale z-Achse der Normalen zur Balkenmittellinie. Die Definitionen für die Schnittgrößen und deren Vorzeichen können sinngemäß vom Balken auf den Bogen übertragen werden.

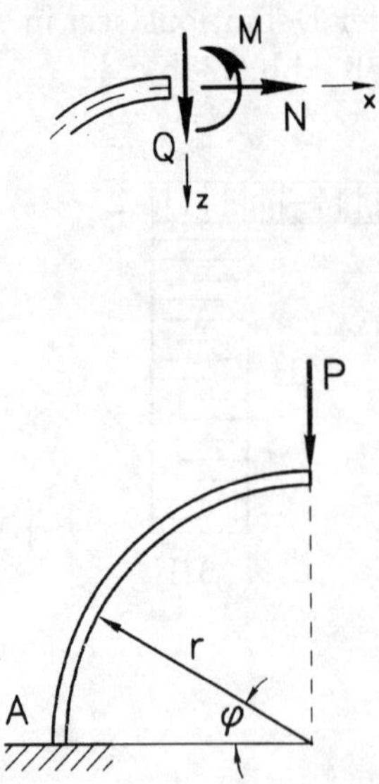

Abbildung 6.36: Schnittgrößen am ebenen Bogen

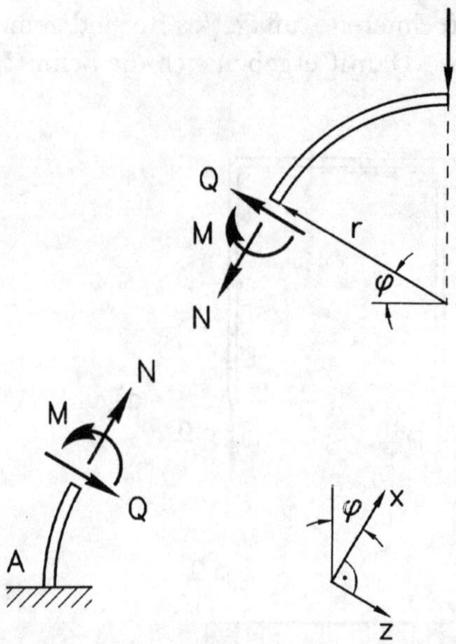

Abbildung 6.37: In der Ebene belasteter Kreisbogen

Für den Viertelkreisbogen der Abb.6.36 berechnen wir die Schnittgrößen $Q(\varphi)$, $N(\varphi)$, $M(\varphi)$. Dazu schneiden wir gemäß Abb.6.37 an einer durch φ gekennzeichneten Stelle und erhalten aus den Gleichgewichtsbedingungen

$$\sum F_{ix} = 0 : \quad -N - P\cos\varphi = 0 \quad \Longrightarrow \quad N(\varphi) = -P\cos\varphi\,, \tag{6.53}$$

$$\sum F_{iz} = 0 : \quad -Q + P\sin\varphi = 0 \quad \Longrightarrow \quad Q(\varphi) = P\sin\varphi\,, \tag{6.54}$$

$$\sum M_i^{(\varphi)} = 0 : \quad -P\,r\cos\varphi - M = 0 \quad \Longrightarrow \quad M(\varphi) = -P\,r\cos\varphi\,. \tag{6.55}$$

Diese Schnittgrößen sind in Abb.6.38 skizziert.

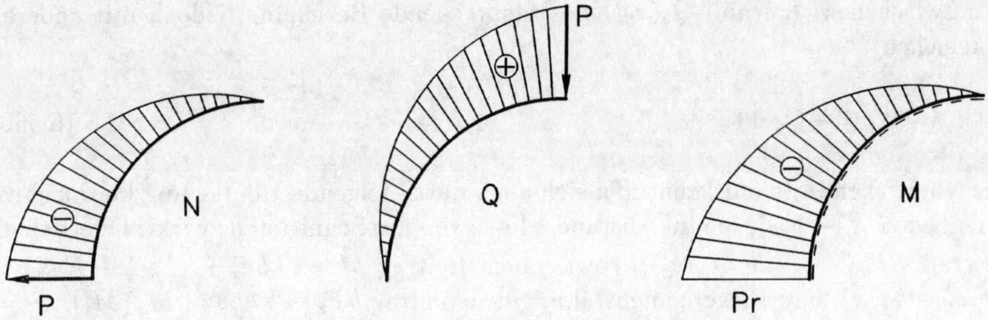

Abbildung 6.38: Schnittgrößen zu Abb.6.37

6.3 Räumliche Rahmen und Bögen

Bisher haben wir nur ebene Bögen und Balkensysteme behandelt, die ausschließlich in ihrer Ebene belastet wurden. Wir betrachten nun noch kurz räumliche Balkensysteme. In diesem Fall müssen sowohl die Schnittkräfte als auch die Schnittmomente im allgemeinen durch drei Komponenten dargestellt werden. Die Schnittkraft wird in die Normalkraft und in zwei Querkraftkomponenten zerlegt. Das Schnittmoment setzt sich zusammen aus Biegemomenten, die um zwei zueinander orthogonale Koordinatenachsen drehen, und aus dem Torsionsmoment.

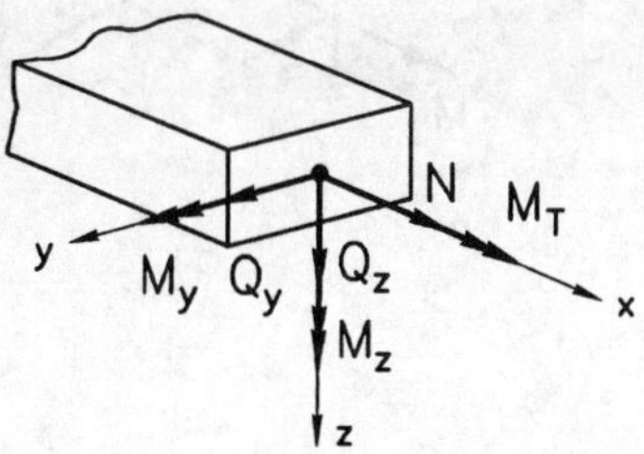

Abbildung 6.39: Zur Vorzeichenkonvention

Analog zum ebenen Fall werden häufig lokale Koordinatensysteme eingeführt mit der $x-$Achse in Richtung der Balkenachse. Auch hier gilt wie im ebenen Fall: Positive Schnittgrößen zeigen am positiven Schnittufer in positive Koordinatenrichtung. Aus (6.22) wird damit

$$M_y'(x) = Q_z(x) \tag{6.56a}$$

(man beachte die Indizes y und z!). Aus der angegebenen Vorzeichenkonvention ergibt sich zwischen $M_z(x)$ und $Q_y(x)$ eine entsprechende Beziehung, jedoch mit anderen Vorzeichen:

$$M_z'(x) = -\,Q_y(x)\,. \tag{6.56b}$$

Die Vorzeichen in (6.56) kann man sich auch durch folgende Überlegung klarmachen. Eine Last $F_y\vec{e_y} + F_z\vec{e_z}$, die im Abstand b links von der Schnittstelle wirkt, liefert einen Beitrag $-F_y\,(-F_z)$ zu $Q_y\,(Q_z)$, sowie einen Beitrag $\vec{M} = -b\,\vec{e_x} \times (F_y\vec{e_y} + F_z\vec{e_z}) = b\,F_z\vec{e_y} - b\,F_y\vec{e_z}$ zum Biegemoment, d.h. einen Beitrag $b\,F_z\,(-b\,F_y)$ zu $M_y\,(M_z)$.

Ein einfacher Sonderfall, in dem wir auf lokale Koordinaten verzichten können, ist der eines ebenen *Stabpolygons* (eigentlich Balkenpolygons), das senkrecht zu seiner Ebene belastet wird. Wir betrachten hierzu das Beispiel der Abb.6.40a und bestimmen die Schnittgrößen. Dabei ist es in dem hier vorliegenden Beispiel nicht notwendig, lokale Koordinatensysteme einzuführen. Das in der Abb.6.40a angegebene globale Koordinatensystem reicht vollständig zur Behandlung dieses Problems. Die Schnittkraft ist überall parallel zur z-Achse, daher ist die Normalkraft identisch Null, und es ergibt sich in jedem Balken eine Querkraft $Q \equiv P$. Die Schnittmomente haben lediglich Komponenten in Richtung der x- und der y-Achse, die Komponente M_z ist überall gleich Null.

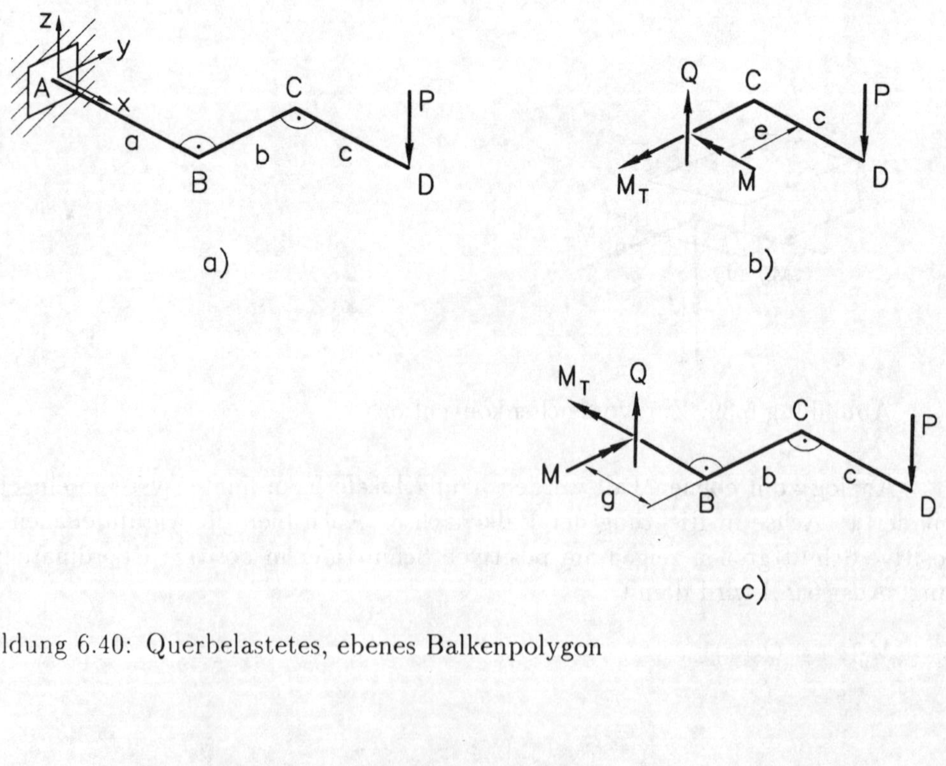

Abbildung 6.40: Querbelastetes, ebenes Balkenpolygon

Der Balken CD, an dessen Ende die lotrechte Last P wirkt, verhält sich wie ein Kragträger, der in C eingespannt ist. Für diesen haben wir die Schnittgrößen vorher schon bestimmt. Wir gehen daher direkt auf den Balken BC über und schneiden an einer Stelle, die gemäß Abb.6.40b um die Strecke e von C entfernt ist. Die Gleichgewichtsbedingungen ergeben hier

$$Q = P\,, \quad M = -\,e\,P\,, \quad M_T = c\,P\,. \tag{6.57}$$

Für den gemäß Abb.6.40c geschnittenen Balken AB liefern die Gleichgewichtsbedingungen am vorderen Teil entsprechend

$$Q = P\,, \quad M_T = -\,b\,P\,, \quad M = -\,P(g + c)\,. \tag{6.58}$$

Die Vorzeichen der Biegemomente haben wir dabei über eine Definitionsfaser festgelegt, die wir uns in Abb.6.40a an die Unterkante des Balkensystems gelegt denken. Die Schnittgrößen sind in Abb.6.41 dargestellt.

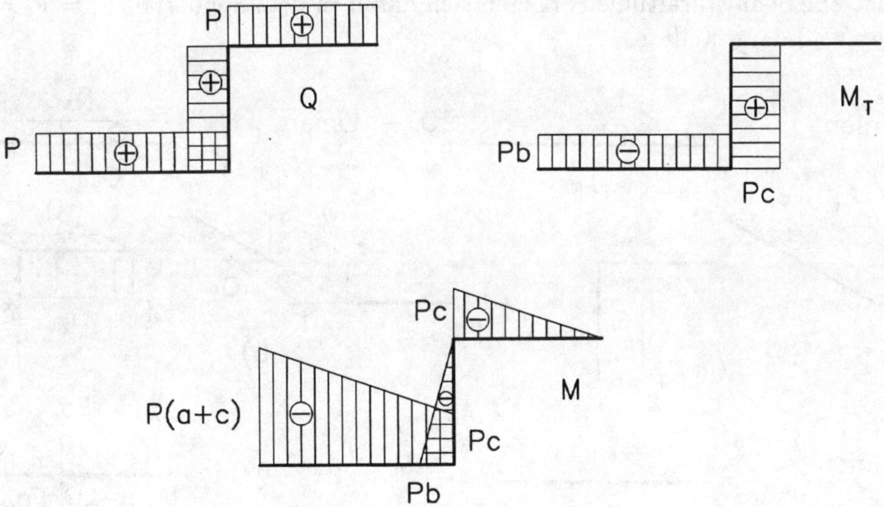

Abbildung 6.41: Schnittgrößen zu Abb.6.40

In Abb.6.42a ist ein räumlicher Rahmen skizziert, den wir als letztes Beispiel behandeln. Er ist in C, E und D einwertig und in A dreiwertig gelagert.

Die Auflagerkräfte können anhand des Freikörperbildes der Abb.6.42b leicht bestimmt werden, wobei das durch die großen Buchstaben X, Y, Z gekennzeichnete globale Koordinatensystem verwendet wird. Wenn alle in der Abb.6.42 erkennbaren

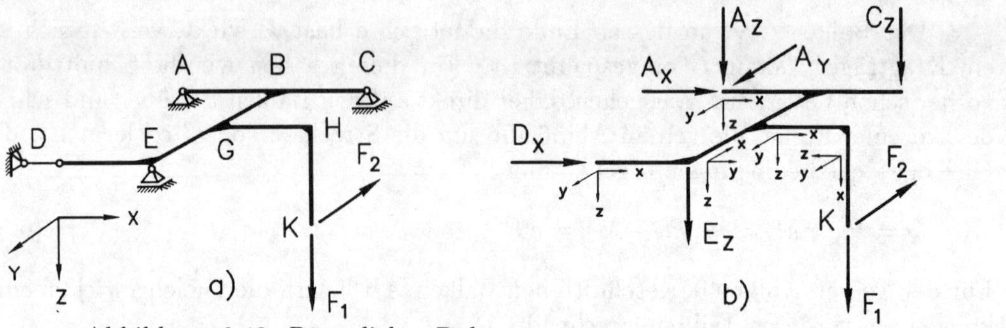

Abbildung 6.42: Räumlicher Rahmen

Balkenteile gleiche Länge haben ($|\overline{AB}| = |\overline{BC}| = |\overline{BG}| = |\overline{GE}| = |\overline{DE}| = |\overline{GH}| = |\overline{HK}| = a$), ergeben sich die Auflagerkräfte zu

$$\begin{aligned} &A_X = F_2\,, \qquad &&A_Y = F_2\,, \qquad &&A_Z = \tfrac{1}{4}\,F_1 + \tfrac{1}{4}\,F_2 \\ &C_Z = -\tfrac{3}{4}\,F_1 + \tfrac{1}{4}\,F_2\,, \quad &&D_X = -\,F_2\,, \quad &&E_Z = -\tfrac{1}{2}\,F_2 - \tfrac{1}{2}\,F_1 \end{aligned} \tag{6.59}$$

In Abb.6.42b sind auch die lokalen Koordinatensysteme für die einzelnen Balken angegeben. Die Schnittkraftlinien ergeben sich damit in dem Sonderfall $F_1 = F_2 = F$ wie in Abb.6.43 dargestellt.

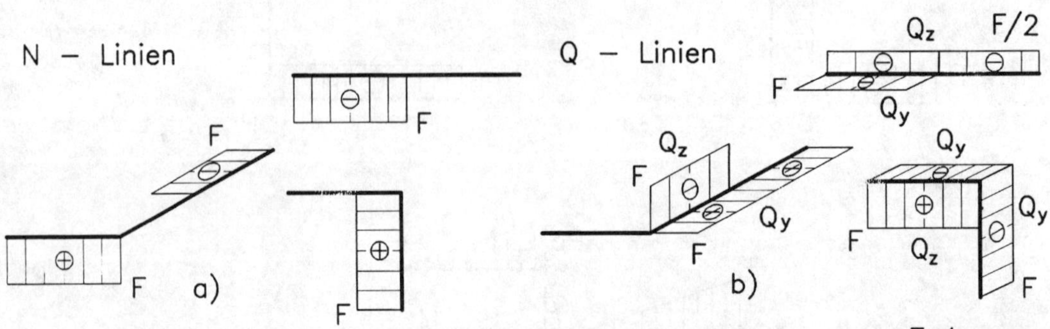

Abbildung 6.43: Schnittgrößen zu Abb.6.42

Kapitel 7

Statik der Seile

7.1 Seil bei vorgegebener Streckenlast q(x)

Bisher haben wir uns fast ausschließlich mit Systemen starrer Körper befaßt. In diesem Kapitel behandeln wir *ideale Seile in der Ebene*, d.h. Seile oder Fäden, die undehnbar sind und keine Querkräfte und Momente übertragen können. Als einzige Schnittgröße lassen solche Seile Normalkräfte zu. Ideale Seile oder Fäden traten gelegentlich auch schon in den vorhergehenden Kapiteln auf. Bei der Behandlung des Seilecks in Kapitel 2 wurde z.B. das Seil unter Einzellasten schon kurz gestreift. Die Gleichgewichtsfigur eines solchen Seiles unter lotrechten Einzellasten ist ein Polygonzug gemäß Abb.7.1. Eine solche Belastung liegt z.B. dann vor, wenn das Eigengewicht des Seiles vernachlässigbar ist. Das kann z.B. bei einer an einem Seil hängenden Seilbahn in erster Näherung der Fall sein.

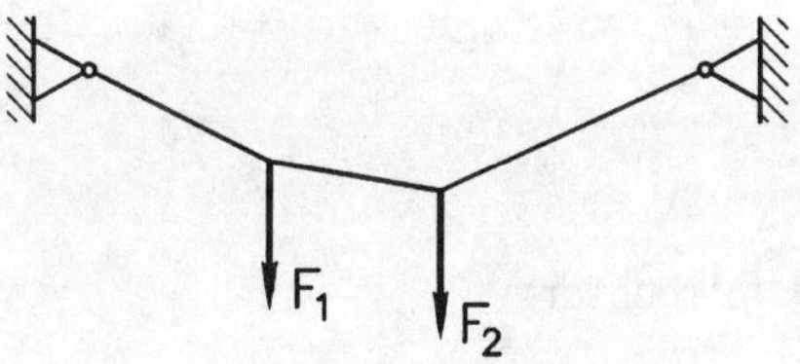

Abbildung 7.1: Seil mit lotrechten Einzellasten

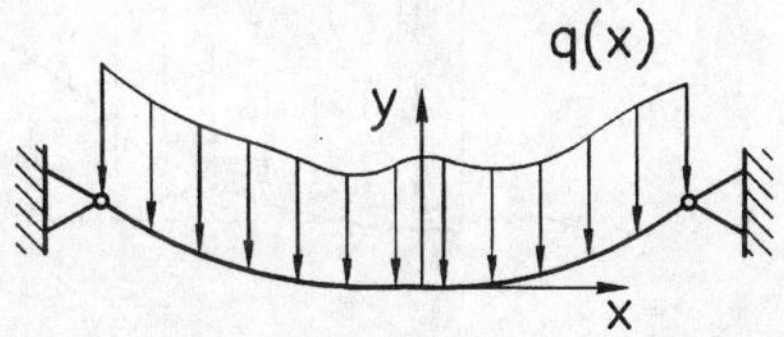

Abbildung 7.2: Seil mit lotrechter Streckenlast

Interessanter ist der Fall, in dem das Seil durch eine Streckenlast belastet wird. Wir unterscheiden dabei zwei Fälle: Die lotrecht angenommene Sreckenlast q kann entweder eine gegebene Funktion der Bogenlänge s oder der Koordinate x sein. Der Fall, in dem q als Funktion von s vorgegeben ist, entspricht dem durch Eigengewicht belasteten Seil. Einfacher ist jedoch der Fall, in dem $q(x)$ vorgegeben ist; er wird daher als erster behandelt. Dieser Fall entspricht z.B. einer an Seilen aufgehängten

Fahrbahn einer Hängebrücke, wobei die Aufhängung an so vielen Punkten erfolgt, daß sie als kontinuierlich angenommen werden kann.

Abb.7.2 zeigt ein solches Seil unter einer Streckenlast, die als Funktion der Koordinate x vorgegeben ist. Der Ursprung des kartesischen Bezugssystems wurde dabei in den Scheitelpunkt der Seilkurve gelegt. Ein typisches Problem besteht darin, zu einer gegebenen Länge l des Seiles, einer bekannten Streckenlast $q(x)$ und vorgegebenen Lagen der Endpunkte, die Seilkurve $y(x)$ zu bestimmen. Zur Berechnung von $y(x)$ stellen wir die Gleichgewichtsbedingungen an dem Seilstück der Abb.7.3 auf. Dabei ergibt sich die Resultierende der auf dieses Seilstück wirkenden Lasten zu

$$R(x) = \int_0^x q(\xi)\, d\xi \,. \tag{7.1}$$

Außerdem gilt

$$\sum F_{ix} = 0 \;: \quad T(x) \cos\theta(x) = T_0 \,, \tag{7.2}$$

$$\sum F_{iy} = 0 \;: \quad T(x) \sin\theta(x) = R(x) \,, \tag{7.3}$$

wobei T_0, $T(x)$ die Normalkräfte an den beiden Schnittstellen der Abb.7.3 sind.

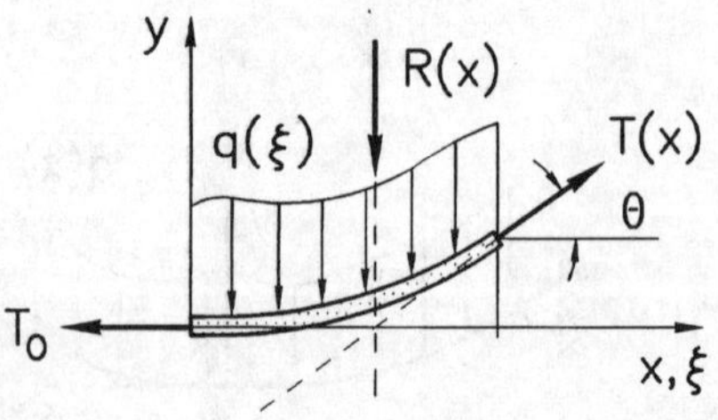

Abbildung 7.3: Zum Gleichgewicht des Seiles mit lotrechter Streckenlast

Teilen von (7.3) durch (7.2) ergibt

$$\tan\theta(x) = \frac{R(x)}{T_0} \,, \tag{7.4a}$$

was auch als

$$\boxed{\frac{dy}{dx} = \frac{R(x)}{T_0}} \tag{7.4b}$$

geschrieben werden kann.

Außerdem folgt aus (7.2), (7.3) auch

$$T^2(x) = T_0^2 + R^2(x) . \tag{7.5}$$

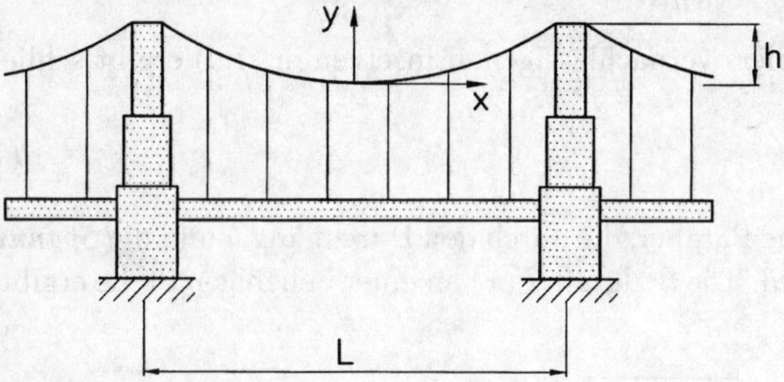

Abbildung 7.4: Prinzipskizze einer Hängebrücke

Nur in wenigen Fällen ist die Streckenlast jedoch direkt als Funktion der Koordinate x vorgegeben, wie wir hier angenommen haben. Das bekannte Eigengewicht eines Seiles entspricht auf jeden Fall *nicht* einer vorgegebenen Funktion $q(x)$, hier ist vielmehr die Streckenlast als *Funktion der Bogenlänge s* vorgegeben. Ein Beispiel mit vorgegebenem $q(x)$ ist die Hängebrücke gemäß Abb.7.4, bei der das Gewicht der Fahrbahn pro Längeneinheit konstant angenommen wird und die Fahrbahn über lotrechte Streben oder Seile an sehr vielen Punkten am Tragseil befestigt ist. Ersetzt man diese diskrete durch eine kontinuierliche Belastung, so ergibt sich mit $q(x) \equiv q = const$

$$R = q\,x . \tag{7.6}$$

Gleichung (7.4b) führt damit auf

$$\frac{dy}{dx} = \frac{q\,x}{T_0} \tag{7.7}$$

bzw.

$$dy = \frac{q}{T_0}\,x\,dx, \tag{7.8}$$

und die Integration ergibt

$$y = \frac{q}{2\,T_0}\,x^2 + C . \tag{7.9}$$

Die Randbedingung am linken Rand des Teilstücks der Abb.7.4 liefert

$$y(0) = 0 \quad \Longrightarrow \quad C = 0\,, \tag{7.10}$$

und mit dem *Durchhang* h gilt für die Randbedingung am rechten Rand der Abb.7.4

$$y(L/2) = h \quad \Longrightarrow \quad T_0 = \frac{q\,L^2}{8\,h}\,, \tag{7.11}$$

wenn wir die Breite des Pfeilers vernachlässigen. Einsetzen in (7.9) ergibt schließlich

$$y(x) = \frac{4\,h\,x^2}{L^2}\,. \tag{7.12}$$

Die Seilkurve ist also hier eine Parabel, die durch den Durchhang h und die *Spannweite* L vollkommen bestimmt wird. Die Seilkraft $T(x)$ an einer beliebigen Stelle ergibt sich aus (7.5) zu

$$T(x) = \sqrt{T_0^2 + R^2} = q\sqrt{\frac{L^4}{64\,h^2} + x^2}\,. \tag{7.13}$$

Der Maximalwert der Normalkraft $T(x)$ wird an den Rändern erreicht und es gilt

$$T_{max} = T(L/2) = \frac{q\,L}{2}\sqrt{1 + \frac{L^2}{16\,h^2}}\,. \tag{7.14}$$

Damit ist sowohl die Seilkurve als auch die Normalkraft $T(x)$ für ein Seil unter konstanter Streckenlast $q(x) \equiv const$ bekannt.

Will man noch die für einen Durchhang h und eine Spannweite L erforderliche Seillänge l berechnen, so schreibt man zunächst das Längenelement als

$$ds = \sqrt{(dx)^2 + (dy)^2} = \sqrt{1 + y'^2}\,dx\,. \tag{7.15}$$

Integration führt damit auf

$$\frac{l}{2} = \int_0^{L/2} \sqrt{1 + y'^2}\,dx = \int_0^{L/2} \sqrt{1 + \left(\frac{q\,x}{T_0}\right)^2}\,dx\,. \tag{7.16}$$

Dieses Integral kann mit der Substitution

$$\frac{q\,x}{T_0} = \sinh \bar{u} \tag{7.17}$$

berechnet werden; eine kurze Zwischenrechnung ergibt

$$l = \frac{q}{T_0}\left(\frac{L}{2}\sqrt{(T_0/q)^2 + (L/2)^2} + (T_0/q)^2 \operatorname{arsh}(qL/2T_0)\right)\,. \tag{7.18}$$

Die Funktion arsh(·) ist dabei die Umkehrfunktion der Funktion Hyperbelsinus sinh(·). Für kleinen Durchhang $h/L \ll 1$ kann der komplizierte Ausdruck der rechten Seite von (7.18) auf einfachere Art und Weise sehr gut angenähert werden. Dazu bemerken wir zunächst, daß gemäß dem binomischen Satz

$$(1+x)^n = 1 + n\,x + \frac{n\,(n-1)}{2!}\,x^2 + \frac{n\,(n-1)\,(n-2)}{3!}\,x^3 + \ldots \tag{7.19}$$

gilt, ersetzen dies für $n = 1/2$ in (7.16) und erhalten

$$l = 2\int_0^{l/2} \left(1 + \frac{q^2\,x^2}{2\,T_0^2} - \frac{q^4\,x^4}{8\,T_0^4} + \ldots\right) dx\,. \tag{7.20}$$

Gliedweise Integration ergibt

$$l = L\,\left(1 + \frac{q^2\,L^2}{24\,T_0^2} - \frac{q^4\,L^4}{640\,T_0^4} + \ldots\right). \tag{7.21}$$

Gemäß (7.11) ist auch

$$\frac{q}{T_0} = \frac{8\,h}{L^2}. \tag{7.22}$$

Damit kann (7.21) als

$$l = L\,\left(1 + \frac{8}{3}\,(h/L)^2 - \frac{32}{5}\,(h/L)^4 \ldots\right) \tag{7.23}$$

geschrieben werden und die Länge l ist als Funktion der Spannweite L und des relativen Durchhangs h/L bestimmt. Für $h/L \ll 1$ ist es oft hinreichend, dabei die Glieder bis zur zweiten Ordnung zu berücksichtigen.

7.2 Seil unter Eigengewicht $q(s)$

Wir betrachten nun den Fall, in dem die lotrechte Belastung proportional zur Bogenlänge s des Seiles ist (z.B. Eigengewicht). Gemäß Abb.7.5 wird jetzt in (7.4b) die Resultierende $R(x)$ durch μs ersetzt, wobei μ das Eigengewicht des Seiles ist:

$$\boxed{\frac{dy}{dx} = \frac{\mu\,s}{T_0}\,.} \tag{7.24}$$

Mit dem Bogenelement

$$ds = \sqrt{1 + \left(\frac{dy}{dx}\right)^2}\,dx \tag{7.25}$$

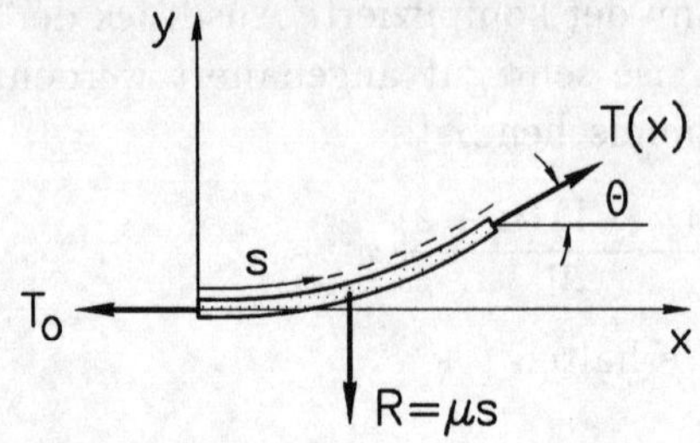

Abbildung 7.5: Zum Gleichgewicht des Seiles unter Eigengewicht

folgt

$$\frac{ds}{dx} = \sqrt{1 + \left(\frac{dy}{dx}\right)^2}\,. \tag{7.26}$$

Ableitung von (7.24) bezüglich x ergibt

$$\frac{d^2 y}{d\,x^2} = \frac{\mu}{T_0}\,\frac{ds}{dx} = \frac{\mu}{T_0}\sqrt{1 + \left(\frac{dy}{dx}\right)^2} \tag{7.27}$$

und Einsetzen von (7.26) führt auf die Differentialgleichung

$$y''(x) = \frac{\mu}{T_0}\sqrt{1 + (y'(x))^2}\,. \tag{7.28}$$

Dies ist eine Differentialgleichung zweiter Ordnung in der unbekannten Funktion $y(x)$. Sie ist von der allgemeinen Art

$$y'' = f(y')\,, \tag{7.29}$$

und kann deshalb mittels der Substitution

$$z(x) := \frac{dy}{dx} \tag{7.30}$$

gelöst werden. Damit schreibt sich (7.28) als

$$\frac{dz}{dx} = \frac{\mu}{T_0}\,\sqrt{1 + z^2}\,, \tag{7.31}$$

und es ist

$$\int \frac{dz}{\sqrt{1 + z^2}} = \int \frac{\mu}{T_0}\,dx\,. \tag{7.32}$$

Die Integration liefert

$$\operatorname{arsh} z = \frac{\mu}{T_0} x + C\,, \tag{7.33}$$

und die Bedingung am Scheitelpunkt ergibt

$$z(0) = 0 \quad \Longrightarrow \quad C = 0\,. \tag{7.34}$$

Aus (7.24) und (7.30) folgt

$$z(x) = \frac{\mu}{T_0}\, s\,, \tag{7.35}$$

so daß gemäß (7.33) auch

$$s(x) = \frac{T_0}{2\,\mu}\left(e^{+\frac{\mu x}{T_0}} - e^{-\frac{\mu x}{T_0}}\right) = \frac{T_0}{\mu}\sinh\frac{\mu\, x}{T_0} \tag{7.36}$$

gilt. Damit ist nun ein Zusammenhang zwischen s und x hergestellt. Aus (7.24) folgt mit (7.36)

$$y(x) = \frac{\mu}{T_0}\int s(x)\,dx = \frac{T_0}{\mu}\,\cosh\frac{\mu\, x}{T_0} + C_1\,. \tag{7.37}$$

Die Randbedingung liefert

$$y(0) = 0 \quad \Longrightarrow \quad C_1 = -\frac{T_0}{\mu}\,, \tag{7.38}$$

so daß die Seilkurve durch

$$y(x) = \frac{T_0}{\mu}\left(\cosh\frac{\mu\, x}{T_0} - 1\right) \tag{7.39}$$

gegeben ist.

Während also die Gleichgewichtsfigur eines Seiles unter konstanter Gleichstreckenlast $q(x) \equiv const$ eine Parabel ist, nimmt das Seil unter konstantem Eigengewicht μ pro Längeneinheit die Form einer *Kettenlinie* an, wie sie durch (7.39) mit der Funktion $\cosh(\cdot)$ (Hyperbelcosinus) beschrieben wird.

Die Seilkraft an einer beliebigen Stelle ergibt sich zu

$$T^2 = R^2 + T_0^2 = \mu^2\, s^2 + T_0^2 = T_0^2\left(1 + \sinh^2\frac{\mu\, x}{T_0}\right), \tag{7.40}$$

und wegen $1 + \sinh^2\alpha = \cosh^2\alpha$ kann (7.40) als

$$T(x) = T_0\,\cosh\frac{\mu\, x}{T_0} \tag{7.41}$$

geschrieben werden. Mit (7.39) führt das auch auf die Darstellung

$$T(y) = T_0 + \mu\, y\,. \tag{7.42}$$

Wir untersuchen nun noch den Grenzübergang zu kleinen relativen Durchhängen $h/L \ll 1$. Der Durchhang $h = y(L/2)$ erfüllt gemäß (7.39) die Gleichung

$$\frac{h\,\mu}{T_0} = \cosh\frac{\mu\, L}{2\,T_0} - 1 \tag{7.43}$$

und wegen

$$\cosh z = 1 + \frac{z^2}{2!} + \frac{z^4}{4!} + \frac{z^6}{6!} + \ldots \tag{7.44}$$

kann (7.39) für $(h/L) \ll 1$ durch

$$y(x) = \frac{T_0}{\mu}\left(\frac{1}{2}\left(\frac{\mu\, x}{T_0}\right)^2 + \frac{1}{24}\left(\frac{\mu\, x}{T_0}\right)^4 + \ldots\right) \tag{7.45}$$

angenähert werden. Für kleinen Durchhang kann die Kettenlinie (7.37) wieder durch eine Parabel angenähert werden, wenn man auf der rechten Seite von (7.45) nur den ersten Term der Entwicklung berücksichtigt. Es ergibt sich in diesem Fall das gleiche Ergebnis wie bei $q(x) \equiv const.$ (vgl. (7.9)). Bei Hochspannungsleitungen z.B. ist $h/L \approx 0{,}05$.

Kapitel 8

Prinzip der virtuellen Verrückungen

8.1 Arbeit einer Kraft

Der Begriff der "Bewegung" wurde in dieser Vorlesung bisher nur bei den Überlegungen zur statischen und zur kinematischen Bestimmtheit verwendet. Im vorliegenden Kapitel untersuchen wir ein neues Verfahren, das es u.a. gestattet, die Gleichgewichtslagen beweglicher Systeme zu finden. Die Beschreibung der Bewegungen starrer Körper wird allerdings erst in der *Kinematik* in TM 3 ausführlich behandelt. Wir werden hier jedoch schon in sehr elementaren Fällen einfache kinematische Begriffe verwenden, ohne daß uns dabei der zeitliche Ablauf der Bewegung interessiert. Die Begriffe "Geschwindigkeit" und "Beschleunigung" werden hierbei nicht benötigt.

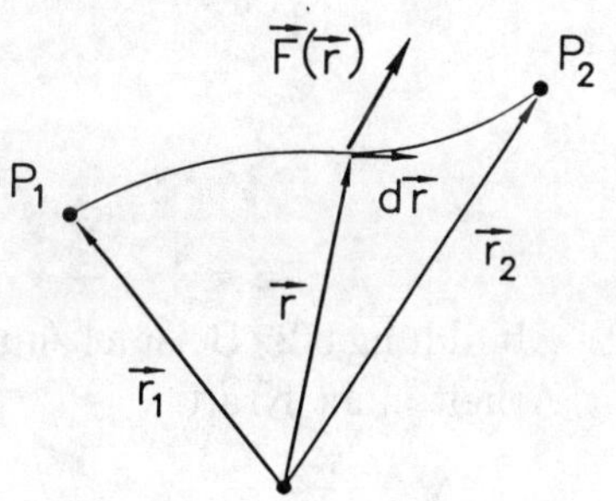

Abbildung 8.1: Arbeit einer Kraft als Linienintegral

Wir betrachten ein gegebenes Kraftfeld, d.h. eine Funktion $\vec{F}(\vec{r})$, die einem durch den Ortsvektor $\vec{r}$ definierten Punkt einen bestimmten Kraftvektor zuordnet. Zunächst definieren wir die Arbeit der Kraft $\vec{F}(\vec{r})$ bei einer Verschiebung des Angriffspunktes von P_1 nach P_2 gemäß Abb.8.1. Aus dem Physikunterricht der Schule ist bekannt, daß Arbeit gleich "Kraft mal Weg" ist; dieser Begriff ist jedoch zu präzisieren. Bei einer elementaren Verschiebung $d\vec{r}$ des Angriffspunktes der Kraft leistet nämlich lediglich die in die Richtung von $d\vec{r}$ wirkende Kraftkomponente Arbeit. Diese elementare Arbeit definieren wir durch das Skalarprodukt $\vec{F}(\vec{r}) \cdot d\vec{r}$. Wird nun der Angriffspunkt der Kraft vom Punkt P_1 zum Punkt P_2 gemäß Abb.8.1 auf einer vorgegebenen Kurve verschoben, so ist die Arbeit die Summe dieser elementaren Arbeiten und somit durch das Integral

$$\boxed{W = \int_{\vec{r}_1}^{\vec{r}_2} \vec{F}(\vec{r}) \cdot d\vec{r}} \tag{8.1}$$

definiert. Zerlegt man $\vec{F}$ in eine Komponente $\vec{F}_t$ längs der Tangenten und eine Komponente $\vec{F}_n$ orthogonal dazu und schreibt F_t als Funktion der Bogenlänge s, so nimmt (8.1) die Gestalt

$$W = \int F_t(s)\, ds \tag{8.2}$$

an. Die Arbeit ist also durch ein *Linienintegral* gegeben, sie hängt im allgemeinen nicht nur von den Anfangs- und Endpunkten P_1 und P_2 der Kurve, sondern auch vom *Integrationsweg* ab! Wir untersuchen dies noch genauer in 8.3.

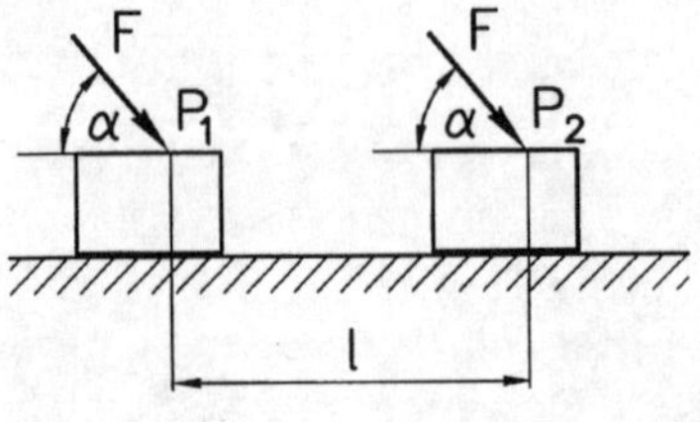

Abbildung 8.2: Beispiel zum Begriff der Arbeit einer Kraft

Als Beispiel berechnen wir für das Problem der Abb.8.2 die Arbeit der konstanten Kraft $\vec{F}$ bei der waagrechten Verschiebung von P_1 nach P_2. Hier ist offensichtlich $F_t = F \cos \alpha = const$ und die Arbeit ist

$$W = (F\ \cos \alpha)\, l\,. \tag{8.3}$$

Wir bemerken noch, daß die Arbeit in den Einheiten Nm gegeben ist (1 Nm = 1 Joule[26]).

[26] Nach dem Physiker James Prescott Joule, * 1818 in Salford bei Manchester, † 1889 in Sale.

8.2 Virtuelle Verrückungen

Als *virtuelle Verrückung* eines beweglichen Systems bezeichnen wir eine beliebige, differentiell kleine Verrückung, die mit den Zwangsbedingungen verträglich ist. Diese Definition werden wir in TM 3 präzisieren müssen, da dort auch Zwangsbedingungen zugelassen sind, die explizit von der Zeit abhängen. Die differentiell kleinen Verschiebungen der Punkte P_i eines beweglichen Systems bei einer virtuellen Verrückung bezeichnen wir mit $\delta\vec{r}_i$. Die Bezeichnung δ anstelle des sonst üblichen Symbols d für infinitesimale Größen werden wir in TM 3 rechtfertigen.

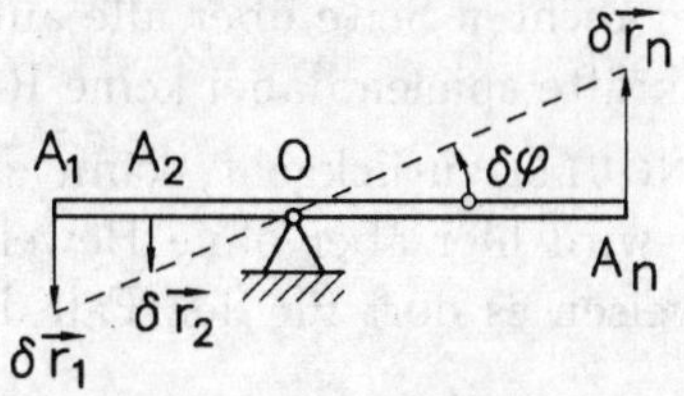

Abbildung 8.3: Zum Begriff der virtuellen Verrückung

In dem Beispiel der Abb.8.3 ist ein starrer Balken im Punkt O drehbar gelagert. Wir untersuchen die infinitesimal kleinen Verschiebungen $\delta\vec{r}_1, \delta\vec{r}_2, \delta\vec{r}_n$ der Punkte A_1, A_2, A_n bei einer virtuellen Verrückung. Die einzige infinitesimale Verrückung des Systems, die mit den Zwangsbedingungen verträglich ist, besteht hier aus einer Drehung des Balkens um den Punkt O mit dem Winkel $\delta\varphi$. Für die elementaren Verschiebungen der Punkte A_1, A_2, A_n gilt gemäß Abb.8.3

$$\delta\vec{r}_1, \delta\vec{r}_2, \delta\vec{r}_n \perp \overrightarrow{A_1A_n} \quad . \tag{8.4}$$

Alle diese Verschiebungen können offensichtlich durch $\delta\varphi$ ausgedrückt werden, und es gilt

$$\delta r_1 = |\overrightarrow{OA_1}| \ \delta\varphi\,, \quad \delta r_2 = |\overrightarrow{OA_2}| \ \delta\varphi\,, \tag{8.5}$$

Bewegliche Systeme, bei denen wie im vorliegenden Fall die virtuellen Verrückungen durch eine einzige Variable dargestellt werden können, nennt man *Systeme mit einem Freiheitsgrad.* Wir beschränken uns hier auf solche Systeme; Systeme mit mehreren Freiheitsgraden behandeln wir in TM 3.

Als *virtuelle Arbeit* einer Kraft $\vec{F}_i$ mit dem Angriffspunkt A_i bei einer virtuellen Verrückung bezeichnen wir die Größe

$$\boxed{\delta W_i = \vec{F}_i \cdot \delta\vec{r}_i\,.} \tag{8.6}$$

Damit können wir nun das *Prinzip der virtuellen Verrückungen* (auch *Prinzip der virtuellen Arbeit*) für Systeme mit reibungsfreien, nicht von der Zeit abhängigen Zwangsbedingungen formulieren. Es besagt:

System im Gleichgewicht	$\iff$	$\delta W = \sum_i \vec{F}_i \cdot \delta\vec{r}_i = 0$ für alle virtuellen Verrückungen.	(8.7)

Dabei erstreckt sich die Summe auf der rechten Seite über alle auf das System wirkenden *eingeprägten* Kräfte. Die Zwangskräfte spielen dabei keine Rolle.

Dieses Prinzip, das auf Johann BERNOULLI zurückgeht, kann zwar aus den NEWTONschen Gesetzen abgeleitet werden, wird hier aber ohne Beweis verwendet. Wir greifen es in TM 3 wieder auf und beweisen es dort für den Fall der Dynamik, der die Statik als Sonderfall enthält.

Das Prinzip der virtuellen Verrückungen (8.7) besagt also, daß ein System dann und nur dann im Gleichgewicht ist, wenn die Summe aller virtuellen Arbeiten gleich Null ist. Diese Bedingung gestattet es uns, Gleichgewichtsbedingungen für bewegliche Systeme zu finden. Insbesondere können für einzelne starre Körper die schon bekannten Kräfte- und Momentengleichungen daraus hergeleitet werden.

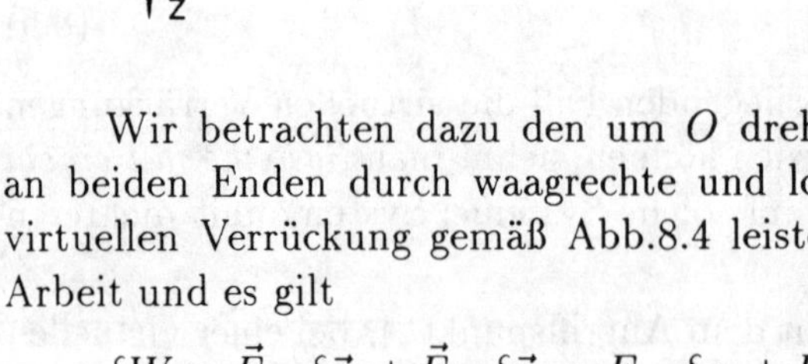

Abbildung 8.4: Das Prinzip der virtuellen Verrückungen an einem Hebel

Wir betrachten dazu den um O drehbar gelagerten Balken der Abb.8.4, der an beiden Enden durch waagrechte und lotrechte Kräfte belastet wird. Bei einer virtuellen Verrückung gemäß Abb.8.4 leisten nur die lotrechten Kraftkomponenten Arbeit und es gilt

$$\delta W = \vec{F}_1 \cdot \delta\vec{r}_1 + \vec{F}_2 \cdot \delta\vec{r}_2 = F_{V1}\,\delta z_1 + F_{V2}\,\delta z_2. \tag{8.8}$$

Die elementaren Verschiebungen können jedoch gemäß

$$\delta z_1 = |\overrightarrow{OA_1}|\;\delta\varphi\,, \quad \delta z_2 = -\;|\overrightarrow{OA_2}|\;\delta\varphi \tag{8.9}$$

durch $\delta\varphi$ ausgedrückt werden. Damit liefert das Prinzip der virtuellen Verrückungen hier

$$\delta W = \left(F_{V1}\ |\overrightarrow{OA_1}| - F_{V2}\ |\overrightarrow{OA_2}|\right)\ \delta\varphi = 0\,, \tag{8.10}$$

wobei $\delta\varphi$ beliebig (aber infinitesimal klein) ist. Diese Gleichung ist für *beliebige* $\delta\varphi$ jedoch nur dann erfüllt, wenn der Ausdruck in den Klammern gleich Null ist, d.h. wenn

$$F_{V1}\ |\overrightarrow{OA_1}| = F_{V2}\ |\overrightarrow{OA_2}| \tag{8.11}$$

gilt. Aus dem Prinzip der virtuellen Verrückungen haben wir also im vorliegenden Fall wieder das Hebelgesetz bzw. eine Momentengleichung um den Punkt O gewonnen!

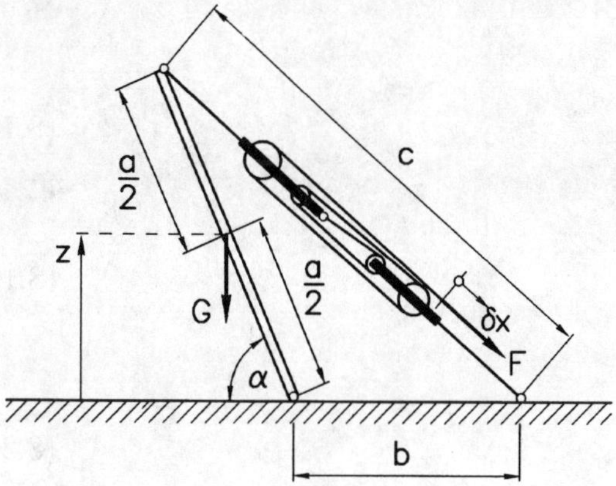

Abbildung 8.5: Aufrichten eines Mastes mittels Flaschenzug

In einem weiteren Beispiel soll in dem System der Abb.8.5 die Kraft F bestimmt werden, die notwendig ist, um das System in der skizzierten Lage im Gleichgewicht zu halten. Die Abbildung stellt einen Mast mit Gewicht G dar, der mit Hilfe eines Flaschenzuges aufzurichten ist. Die einzigen eingeprägten Kräfte sind das Gewicht G des Mastes und die am Flaschenzug wirkende Kraft F. Das Prinzip der virtuellen Verrückungen besagt hier, daß in der Gleichgewichtslage

$$\delta W = -\,G\,\delta z + F\,\delta x = 0 \tag{8.12}$$

gilt. Da z und x Funktionen von α sind, können die Größen $\delta z, \delta x$ hier beide durch $\delta\alpha$ ausgedrückt werden. Mit $z = f(\alpha)$ gilt allgemein

$$\delta z = \frac{df(\alpha)}{d\alpha}\,\delta\alpha\,. \tag{8.13}$$

Hier ist

$$z = \frac{a}{2}\,\sin\alpha\,, \tag{8.14}$$

und daraus folgt

$$\delta z = \frac{a}{2}\,\cos\alpha\,\delta\alpha\,. \tag{8.15}$$

Da in dem Flaschenzug fünf Seile parallel laufen, gilt

$$\delta x = -\,5\,\delta c\,. \tag{8.16}$$

Aus dem Cosinussatz

$$c^2 = a^2 + b^2 + 2\,ab\,\cos\alpha \tag{8.17}$$

folgt durch Differentiation

$$2\,c\,\delta c = -\,2\,ab\,\sin\alpha\,\delta\alpha\,, \tag{8.18}$$

bzw.

$$\delta c = -\,\frac{a\,b}{c}\,\sin\alpha\,\delta\alpha\,. \tag{8.19}$$

Mit (8.16) führt dies auf

$$\delta x = 5\,\frac{a\,b}{c}\,\sin\alpha\,\delta\alpha\,. \tag{8.20}$$

Setzt man (8.15), (8.20) in (8.12) ein, so folgt

$$\delta W = \left(-\,G\,\frac{a}{2}\,\cos\alpha + F\,\frac{5ab}{c}\,\sin\alpha\right)\,\delta\alpha = 0\,. \tag{8.21}$$

Das Prinzip der virtuellen Verrückungen besagt, daß δW für beliebige $\delta\alpha$ gleich Null sein muß. Daher verschwindet die Klammer in (8.21) und es gilt

$$F = \frac{G\,c}{10\,b}\,\cot\alpha\,. \tag{8.22}$$

In einem weiteren Beispiel bestimmen wir die Auflagerkraft des Balkensystems (GERBERträger) der Abb.8.6a im Punkt B. Hierbei handelt es sich um eine Zwangskraft, die als solche im Prinzip der virtuellen Verrückungen überhaupt nicht auftritt; außerdem ist das Balkensystem der Abb.8.6a geometrisch bestimmt, d.h. unbeweglich. Mit einem Kunstgriff gelingt es trotzdem, diese Aufgabe mit dem Prinzip der virtuellen Verrückungen zu lösen.

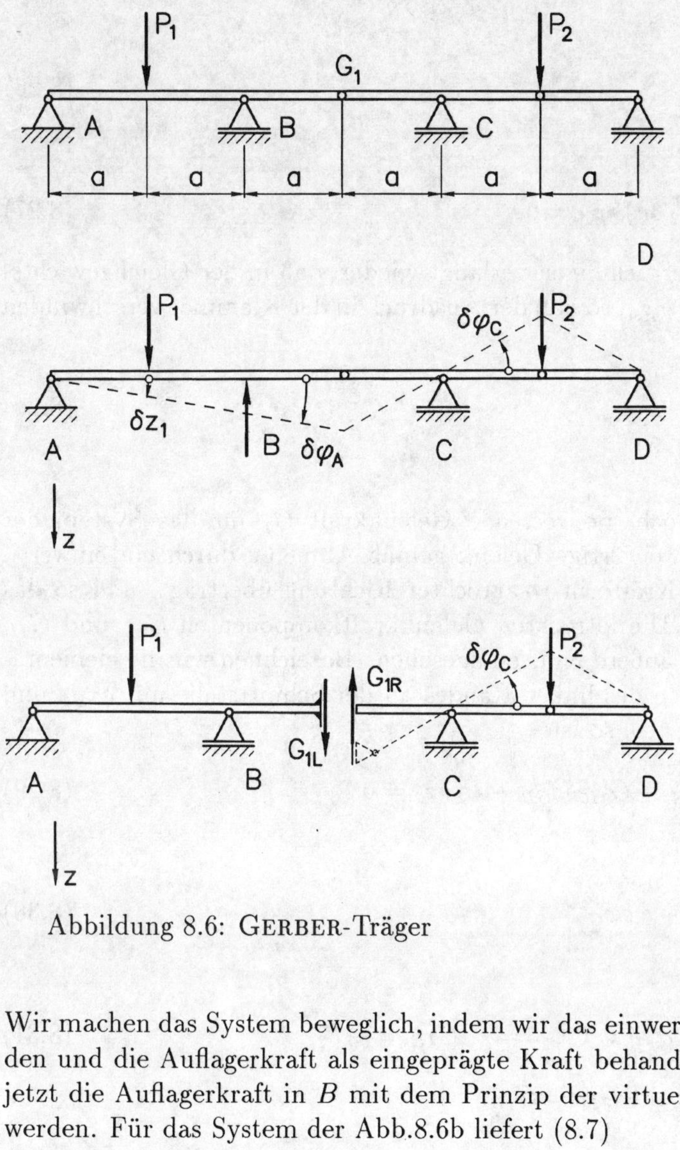

a) Systemskizze

b) Berechnung der Lagerkraft B

c) Berechnung einer Gelenkkraft

Abbildung 8.6: GERBER-Träger

Wir machen das System beweglich, indem wir das einwertige Auflager in B freischneiden und die Auflagerkraft als eingeprägte Kraft behandeln (Abb.8.6b). Damit kann jetzt die Auflagerkraft in B mit dem Prinzip der virtuellen Verrückungen berechnet werden. Für das System der Abb.8.6b liefert (8.7)

$$\delta W = P_1\,\delta z_1 - B\,\delta z_B + P_2\,\delta z_2 = 0\,, \tag{8.23}$$

wobei aus der Geometrie

$$\delta z_1 = a\,\delta\varphi_A\,, \quad \delta z_B = 2\,a\,\delta\varphi_A\,, \quad \delta z_2 = -\,a\,\delta\varphi_C \tag{8.24}$$

und über die Auslenkung des Gelenks G_1

$$3a\,\delta\varphi_A = a\,\delta\varphi_C \quad \Longrightarrow \quad \delta\varphi_C = 3\,\delta\varphi_A \tag{8.25}$$

folgt. Damit ist auch

$$\delta z_2 = -\,3a\,\delta\varphi_A \tag{8.26}$$

und Einsetzen in (8.23) ergibt

$$\delta W = (P_1\,a - B\,2a - P_2\,3a)\delta\varphi_A = 0\,. \tag{8.27}$$

Das Prinzip der virtuellen Verrückungen verlangt wieder, daß in der Gleichgewichtslage $\delta\varphi$ gleich Null ist für alle $\delta\varphi_A$, so daß der Ausdruck in der Klammer verschwinden muß und

$$B = \frac{1}{2}\,P_1 - \frac{3}{2}\,P_2 \tag{8.28}$$

gilt.

Wir bestimmen nun noch die vertikale Gelenkkraft G_1 für das System der Abb.8.6a. Dazu wird das zweiwertige Gelenk gemäß Abb.8.6c durch ein einwertiges Gelenk ersetzt, das nur Kräfte in waagrechter Richtung überträgt, und so das System beweglich gemacht. Die lotrechten Gelenkkraftkomponenten G_{1L} und G_{1R} werden dementsprechend als äußere Kräfte angesehen. Bezeichnen wir die elementaren, lotrechten Verschiebungen des linken Randes an der Schnittstelle mit δz_{GL} und die des rechten Randes mit δz_{GR}, so ist

$$\delta W = P_1\,\delta z_1 + G_{1L}\,\delta z_{GL} - G_{1R}\,\delta z_{GR} + P_2\,\delta z_2 = 0\,. \tag{8.29}$$

Aus der Geometrie folgt aber

$$\delta z_{GR} = a\,\delta\varphi_C\,, \qquad \delta z_2 = -\,a\,\delta\varphi_C\,, \tag{8.30}$$

so daß hier

$$\delta W = (-\,G_{1R}\,a - P_2\,a)\,\delta\varphi_C = 0 \quad\Longrightarrow\quad G_{1R} = -\,P_2 \tag{8.31}$$

ist. Im vorliegenden Beispiel gilt $G_{1L} = G_{1R}$.

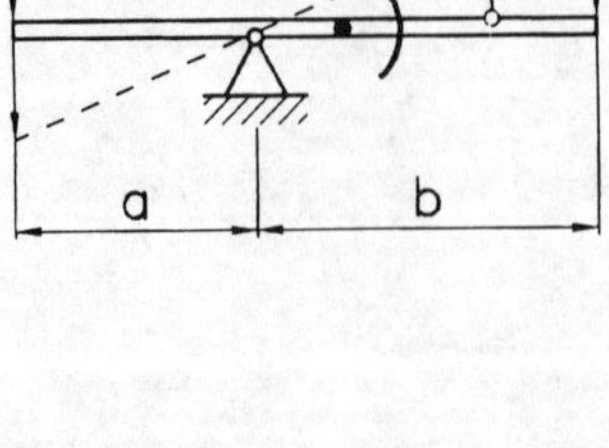

Abbildung 8.7: Zur virtuellen Arbeit eines eingeprägten Momentes

Bisher traten im Prinzip der virtuellen Verrückungen lediglich die Arbeiten von Kräften auf. Falls auch eingeprägte Momente M_E (Kräftepaare) wirken, so kann deren Arbeit direkt gemäß $\delta W = M_E \delta\varphi$ berechnet werden. Dies folgt aus der Definition der Arbeit von Kräften, wenn man M_E durch ein Kräftepaar darstellt. Für das Beispiel der Abb.8.7 gilt demnach

$$\delta W = (F_1\, a - F_2\, b + M_E)\,\delta\varphi = 0 \qquad (8.32)$$

und daraus ergibt sich unmittelbar die Gleichgewichtsbedingung für diesen Balken.

8.3 Arbeit und potentielle Energie, Stabilität

Wir haben schon erwähnt, daß die durch das Linienintegral

$$\boxed{W_{12} = \int_1^2 \vec{F} \cdot d\vec{r}} \qquad (8.33)$$

definierte Arbeit im allgemeinen vom Integrationsweg abhängt. Für bestimmte Arten von Kraftfeldern $\vec{F}(\vec{r})$ ist das Linienintegral aber *wegunabhängig.* Dann existiert eine Funktion $U(\vec{r})$, mit der Eigenschaft, daß die Arbeit als

$$\boxed{W_{12} = U(\vec{r}_1) - U(\vec{r}_2)} \qquad (8.34)$$

geschrieben werden kann. Diese Funktion nennt man dann *potentielle Energie* der Kraft $\vec{F}(r)$. Kräfte, denen eine potentielle Energie zukommt, werden als *konservativ* (= energieerhaltend) bezeichnet.

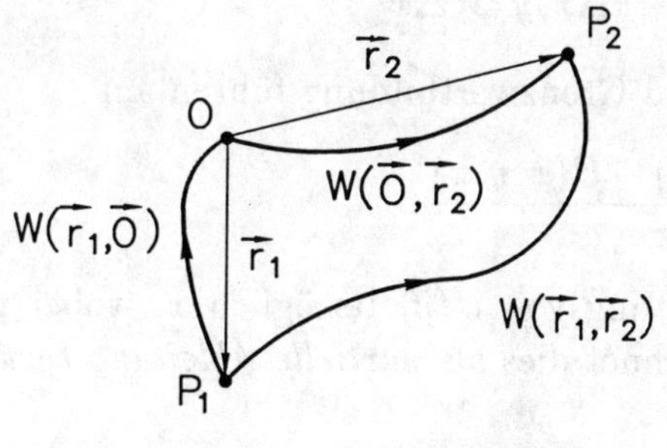

Abbildung 8.8: Zur Definition der potentiellen Energie

Wir zeigen nun, daß die Wegunabhängigkeit des Arbeitsintegrals die Existenz der Funktion $U(\vec{r})$ zur Folge hat. Zunächst folgt aus der Definition der Arbeit unmittelbar

$$W(\vec{r}_1, \vec{r}_2) = -W(\vec{r}_2, \vec{r}_1), \tag{8.35}$$

wenn der gleiche Integrationsweg in unterschiedlichem Sinn durchlaufen wird. Aus der hier angenommenen Wegunabhängigkeit folgt außerdem gemäß Abb.8.8, daß

$$W(\vec{r}_1, \vec{r}_2) = W(\vec{r}_1, \vec{0}) + W(\vec{0}, \vec{r}_2) \tag{8.36}$$

ist, da die Arbeit auf dem direkten Weg von P_1 nach P_2 dann gleich derjenigen ist, die sich bei dem "Umweg" über O ergibt. Mit (8.35) folgt

$$W(\vec{r}_1, \vec{r}_2) = W(\vec{r}_1, \vec{0}) - W(\vec{r}_2, \vec{0}), \tag{8.37}$$

und die potentielle Energie kann gemäß (8.34) als

$$U(\vec{r}) := W(\vec{r}, \vec{0})$$

definiert werden. Man beachte, daß der Zwischenpunkt O hier ganz willkürlich gewählt wurde; dem entspricht die Tatsache, daß die potentielle Energie nur bis auf eine willkürliche, additive Konstante definiert ist. Auch in (8.34) spielt ja lediglich die *Differenz* potentieller Energien eine Rolle (das Nullniveau der potentiellen Energie kann beliebig gewählt werden).

Auf einen weiteren wichtigen Zusammenhang zwischen $\vec{F}(\vec{r})$ und $U(\vec{r})$ wollen wir noch hinweisen. Wir betrachten dazu die Arbeit der Kraft $\vec{F}(\vec{r})$ auf dem Weg von $\vec{r} = (x, y, z)$ nach $\vec{r} + \Delta\vec{r} = (x + \Delta x, y, z)$ längs der x-Achse:

$$U(\vec{r}) - U(\vec{r} + \Delta\vec{r}) = \int_{\vec{r}}^{\vec{r}+\Delta\vec{r}} \vec{F}(\vec{\rho}) \cdot d\vec{\rho}\,. \tag{8.38}$$

Aus dem Mittelwertsatz der Integralrechnung folgt

$$U(x, y, z) - U(x + \Delta x, y, z) = F_x(x + \theta\Delta x, y, z)\,\Delta x \tag{8.39}$$

mit $0 \leq \theta \leq 1$, und Division durch Δx und Grenzwertbildung führen auf

$$F_x(x, y, z) = -\lim_{\Delta x \to 0} \frac{U(x + \Delta x, y, z) - U(x, y, z)}{\Delta x}\,. \tag{8.40}$$

Die rechte Seite von (8.40) ist die Ableitung von $U(\vec{r})$ bezüglich x, wobei y, z als Konstante behandelt werden. Man bezeichnet dies als *partielle Ableitung bezüglich x* und schreibt

$$F_x(x, y, z) = -\frac{\partial U}{\partial x}; \tag{8.41}$$

entsprechendes gilt natürlich auch für die anderen beiden Komponenten von $\vec{F}(\vec{r})$ und man schreibt

$$\boxed{\vec{F}(\vec{r}) = -\left(\frac{\partial U}{\partial x}, \frac{\partial U}{\partial y}, \frac{\partial U}{\partial z}\right)} \tag{8.42}$$

oder auch einfacher

$$\vec{F}(\vec{r}) = -\operatorname{grad} U(\vec{r})\,. \tag{8.43}$$

Der Operator *grad*(·) (Gradient) ist dabei durch

$$\operatorname{grad} U(\vec{r}) = \left(\frac{\partial}{\partial x}, \frac{\partial}{\partial y}, \frac{\partial}{\partial z}\right) U(\vec{r}) \tag{8.44}$$

definiert. Er spielt in der Mechanik und auch in anderen Bereichen der Physik eine wichtige Rolle.

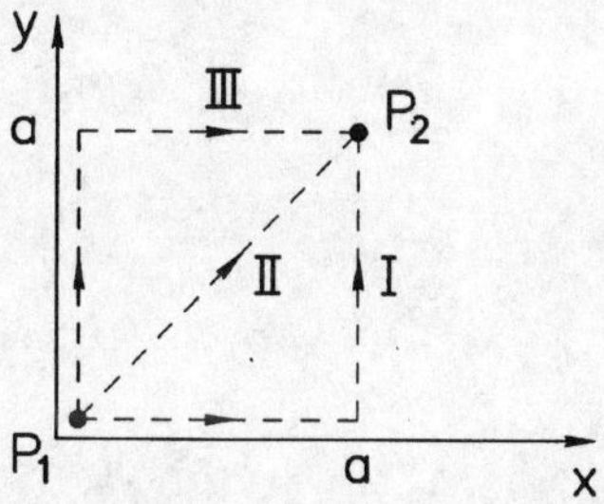

Abbildung 8.9: Beispiel zur Berechnung des Linienintegrals von P_1 nach P_2

Als erstes Beispiel betrachten wir das Kraftfeld $\vec{F} = (F_x, F_y)$ in der Ebene mit

$$F_x = k\,y\,, \quad F_y = -\,k\,x \tag{8.45}$$

und berechnen die Arbeit bei Verschiebung des Angriffspunktes der Kraft von P_1 nach P_2 gemäß Abb.8.9 für drei verschiedene Integrationswege. Für den Integrationsweg I gilt

$$W_I = \int_I \vec{F}\cdot d\vec{r} = \int_I (F_x dx + F_y dy) = \int_{x=0}^{x=a} F_x(x,0)\,dx + \int_{y=0}^{y=a} F_y(a,y)\,dy =$$
$$= \int_0^a k\cdot 0\,dx + \int_0^a -k\,a\,dy = -\,k\,a^2\,. \tag{8.46}$$

Der Integrationsweg II entspricht der Diagonalen $x = y$ und es ist

$$W_{II} = \int_{II} (F_x\, dx + F_y\, dy) = \int_0^a k\, y\, dx + \int_0^a -k\, x\, dy =$$

$$= \int_0^a k\, x\, dx - \int_0^a k\, x\, dx = 0\,. \tag{8.47}$$

Während W_I gemäß (8.46) negativ war, ist W_{II} also gleich Null! Schließlich berechnen wir noch die Arbeit längs des Integrationswegs III und erhalten

$$W_{III} = \int_{III} (F_x\, dx + F_y\, dy) = \int_{y=0}^{y=a} F_y(0,y)\, dy + \int_{x=0}^{x=a} F_x(x,a)\, dx =$$

$$= \int_0^a -k\, 0\, dy + \int_0^a k\, a\, dx = +k\, a^2\,; \tag{8.48}$$

die Arbeit ist für den Integrationsweg III positiv. Für das Kraftfeld (8.45) hängt die Arbeit also offensichtlich vom Integrationsweg ab und es existiert keine potentielle Energie zu diesem Kraftfeld. Man sagt in diesem Fall auch, daß

$$\vec{F}\, d\vec{r} = k\, y\, dx - k\, x\, dy \tag{8.49}$$

kein exaktes Differential ist.

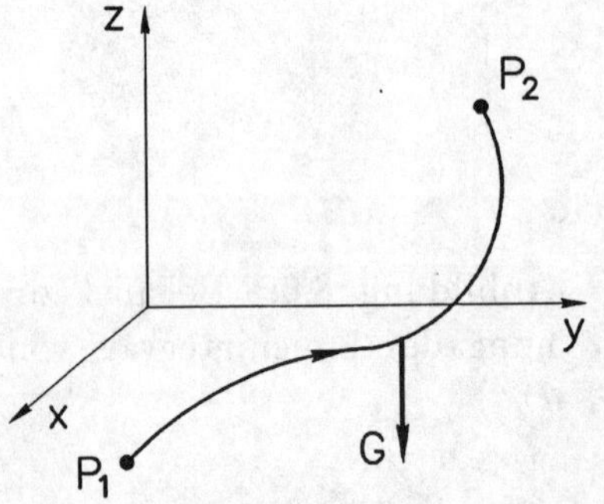

Abbildung 8.10: Arbeit der Gewichtskraft

Als nächstes berechnen wir die Arbeit der Gewichtskraft

$$\vec{F} = -\, mg\, \vec{e}_z\,. \tag{8.50}$$

Hier ist gemäß Abb.8.10

$$\vec{F} \cdot d\vec{r} = -\, mg\, dz\,, \tag{8.51}$$

und es gilt

$$W_{12} = -\, mg\, (z_2 - z_1) \tag{8.52}$$

unabhängig vom Integrationsweg. Ein Vergleich mit (8.34) zeigt, daß das Schwerefeld konservativ und die potentielle Energie der Gewichtskraft von der Art

$$U(z) = mg\,z + C \tag{8.53}$$

ist. Die potentielle Energie der Gewichtskraft kann also als "Gewicht mal Höhe" geschrieben werden und ist bis auf eine willkürliche, additive Konstante bestimmt. Die Konstante C hängt davon ab, wo man die "Höhe Null" festlegt.

Als nächstes berechnen wir die Arbeit einer Federkraft, wobei wir zunächst ein beliebiges Kraftgesetz $F(s)$ annehmen. Dabei messen wir die Verlängerungen s einer Feder von der *natürlichen*, d.h. *ungedehnten Länge* der Feder aus. Wir beziehen uns auf Abb.8.11a und berechnen die Arbeit der Rückstellkraft, die die Feder auf die Hand ausübt, die sie auseinander zieht.

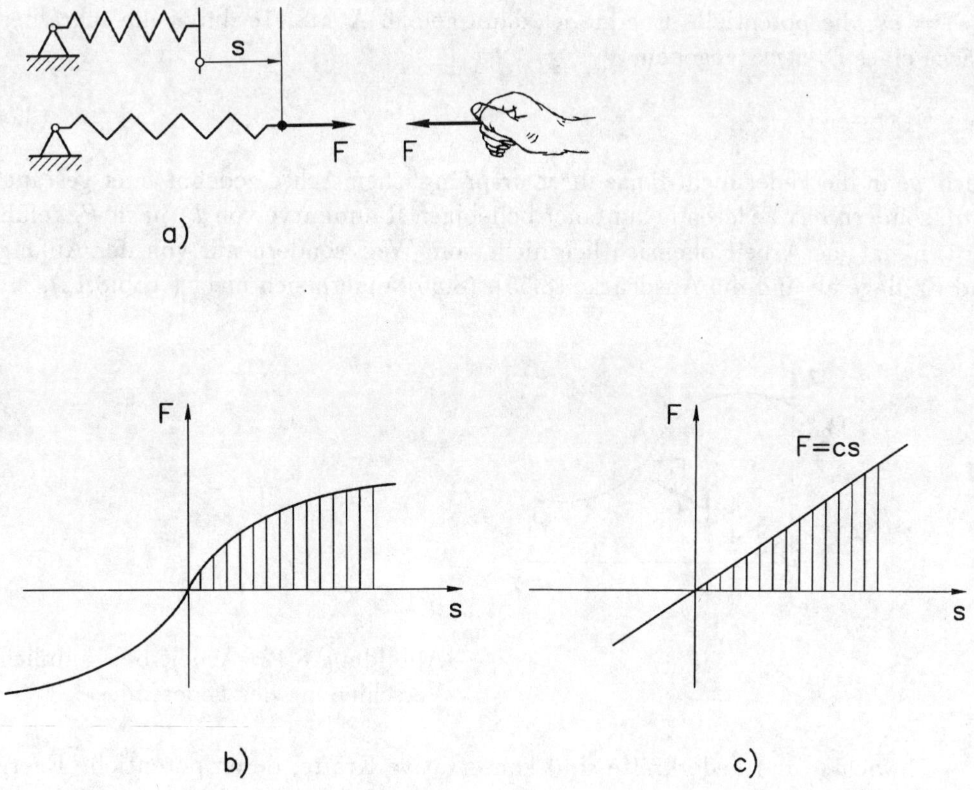

Abbildung 8.11: Arbeit einer Federkraft

Für die Arbeit gilt

$$W_{12} = \int_{s_1}^{s_2} - F(s)\, ds\,, \tag{8.54}$$

sie ist unabhängig vom Integrationsweg, d.h. das Ergebnis ist das gleiche, wenn man die Feder zunächst von s_1 nach $s_3 > s_2$ verlängert und dann wieder auf s_2 verkürzt oder sie direkt von s_1 nach s_2 verformt. Federkräfte sind also konservativ. Die potentielle Energie

$$U(s) := \int F(s)\, ds \tag{8.55}$$

ist die Stammfunktion von $F(s)$. Sie hat die physikalische Bedeutung der in der Feder gespeicherten mechanischen Energie und kann anschaulich durch die schraffierte Fläche der Abb.8.11b gedeutet werden.

In dem Sonderfall einer Feder *mit linearer Kennlinie und Federsteifigkeit* c gilt $F(s) = cs$; die potentielle Energie ist dann gemäß Abb.8.11c durch die schraffierte Fläche eines Dreiecks gegeben.

$$U(s) = \frac{c}{2}\, s^2\,. \tag{8.56}$$

Auch wenn die Feder nicht längs ihrer ursprünglichen Achse gedehnt oder gestaucht wird, sondern das Federende auf einer beliebigen Raumkurve von P_1 nach P_2 geführt wird, hängt die Arbeit offensichtlich nicht vom Weg, sondern nur von der Anfangs- und Endlage ab und die Ausdrücke (8.55), (8.56) ändern sich nicht (Abb.8.12).

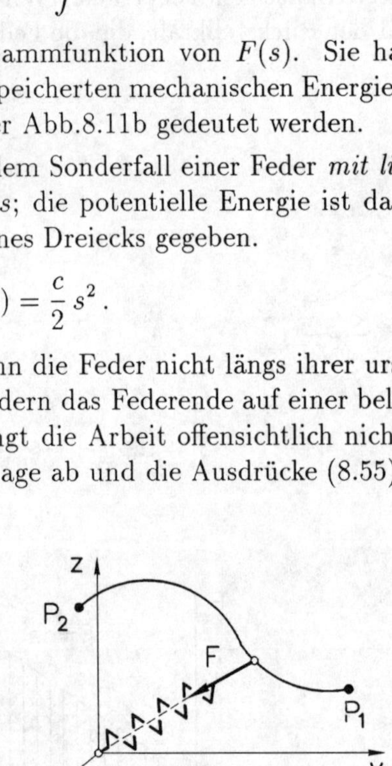

Abbildung 8.12: Arbeit bei räumlicher Verschiebung des Federendes

Gewichts- und Federkräfte sind konservative Kräfte, deren potentielle Energie wir im folgenden häufig verwenden werden. Ein wichtiges Beispiel einer nichtkonservativen Kraft ist die Reibungskraft: Sie leistet in der Regel negative Arbeit, da sie der Verschiebung entgegengesetzt ist. Verschiebt man z.B. einen schweren Quader auf einem rauhen Tisch längs einer beliebigen, geschlossenen Kurve so, daß seine Anfangs-

und Endlage übereinstimmen, ist die Arbeit der Reibungskraft ungleich Null und negativ. Läßt man den Quader aber liegen, so daß auch wieder trivialerweise Anfangs- und Endlage identisch sind, ist die Arbeit der Reibungskraft gleich Null. Man erkennt hier sofort die Wegabhängigkeit der Arbeit.

Wirken in einem System mehrere konservative Kräfte (also z.B. mehrere Federkräfte und/oder Gewichtskräfte), so berechnet sich die potentielle Energie gemäß

$$U = \sum_i U_i \tag{8.57}$$

als Summe der einzelnen potentiellen Energien.

Bei Systemen mit einem Freiheitsgrad kann die potentielle Energie als Funktion einer einzigen *verallgemeinerten* Koordinate geschrieben werden, die wir im folgenden mit q bezeichnen. Dabei kann es sich um eine kartesische Koordinate, um eine Länge oder auch um einen Winkel handeln, die die Lage eines beweglichen Systems beschreibt. Gemäß der Definition der potentiellen Energie gilt dann

$$\delta W = -\,\delta U = -\,\frac{dU}{dq}\,\delta q\,. \tag{8.58}$$

Für konservative Systeme gilt demnach

$$\boxed{\delta W = 0 \;\text{ für beliebige}\; \delta q} \quad \Longleftrightarrow \quad \boxed{\frac{dU}{dq} = 0\,.} \tag{8.59}$$

Das Verschwinden der virtuellen Arbeiten der eingeprägten Kräfte ist bei solchen Systemen also äquivalent zu der Bedingung $U'(q) = 0$.

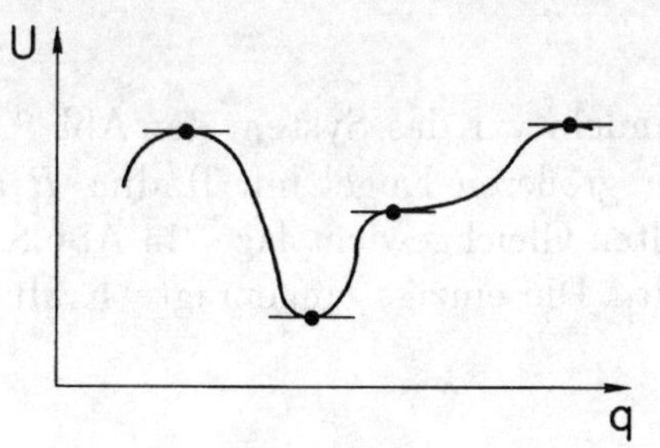

Abbildung 8.13: Zum Begriff der Stabilität einer Gleichgewichtslage

In der Tat ist es anschaulich klar, daß gemäß Abb.8.13 ein System überall dort eine Gleichgewichtslage besitzt, wo die potentielle Energie stationär ist (man nennt eine Funktion dort stationär, wo ihre Ableitung verschwindet). Allerdings kommt diesen verschiedenen Gleichgewichtslagen eine unterschiedliche physikalische Bedeutung zu. Anschaulich erkennen wir, daß überall dort, wo die potentielle Energie ein

Minimum annimmt, eine *stabile* Gleichgewichtslage vorliegt. Dies ist der Satz von LAGRANGE und DIRICHLET,[27] den wir hier unbewiesen angeben, wobei wir auch auf eine präzise Definition der Stabilität verzichten. Ein Minimum liegt z.B. an der Stelle $x = a$ immer dann vor, wenn $U'(a) = 0$, $U''(a) > 0$ ist. Für $U'(a) = 0$, $U''(a) < 0$ besitzt $U(x)$ an der Stelle $x = a$ ein Maximum, für $U'(a) = 0$, $U''(a) = 0$ kann die Existenz von Maxima oder Minima nur mittels höherer Ableitungen entschieden werden (Beispiel: $U(x) = k(x-a)^4$).

Besitzt die potentielle Energie in einer Gleichgewichtslage *kein Minimum*, so ist diese instabil (dies gilt streng genommen nur mit gewissen Einschränkungen!). Gelegentlich wird in dem Fall $U(q) = const$ auch von einem "indifferenten Gleichgewicht" gesprochen. Diese Ausdrucksweise werden wir jedoch vermeiden: Eine Gleichgewichtslage, die *nicht stabil* ist, ist damit immer *instabil*.

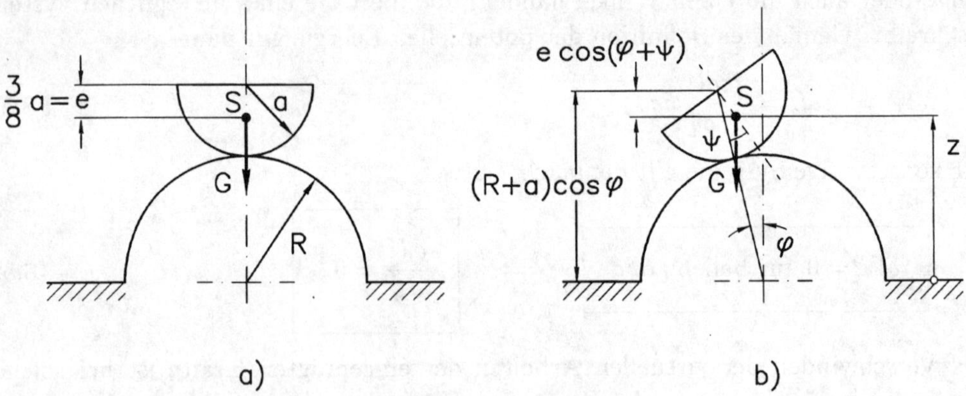

Abbildung 8.14: Beispiel zur Stabilität einer Gleichgewichtslage

Als erstes Beispiel zur Stabilität behandeln wir das System der Abb.8.14a, in dem eine Halbkugel mit Radius a auf einer größeren Kugel mit Radius R abrollt, und fragen nach der Stabilität der dargestellten Gleichgewichtslage. In Abb.8.14b ist das System in ausgelenkter Lage dargestellt. Die einzige eingeprägte Kraft ist die Gewichtskraft mit der potentiellen Energie

$$U(z) = G\,z\,. \tag{8.60}$$

Wir beschreiben die Lage des Systems durch den Winkel φ und benötigen dazu die kinematische Beziehung

$$R\varphi = a\psi \quad \Longrightarrow \quad \psi = \frac{R}{a}\varphi\,. \tag{8.61}$$

[27]Nach dem Mathematikern Joseph Louis LAGRANGE, * 1736 in Turin, † 1813 in Paris und Peter Gustav Lejeune DIRICHLET, * 1805 in Düren, † 1859 in Göttingen.

Damit schreibt sich die potentielle Energie als

$$U(\varphi) = G\left((R+a)\cos\varphi - \frac{3}{8}\,a\cos\frac{R+a}{a}\varphi\right) \tag{8.62}$$

und es folgt

$$U'(\varphi) = -\,G\,(R+a)\left(\sin\varphi - \frac{3}{8}\sin\frac{R+a}{a}\varphi\right), \tag{8.63}$$

$$U''(\varphi) = -\,G(R+a)\left(\cos\varphi - \frac{3}{8}\frac{R+a}{a}\cos\frac{R+a}{a}\varphi\right). \tag{8.64}$$

Für $\varphi = 0$ ist $U'(0) = 0$ und es liegt, wie wir schon wissen, eine Gleichgewichtslage vor. Deren Stabilität untersuchen wir anhand der zweiten Ableitung

$$U''(0) = -\,G\,(R+a)\left(1 - \frac{3}{8}\frac{R+a}{a}\right). \tag{8.65}$$

Demnach gilt

$$U''(0) > 0 \iff 1 - \frac{3}{8}\frac{R+a}{a} < 0 \tag{8.66}$$

und die Gleichgewichtslage für $\varphi = 0$ ist genau dann stabil, wenn

$$a < \frac{3}{5}\,R \tag{8.67}$$

ist.

Anstatt, wie hier geschehen, die erste und die zweite Ableitung der Funktion $U(\varphi)$ zu berechnen, hätte man auch anders vorgehen können. Es ist nämlich

$$\cos\varphi = 1 - \frac{\varphi^2}{2} + o(\varphi^2), \tag{8.68}$$

bzw.

$$\cos\left(\frac{R+a}{a}\varphi\right) = 1 - \left(\frac{R+a}{a}\right)^2\frac{\varphi^2}{2} + o(\varphi^2), \tag{8.69}$$

so daß mit (8.62)

$$U(\varphi) = G\,(R + \frac{5}{8}a) + G\,(R+a)\left(\frac{3}{8}\frac{R+a}{a} - 1\right)\frac{\varphi^2}{2} + o(\varphi^2) \tag{8.70}$$

folgt. Wie schon vorher erwähnt, hängt der von φ unabhängige Term in (8.70) von der Wahl des Nullniveaus von $U(\varphi)$ ab und spielt deshalb keine Rolle. An der Stelle $\varphi = 0$

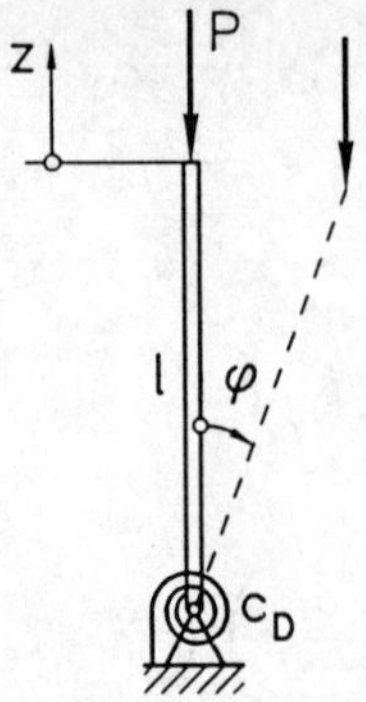

Abbildung 8.15: Zum Ausknicken eines Stabes

liegt genau dann ein Minimum vor, wenn der Ausdruck in den zweiten Klammern in (8.70) positiv ist, und dies führt wieder auf (8.67).

Abschließend behandeln wir noch das System der Abb.8.15, das ein erstes Modell für das in TM 2 zu untersuchende Problem des Knickens eines Balkens ist.
Es besteht aus einem Stab mit vernachlässigbarem Gewicht, der an seinem unteren Ende mittels einer *Drehfeder* elastisch drehbar gelagert ist und durch die vertikale Kraft P belastet wird. In der skizzierten lotrechten Lage ist die Drehfeder entspannt. Die Gleichgewichtslagen und ihre Stabilität sind zu untersuchen.

Ebenso, wie für eine lineare Schraubenfeder

$$F(s) = c\,s\,, \quad U(s) = \frac{c}{2}\,s^2 \tag{8.71}$$

gilt, kann für eine lineare Drehfeder

$$M(\varphi) = c_D\,\varphi\,, \quad U(\varphi) = \frac{c_D}{2}\,\varphi^2 \tag{8.72}$$

geschrieben werden, wobei c_D die Drehsteifigkeit der Drehfeder ist. Die potentielle Energie ist demnach hier

$$U(\varphi) = P\,l\,(\cos\varphi - 1) + \frac{c_D}{2}\,\varphi^2 \tag{8.73}$$

und daraus folgt

$$U'(\varphi) = -\,P\,l\,\sin\varphi + c_D\,\varphi\,. \tag{8.74}$$

Die Gleichung $U'(\varphi) = 0$ hat auf jeden Fall die *triviale* Lösung $\varphi = 0$, und zwar für beliebige Werte von Pl, c_D. Außerdem besitzt sie u.U. auch noch *nichttriviale* Lösungen. Gemäß (8.74) gilt

$$U'(\varphi) = 0 \quad \Longleftrightarrow \quad \sin\varphi = \frac{\varphi}{p} \tag{8.75}$$

mit der Abkürzung

$$p := \frac{P\,l}{c_D}\,. \tag{8.76}$$

In Abb.8.16 sind die Funktionen $\sin\varphi$ und φ/p für verschiedene Werte von p dargestellt. Man erkennt, daß für hinreichend große Werte von p die Graphen beider Funktionen sich nicht nur im Koordinatenursprung, sondern zusätzlich auch noch in anderen Punkten schneiden können. Mit $p \to \infty$ nähern sich diese Schnittpunkte den Werten $k\pi (k = 1, 2, 3, ...)$ auf der φ-Achse. Der Grenzfall, ab dem nichttriviale Lösungen auftreten, ist durch $p = 1$ gegeben. Die den Gleichgewichtslagen entsprechenden Werte des Winkels φ sind in Abb.8.17 in Abhängigkeit von p aufgetragen. Für $p = 1$ zweigen nichttriviale Lösungen von dem *trivialen* Ast $\varphi = 0$ Lösungen ab. In Abb.8.17 wurde für den *Lastparameter* $p = Pl/c_D$ ein logarithmischer Maßstab gewählt.

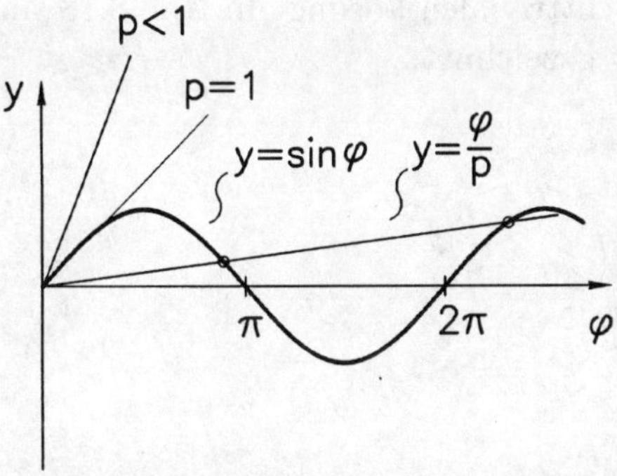

Abbildung 8.16: Zur Lösung der Gleichung (8.75)

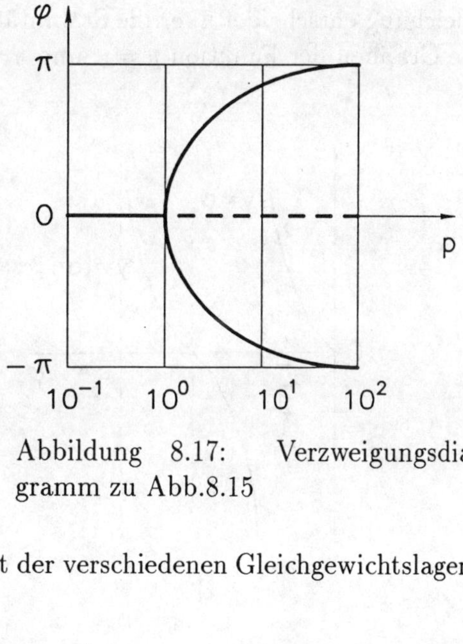

Abbildung 8.17: Verzweigungsdiagramm zu Abb.8.15

Wir untersuchen nun noch die Stabilität der verschiedenen Gleichgewichtslagen. Differentiation von (8.74) ergibt

$$U''(\varphi) = -\,P\,l\,\cos\varphi + c_D = -\,c_D\,(p\cos\varphi - 1)\,. \tag{8.77}$$

Für die triviale Lösung $\varphi = 0$ ist

$$U''(0) = c_D\,(1 - p)\,, \tag{8.78}$$

so daß

$$U'(0) > 0 \quad \text{für} \quad 0 > p > 1 \tag{8.79}$$

gilt. Die Gleichgewichtslage $\varphi = 0$ ist also stabil für $0 < p < 1$ und instabil für $p > 1$. Für $p = 1$ kann man anhand der zweiten Ableitung nicht erkennen, ob die Funktion $U(\varphi)$ hier ein Minimum annimmt oder nicht. Es ist dann notwendig, auf die Ableitungen höherer Ordnung zurückzugreifen.

Wir untersuchen nun die Stabilität der nichttrivialen Lösungen, die die Gleichung

$$\frac{\varphi}{\sin\varphi} = p \tag{8.80}$$

für $p > 1$ erfüllen. Es gelingt, Aussagen über die Stabilität zu machen ohne diese Lösungen explizit anzugeben. Setzt man nämlich (8.80) in (8.77) ein, so folgt

$$U''(\varphi) = -\,c_D\,(p\cos\varphi - 1) = c_D\,(1 - \frac{\varphi}{\tan\varphi}) \tag{8.81}$$

und das Vorzeichen des Ausdruckes in der Klammer auf der rechten Seite dieser Gleichung entscheidet über die Stabilität der nichttrivialen Lösung. In Abb.8.18 sind die Graphen der Funktion $y = \varphi$ und $y = \tan\varphi$ gezeichnet.

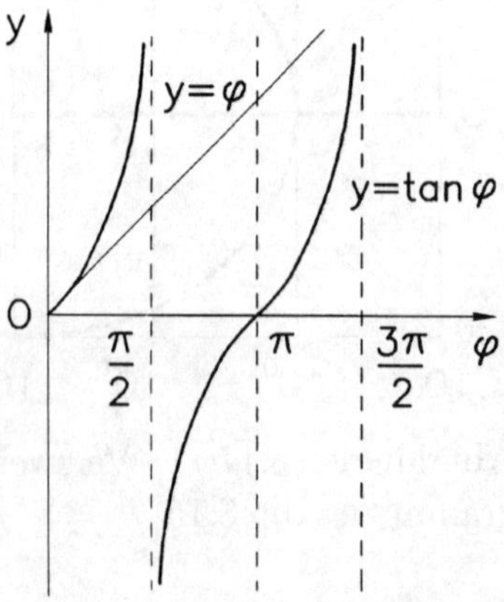

Abbildung 8.18: Zum Vorzeichen der rechten Seite von Gleichung (8.81)

Man erkennt, daß

$$\varphi < \tan\varphi \quad \text{für} \quad 0 < \varphi < \frac{\pi}{2} \tag{8.82a}$$

und

$$\varphi > \tan\varphi \quad \text{für} \quad \frac{\pi}{2} < \varphi < \pi \tag{8.82b}$$

ist, woraus

$$\frac{\varphi}{\tan\varphi} < 1\,, \quad 0 < \varphi < \pi \tag{8.83}$$

folgt. Die hier betrachtete, nichttriviale Lösung ist also stabil. Im Verzweigungsdiagramm der Abb.8.17 haben wir - wie allgemein üblich - die stabilen Äste der Kurve ausgezogen, die instabilen gestrichelt gezeichnet.

Anhang: Schwerpunktskoordinaten

Fläche	Lage des Schwerpunktes und Flächeninhalt

Dreieck

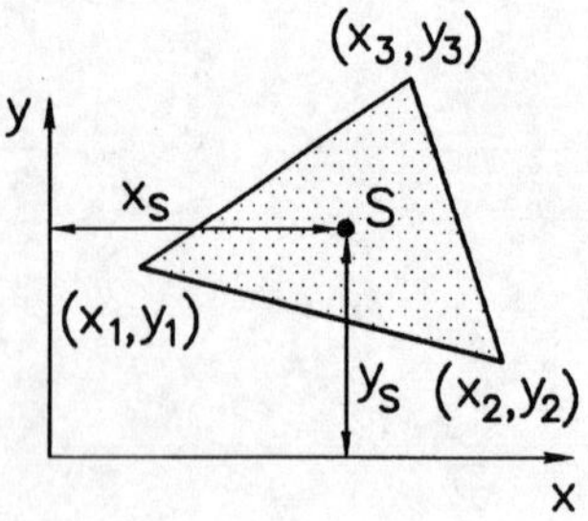

$$x_S = \frac{1}{3}(x_1 + x_2 + x_3)$$

$$y_S = \frac{1}{3}(y_1 + y_2 + y_3)$$

$$A = | x_1(y_2 - y_3) + x_2(y_3 - y_1) + x_3(y_1 - y_2) |$$

Trapez

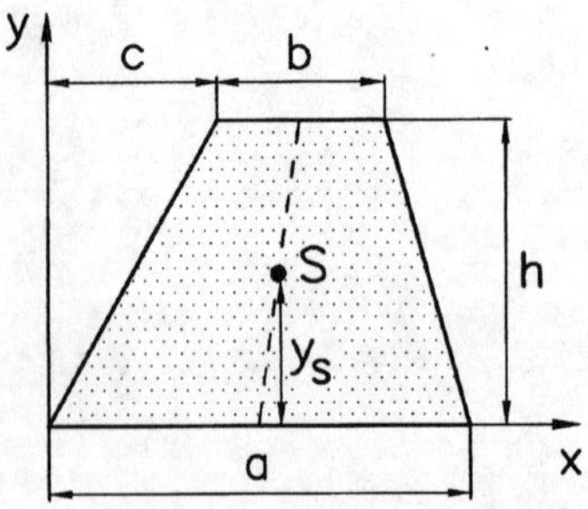

$$x_S = \frac{1}{3}\left[a + b + c - b\,\frac{a-c}{a+b}\right]$$

$$y_S = \frac{h}{3}\,\frac{a+2b}{a+b}$$

$$A = \frac{1}{2}\,h\,(a+b)$$

Ellipse

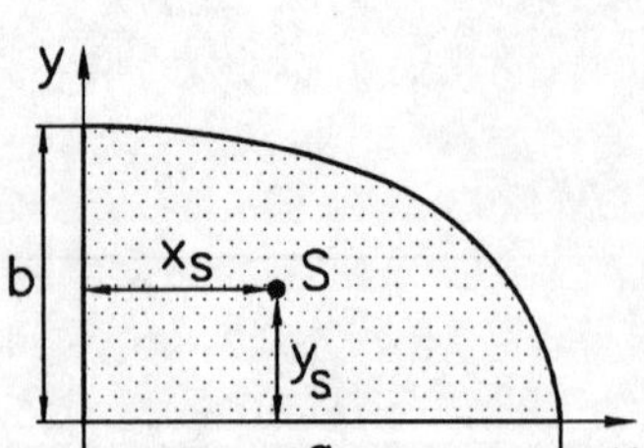

$$x_s = \frac{4\,a}{3\,\pi}$$

$$y_S = \frac{4\,b}{3\,\pi}$$

$$A = \frac{1}{4}\,\pi\,a\,b$$

Halbkreis

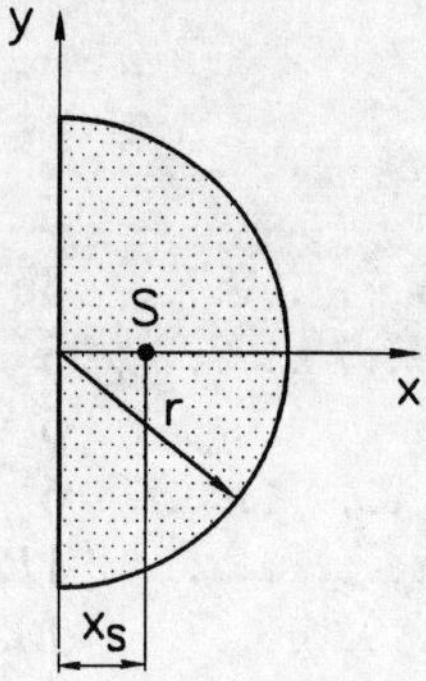

$$x_S = \frac{4\,r}{3\,\pi}$$

$$y_S = 0$$

$$A = \frac{1}{2}\,\pi\,r^2$$

Kreisausschnitt(Sektor)

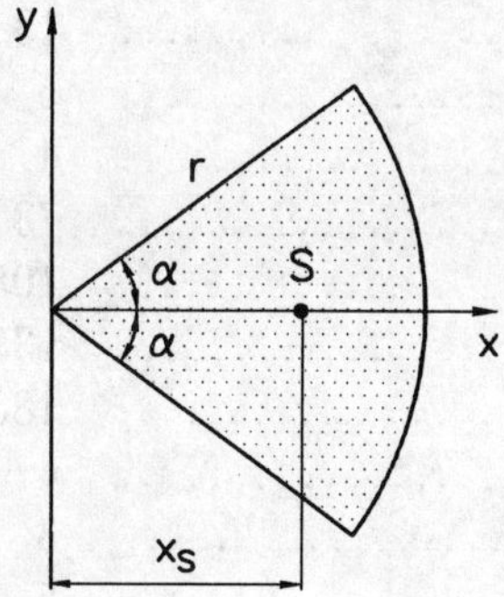

$$x_S = \frac{2}{3}\,r\,\frac{\sin\,\alpha}{\alpha}$$

$$y_S = 0$$

$$A = \alpha\,r^2$$

Kreisabschnitt

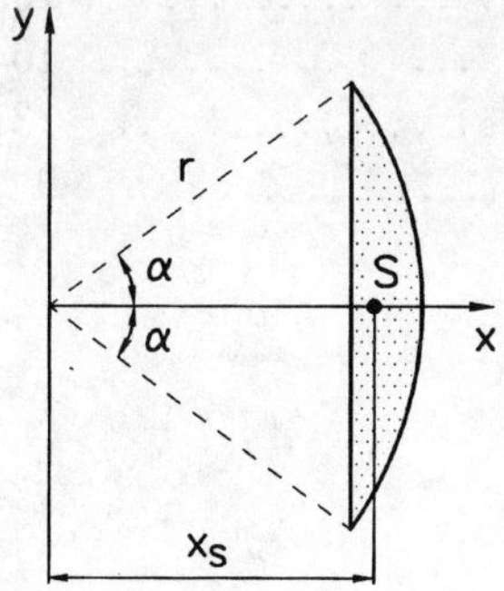

$$x_S = \frac{4}{3}\,r\,\frac{\sin^3\alpha}{2\,\alpha - \sin\,2\alpha}$$

$$y_S = 0$$

$$A = \frac{1}{2}\,r^2\,(\alpha - \sin\,\alpha)$$

Viertel- und Halbkreisbogen — Lage des Linienschwerpunktes

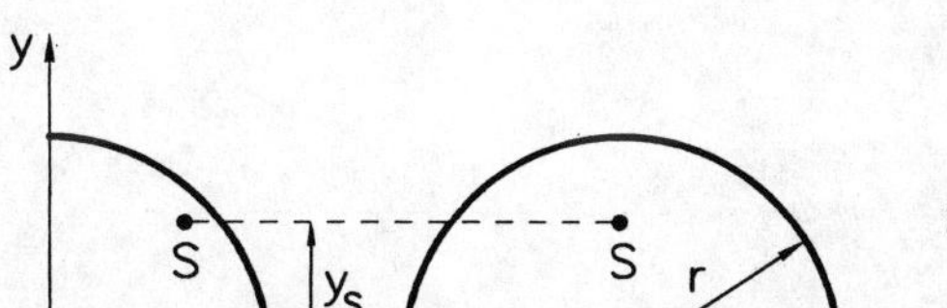

$$y_S = \frac{2\,r}{\pi}$$

Personenverzeichnis

Sachverzeichnis